賈德·戴蒙｜著　王道還｜譯

JARED DIAMOND

人類的身世與未來

第三種猩猩

問世20週年紀念版

THE THIRD CHIMPANZEE

THE EVOLUTION AND FUTURE OF THE HUMAN ANIMAL

CONTENTS

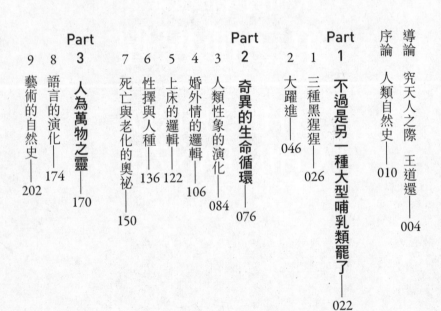

導論 究天人之際

——王道還

人之異於禽獸者，幾希。

早在一八六三年，比較解剖學家赫胥黎（Thomas Huxley, 1825-1895）就發表了《人在自然中的地位》，指出猿類的解剖構造，與人類比較相似，與猴類的差異較大。

現代遺傳研究，也發現人類與非洲大猿（大猩猩、黑猩猩與巴諾布猿）非常類似；尤其是兩種黑猩猩——過去巴諾布猿叫做「矮黑猩猩」，基因組與人類的差異，不過百分之一．六。因此，人類便是「第三種黑猩猩」。三種黑猩猩的遺傳差異那麼小，表示各自獨立後的演化史非常「淺薄」，據估計，大約在七百萬年前，人類才分化出來，走上獨立演化的道路。

但是，人類演化史的大關大節，只有「化石證據」能夠透露。

根據十九世紀前半葉得到的一個「定律」，與現生物種有關的化石種——也就是現生物種的祖先，通常在現生物種出沒的地區出現，達爾文推測非洲可能是人類演化的搖籃。果不其然，這個預言證實了，古人類化石在南非與東非紛紛出土，令人眼花撩亂。現在學者反而「抱怨」：上課講義與教科書得經常更新才成。

人類的演化史，有好幾個特色值得我們注意。

首先，猿類是在中新世（二千四百萬年前到五百萬年前）演化出來的。大約到了中新世晚期開始的時候（約一千萬年前），猿類已經是靈長類中十分興旺的一個家族，種類繁盛，分布廣泛，歐亞非各地都有牠們的蹤跡。可是好景不長，自八百萬年前起，猿類大量滅絕，留下的化石也極為稀少。現代猿類像是個破敗家族的孓遺子孫。

人類祖先就是在這個猿類衰亡史的背景中出現的——人類似乎是猿類的演化新出路。目前我們對於最早的人類祖先，所知有限，一方面由於化石稀少，另一方面，由於人和猿的相似程度太高了，即使發現了「最早的」人類祖先化石，學者也不見得分辨得出來。

我們知道得最清楚的早期人類祖先，是著名的阿法南猿「露西」，大約生活在三百五十萬年前的東非。他們的腦容量與黑猩猩差不多，體型比黑猩猩稍小，能夠直立行動，但是手腳的解剖構造，仍呈現樹棲的特色。

南猿這群「人科」動物，展現了旺盛的演化活力。他們在東非與南非，演化出許多種類（species）。三百萬年前到一百萬年前之間，非洲至少有兩種以上的「人」同時生存，包括「南猿屬」

與「人屬」，他們的棲境可能有重疊之處。現在我們是地球上唯一的「人」，所以很難想像幾種不同的「人」如何在一起生活。現生大猿的棲境彼此隔絕，從來沒有做鄰居的經驗。

人類為何能從猿類中脫穎而出？是個很難回答的問題，因為即使人類已經獨立演化了幾百萬年，從露西身上我們也很難偵察到什麼「人性」；沒有證據顯示他們會製作工具，從他們的兩性解剖學判斷，他們的社會組織不會與大猿相差太多。所以有學者提議：他們只不過是「直立猿」，因為他們與大猿最顯著的不同，就是直立行動的姿態與生活棲境。

在學術史上，這是一個很重要的「覺悟」，因為直到本世紀之初，對人類演化有興趣的學者仍以為：人類是肩不能挑、手不能提的文弱物種，憑著優越的大腦，鬥智而不鬥力，才能成為萬物之靈。因此他們期盼的人類祖先化石，是一種腦子大得異常的動物。難怪所有今天有名的人類祖先類型，當初多數學者都認為他們充其量只是人類系譜上的「非主流」，只因為南猿的腦量與大猿差不多（四百CC），而北京人（一種直立人）的腦量，平均一千零四十三CC左右（現代人平均一千五百CC）。

其實直立猿（人類祖先）所以能夠「走出去」，脫離傳統的大猿棲境，別開生面，另創新局，全仗直立的姿態。今日世上只有四種大猿，非洲三種，亞洲一種（紅毛猩猩），全都生活在熱帶森林中。紅毛猩猩幾乎可以終日待在樹上而不下地。大猩猩因為體重的緣故，無法在樹上活動，仍然居住在森林中。中新世晚期以來，地球溫度長期趨冷，熱帶雨林面積縮減，猿類的生活空間縮小了。學者推測這是猿類沒落的主因。

更重要的是，直立姿態幾乎全面地牽扯了猿類身體的基本結構，骨盤、脊椎不用說了，連胎兒的發育模式都受影響。因為直立的姿態使得女性骨盆腔縮小，所以胎兒也許不足月就必須提前出世；提前出世的胎兒，由於不再受子宮環境的束縛，也許反而能「自在」的發育。人類大腦發育的特色，就是出生後還能繼續以同樣的速率增長，而猿類出生時大腦幾乎已經發育完成。換言之，人／猿腦量的差異，不過是發育歷程的差異決定的。

因此我們雖然不清楚當初人類祖先「出走」的肇因，直立的「結果」卻是深遠的，例如人類自豪的大腦，就是直立姿態的「副產品」。

—

但是，人類演化史上，大腦、文化業績與物種之間的關係，一直沒有什麼「邏輯」可言。首先，大腦的確有逐漸增大的事實，但是卻沒有在文化史上激起如斯響應的發展。例如「舊石器時代早期」分前後兩期，分別持續了一百萬年。前期從兩百五十萬年前開始，石器製作的技術、形制一直沒有變化。直到一百五十萬年前，新的石器類型才出現，就是「手斧」，於是「舊石器時代早期」進入了後期。可是這一百萬年間，人類體質卻經歷了好幾個「物種」層次的演化（南猿→巧手人→直立人）。也就是說，新的體質類型出現的時候，並不總是伴隨著新的文化類型。似乎文化發展總是慢半拍，落後於體質類型的演化。

尼安德塔人與現代人的關係，由於考古資料豐富，更凸顯了這個現象。尼安德塔人化石在達爾文發表《物種原始論》（1859）之前就已經發現了，他與現代人的關係一直是古人類學爭論不休的焦點。典型的尼安德塔人，生活於十二萬年前到三萬年前的歐洲與西亞。他們比現代人身材稍矮，體格粗壯魁梧；腦容量已達現代人標準，但是頭顱與大腦形態與現代人稍有不同。尼安德塔人的前額低矮，腦顱的前後軸線較長。比較起來，現代人天庭飽滿，額葉比較發達，顱頂較高，前後軸線較短。從神經心理學的證據來看，額葉涉及「高等心智功能」，是認知系統中組織、綜合、判斷的中樞。看起來尼安德塔人與現代人，應有神經心理學的差異。（而不只是作者強調的：尼安德塔人也許沒有現代人的說話能力。）

但是十幾萬年前，現代人的祖先剛在非洲出現時，並沒有表現出什麼新奇的文化創作，即使有也只是零星的。在中東地中海岸地區，現代人祖先與尼安德塔人曾經生活在同一地區，共享同樣的文化。直到四萬年前尼安德塔人滅絕的前夕，現代人似乎才發展出新奇的文化類型（舊石器晚期文化）。也許，因為現代人發展出了新奇的文化，所以有能力驅使尼安德塔人走上滅絕之路。

這個事實有什麼意義呢？為什麼體質演化似乎與文化創作沒有關係？

作者沒有在這個問題上大作文章，因為作者不是「正統的」人類學家。在精神意趣上，作者可說是「今之古人」，以傳統「自然史」進路（approach）透顯人性的根源——這才是本書的特色。二十世紀初學院派人類學正式在學術社群中生根，可是傳統的「人類自然史」（「人類學」的本義）架構卻解組了：生物的歸生物、文化的歸文化，好端端一個人類學搞出了「兩個文化」，不僅不通音問，甚至分庭抗禮、對立攻訐。

事實上，我們人類的確是自然孕育的「怪胎」，我們從自然來，可是又與其他動物有別。人類自然史註定是一門「究天人之際」的學問，必須解答「人性」起源的問題。在人類五百萬年以上的演化史，我們認得出的「人性」是最近幾萬年才出現，而我們現在對「人性」的理想與期望，是這一萬年才發展出來的。因此，不僅深入人類的生物學背景，理解與凸顯「人性」特徵的重要鑰匙，人性「發展」的「祕密」也不可輕易放過。否則，有的社群幾千年前就創造了燦爛的文明，有的社群到了十九世紀仍沉陷在石器時代，如何解釋？

本書對於當前的重大議題，如兩性關係、族群關係、生態問題，都有重要的睿見，關鍵在此。人類的「性象」決定了社會組織的方式。人類是唯一遍布全球的物種，一方面獲得了充分的「人性」實驗空間，另一方面又不可避免地導致「族群問題」。人類近一萬年的歷史，以族群擴張與衝突為基調，可是充滿血淚的歷史劇，進一步分析後，反映的竟然只是「生物地理」的宿命。族群擴張其實還有更深刻的面向，塑造了人文世界的榮耀與隱憂：發展普遍人倫理想以及恣意剝削自然。

總之，作者的關懷與結論固然動人、有力，他討論問題的路數（自然史），更值得欣賞。

作者的多重身分，更令人玩味。戴蒙受過生理學博士的訓練，專業領域是腸道的吸收機制，在大學醫學院教授生理學，並以生理學研究的成績，當選美國國家科學院院士。可是他也是一位田野生物學家，精研紐幾內亞以及熱帶太平洋各島嶼的鳥類生態與演化。他的豐富調查經驗，又讓他涉入環保事務。戴蒙呈現在本書的觀點與希望，紐幾內亞都扮演了關鍵角色。這是他第一本為知識大眾寫的書，英文版在一九九二年出版。本書的重要論點，又在一九九八年出版的兩本書中做更完整的鋪陳：《槍炮、病菌與鋼鐵》（*Guns, Germs, and Steel*）、《性趣何來？》（*Why Is Sex Fun*）。

序論
人類自然史

人異乎禽獸，無庸置疑。從身體構造的分子層次到解剖層次，人類都是一種大型哺乳類，也無庸置疑。人類就是這麼難以捉摸，不過這也是人這種動物最令人著迷的地方。我們對人類並不陌生，但是人類怎樣演化成今天的模樣？人類的興起有何意義？我們還沒搞清楚。

一方面，人類與其他物種之間有一道似乎無法逾越的鴻溝，於是我們創造了「動物」這個範疇，勾畫出那道鴻溝。這表示我們認為蜈蚣、黑猩猩與文蛤之間，有重要的共同特徵，人都沒有。牠們也缺乏人的特徵，例如人會說話、寫字，還會製造複雜的機器。人類依賴工具維生，而不是赤手空拳。大部分人都穿衣服、欣賞藝術，許多人信仰宗教。我們分布全球，掌控了地球大部分能量與產能，還開始向內太空（海洋深處）與外太空伸出觸角。我們的陰暗行為，比起其他動物，也有獨特的地方，包括滅族、凌虐取樂、嗑藥、以及大規模地消滅其他物種。這張清單上，其中一、兩種行為（例如使用工具）雖然有幾種動物也會，可是談不上水準，人類的本領遠遠超過了那些動物。

因此，無論就實務與法律而言，都不能把人類當作禽獸。難怪達爾文（1809-1882）一八五九年發表《物種原始》，暗示人類從猿類演化而來，立即引起了軒然大波。大多數人起先都認為達爾文的理論十分荒謬，堅持人類與禽獸有別，是上帝特別創造出來的。今天大多數人仍然這麼想，包括四分之一的美國大學畢業生。

但是，另一方面，我們是不折不扣的動物，我們的身體，無論解剖結構、分子成分還是基因，都與其他動物相似，我們甚至可以辨別我們是哪一類動物。外觀上，我們與黑猩猩十分相似，連十八世紀信仰上帝造人說的解剖學家，都能憑外觀判定我們與黑猩猩的關係。要是我們能找幾個普通人，把他們衣服扒光了、沒收隨身物品、剝奪他們說話的能力、讓他們只能咕嚕低哼，可是不改變他們的身體構造；然後將他們帶到動物園關進黑猩猩隔壁的籠子，開放給「文明人」參觀。咱們那些不能說話的籠中兄弟，在我們眼中，就會恢復人類的「原形」——黑猩猩，只不過體毛稀少，直立行走罷了。從外太空來的動物學家，一定會毫不猶疑地將人類歸類成第三種黑猩猩——大家熟悉的黑猩猩，是第一種，生活在熱帶東非；第二種是矮黑猩猩（pygmy chimpanzees，又名巴諾布猿〔bonobo〕）分布在中非的剛果，本世紀中學者才發現牠是一個獨立的物種。

在一九八〇年代，分子遺傳學研究已經顯示我們與另外兩種黑猩猩，基因組有百分之九十八是相同的。人類與黑猩猩的遺傳差距，甚至比親緣關係非常近的兩種鳥兒還小——例如紅眼與白眼維麗鷗鳥（vireos）。因此，我們仍然背負著當年的「自然稟賦」。達爾文在世的時候，人類祖先的化石已經開始出土，目前形態介於猿與人之間的化石骨骼，數以百計，教任何肯講理的人，都無計迴避。當年認為荒謬的理論——人從猿演化而來——其實是事實。

但是發現了化石「演化鏈」，並沒有完全解決我們的問題，反而讓問題顯得更為迷人。我們的基因組在演化過程中獲得的一小筆新玩意，也就是與黑猩猩有別的那百分之二基因，必然和人類看來獨有的特徵直接相關。我們經歷了一些小變化，可是卻在最近產生了迅速而巨大的後果。我說「最近」，因為即使在幾十萬年前，在外太空動物學家眼中，人類仍然不過是一種大型哺乳類罷了。其實那時人類已經表現出幾種奇異的行為，特別是能夠控制火，以及依賴工具。但是那些行為在外太空訪客眼中，與河狸造水壩、（澳洲）花亭鳥築巢，不會有什麼質的差別。不知怎地，也不過幾萬年的工夫（以人壽衡量似乎天長地久，可是相對於人類自然史，只不過一瞬），我們展現了讓自己變得獨特又脆弱的能力。

人之所以為人，是哪些關鍵因素的傑作？我們獨特的素質，不僅很晚才出現，涉及的遺傳變化也很少，那些素質（或至少那些素質的「原形」）必然早已在自然界出現了，其他動物身上應該可以觀察到。藝術、語言、滅族以及嗑藥，在其他動物身上是怎麼表現的呢？

我們獨特的素質，使我們這個物種在自然界贏得今天的地位。其他的大型動物，沒有一種在各大洲都有「原住民」，也沒有一種在沙漠、極地以及雨林都能生活。也沒有一種大型野生動物，數量上超過人類。但是人類獨有的素質中，有兩個現在已經危及自己的生存，那就是自相殘殺與破壞環境的

性向。當然，這兩種性向在動物界不乏其例：獅子會自相殘殺，許多其他動物也會；大象等動物也會破壞環境。不過，我們擁有的技術能力，加上以爆炸速度增長的人口，使這兩種性向的破壞力更令人憂心，其他動物望塵莫及。

「世界末日近了，悔改吧！」這樣的預言並不新鮮，新鮮的是這個預言現在可能成真，理由有二。第一，核子武器讓我們有能力快速消滅自己；過去的人沒有這種武器。第二，地球生產淨值（地球捕獲的太陽能淨值）中，人類消費額達百分之四十。現在世界人口每四十一年增加一倍，我們很快就會面臨成長的生物界限。到時候，我們為了爭奪有限的資源，不得不做殊死鬥爭。此外，以我們現在消滅其他物種的速率而言，到了下一世紀，世界上大多數物種都會滅絕或瀕於絕種，但我們得依賴許多其他物種才能生存。

這些令人喪氣的事實，其實大家都很熟悉，還說它幹嘛？追溯人類毀滅性向的動物根源，又有啥道理？這些性向果真在咱們演化史上源遠流長的話，不就是說它們已經鑄造在咱們的遺傳組中，說什麼人文化成，不過是白費心機嗎！

說真格的，咱們的處境還不到「非洲土著午夜獵豬圖」的一片漆黑。謀殺陌生人或情敵的衝動，也許是天性。但是所有人類社會都發展出克制那種本能的機制，而大多數人也因此逃過了被謀殺的命運。即使將兩次世界大戰都算上，二十世紀的工業化國家，死於暴力的人口比例也少於石器時代的部落社會，而且許多現代族群都享有較長的壽命。主張保護環境的團體，在鬥爭過程中，並不總是輸給開發商或破壞環境的人。甚至一些遺傳因子疾病，例如苯酮尿症或幼年型糖尿病，現在都有辦法緩解或治癒。

我老調重談，炒作「我們的處境」這個議題，目的在協助我們避免重蹈覆轍。為了改變我們的行為，得利用我們對過去、對自己性向的認識與了解，那是蘊涵在本書獻詞中的希望。一九八七年，太太為我生了一對雙胞胎，他們到了西元二〇四一年，就會是我這個年紀了（按：作者在一九九二年的年紀）。我們現在的所作所為，都在塑造他們的世界。

對我們的困境，本書的目的不在提供特定的解決方案，因為對於應該採取什麼樣的行動，大體上我們已經掌握了清楚的輪廓。像是遏止人口成長、限制或消滅核武、發展和平手段解決國際爭端、降低對環境的衝擊、維持生物多樣化與自然棲境等，都是具體的解決方案。這些政策的施行細則與步驟，已有許多精彩的書討論過，在某些個案中，也具體實踐了一些政策；我們需要的，是一致地普遍施行那些政策。要是今天我們都相信那些政策事關緊要，我們知道的已經足夠明天就開始施行。

其實，我們缺的就是必要的政治意志。我在本書追溯人類的物種史，是為了協助凝聚那個意志。我們面臨的問題，的確發軔於動物根源。那些問題跟隨著我們，與逐漸增長的力量與人口一齊成長，現在更是以驚人的速度膨脹得厲害。過去有許多人類社會，儘管還沒有我們所掌握的自毀力量，卻摧毀了自己，因為他們摧毀了賴以維生的資源基礎，研究那些社會，能讓人相信：目前許多短視的作法，會產生不可避免的後遺症。政治歷史學家主張研究各個國家與君王的歷史，理由是：研究的結果可以提供向「過去」學習的機會。我深信這個理由更能支持研究人類的物種史，因為得到的教訓更單純、明白。

本書涵蓋的範圍很廣，因此對論述的題材，不能不有所取捨。讀者一定會有意見，或許一些讀者認為重要的題材本書割捨掉了，或者認為某個題材處理得尾大不掉。為了不讓讀者覺得受誤導，我先交代一下寫作本書的宗旨以及淵源。

我父親是個醫生，母親是音樂家，並有語言天賦。小時候，凡是問起我的志向，我的回答總是：我想當醫生，就像爸爸一樣。到了大四那年，我的志向稍微轉了點兒，我不想進醫學院了，我想的是：從事醫學研究。於是我踏進了生理學這個研究領域，現在是美國加州大學洛杉磯分校醫學院的生理學教授。

但是，我七歲的時候也開始對賞鳥產生了興趣，而且很幸運地，後來能進入一個讓我有機會在語言與歷史中沉潛的大學（哈佛大學）。我從劍橋大學得到博士學位之後，開始覺得：不想只在生理學這個領域中發展事業。就在這時，一些事與人湊巧了，讓我到紐幾內亞高地過上一個夏季。名義上，到那裡為的是測量當地鳥兒築巢的成功率，可是這個研究計畫在幾個禮拜之內就砸鍋了，因為我在叢林中連一個鳥巢都找不到。不過這趟旅行倒達成了我真正的目的，我本來就是為了到紐幾內亞探險、觀鳥而蹚這渾水的，世上已沒有幾塊那樣荒野的地區。當年我看到了紐幾內亞的奇異鳥類，因而發生了興趣，像是花亭鳥與天堂鳥，於是發展出第二個事業：研究鳥類生態學、演化與生物地理學。從此，田野生物學與生理學是我的兩個平行事業，我繼續回到紐幾內亞及附近的太平洋島嶼作鳥類研究，已有十幾回。

但是紐幾內亞的開發正以空前的速率進行，森林大量砍伐，鳥類棲地破壞，研究也很難作下去，於是我不得不參與生物保育的工作。所以我一面從事學術研究，一面是政府的生物保育顧問，並開始將兩者結合起來，例如對生物分布的知識，對規劃國家公園系統，與調查國家公園預定地，都很有用。在紐幾內亞作研究，還有一個困難得克服，那就是語言。在那裡，每隔三十公里就有一種不一樣的語言，若想利用土著對鳥類的詳盡知識，得說出鳥兒的土名。於是我早年對語言的興趣派上了用場。最重要的，要是對人類的演化與可能滅亡的命運沒有足夠的知識，研究鳥類的演化與滅絕，也不會有什麼慧見，因為人類到底是所有物種中最令人感興趣的。而對人類感興趣的人，到了紐幾內亞不可能不見獵心喜、心癢難熬，因為那裡的人類差異現象，幅度巨大、內容豐富。

我在本書強調了人類的某些面向，以上便是我對那些面向發生興趣的歷程。人類學家與考古學家出版過許多精彩的著作，討論人類演化史的化石紀錄，以及工具的演進，因此本書對這些題材僅做簡單的摘要。不過，那些書對我特別感興趣的題材談得非常少，例如人類的生命循環、人類地理學、人類對環境的衝擊，以及人類的動物面向，所以本書詳加演繹。那些題材，與傳統題材（化石與工具）一樣，都是理解人類演化史的核心成分。

本書中，我舉了許多紐幾內亞的例子，讀者一開始也許會覺得太多了，可是我相信那些例子都很適切。要是你質問我：紐幾內亞不過是個海島，位於世上某個地方（熱帶太平洋上），怎麼可能提供代表性的人類史（人性）切片？我同意這是個合理的質疑。不過我得指出：紐幾內亞可是一片很厚的切片，別因為它面積小就低估它的歷史所蘊涵的資訊。現在世上大約有五千種語言，其中只有紐幾內亞的人才會說的，就有一千種。現代世界殘存的文化歧異幅度，紐幾內亞保存了大部分。紐幾內亞內地高地上的族群，直到最近，仍是石器時代的農民；許多低地上的游民，並不定居，以狩獵—採集或漁獵維生，他們也會務農，但隨遇而安。每個族群都非常仇外，文化差異雪上加霜，於是在部落地盤之外遊蕩，無異插標賣首。那裡與我合作過的土著，許多都是身負必殺絕藝的獵人；他們的童年，是瀰漫著仇外氣氛的石器時代，若無絕藝，根本沒機會長大。因此我認為紐幾內亞像個窗口，讓我們窺視過去的人類處境，在世界其他地區，那種情境已經消失了。

人類的興亡史，可以分為五個部分討論，每個都自成一格。第一部涵蓋幾百萬年的人類演化史，直到一萬年前農業興起前夕打住。其中包括兩章，討論的是化石、工具以及基因，也就是保存在考古紀錄與生化紀錄中的證據，關於人類如何演化，那些證據是最直接的資料。此外，化石與工具的年代，通常可以鑑定，於是可以推斷我們何時演變的。「我們的基因組中，有百分之九十八與黑猩猩的一樣」，我們會檢驗這個結論的基礎，然後嘗試解答「讓人類得以演化大躍進的百分之二究竟是什麼？」

第二部討論人類生命循環中的變化，那些變化與骨架的變化一樣，對語言與藝術的發展，都扮演了關鍵角色。人類照顧嬰兒，斷奶後仍繼續餵食，不像其他哺乳類，讓雛兒自行覓食；大多數成年男女都組成對、送作堆；大多數父親，與母親一樣，會照顧嬰幼兒；許多人都長壽，看得見自己的孫子；女性會經歷更年期。凡此種種，我們習以為常，列舉出來都有灌水充篇幅的嫌疑，但是咱們自然界最親近的親戚，卻會覺得不可思議。這些正是我們最背離祖先的地方，可惜生命循環的特徵不會石化，所以我們不知道它們是什麼時候出現的。難怪古人類學書籍，花了大量篇幅討論大腦與骨盆的變化，而生命循環特徵的變化，寥寥幾筆就交代過去了。可是那些變化關係著人類獨特的文化發展，值得我們仔細討論。

第一、二部的主題，是我們文化表現的生物基礎，第三部接著討論那些我們認為使「人異乎禽獸」的文化特徵。我們最先想到的，就是引以為傲的語言、藝術、技術與農業，這些都是文明的標幟。不過使「人異乎禽獸」的文化特徵，也包括我們紀錄上的汙點，例如嗑藥。儘管所有這些文明的標幟，是不是人類獨有的，仍有辯論的餘地，至少我們可以說：那些特徵即使在動物界早已萌芽，在人類身上它們才顯得有聲有色。不過它們必然已經在動物界萌芽了，因為在生命演化史上，它們很晚才開花結果。它們在其他動物身上，是怎樣表現的？在地球生命史上，那些文明特徵註定會出現嗎？那麼其他行星的生命系統，也會演化出像我們一樣的生靈嘍！

除了嗑藥，我們的陰暗特徵中，還有兩個可能引我們走上毀滅的道路。第四部討論其中的第一個：我們仇殺外族的性向。這個特徵的動物原形十分明顯：除了人類，還有許多物種，個體或群體相互競爭，往往以謀殺終場，我們的技術發明，只不過增進了我們的殺戮本領。第四部會討論：在國家興起之前，人類情境是以仇外與孤絕建構出來的；國家這種政治體，打破了傳統社會的孤絕，遏阻了文化的歧異發展，促進了族群的融合。我們會討論人類族群競爭的結果，如何受技術、文化、與地理的影響。歷史上充滿了族群鬥爭，我只舉出大家都很熟悉的兩組歷史事件做例子。我們也要回顧世界史上的大規模族滅事件。這是個痛苦的題材，但是要緊的是，它會警惕我們：要是我們不正視歷史，就註定要犯同樣的錯誤，而造成的傷痛與禍害，卻會大到可怕的地步。

另一個人類的陰暗特徵是：對環境日漸加速的破壞。這個行為也有不折不扣的動物原形。動物族群有時能逃過獵食獸或寄生蟲的制衡，要是牠們的數量沒有內部機制約束，就會不斷增加，直到破壞資源基礎的地步，偶爾牠們會將資源消耗殆盡，然後滅絕。這樣的情節，套用到人類身上，顯得特別有力，因為現在人類幾乎不受獵食獸的威脅，地球上沒有一個棲境不受人類影響，我們殺戮動物與摧毀棲境的能力，又是空前的。

不幸的是，許多人仍然懷抱盧梭式的幻想，以為我們破壞環境的行為是工業革命以來的新鮮事。在以前，我們與自然和諧相處，過的是天人合一的日子。果真如此，那我們除了感嘆「何昔日之芳草兮，今值為此蕭艾也」，無法從過去學到任何教訓。在第五部，筆者為讀者細說人類經營環境失當的歷史，以戳穿那個幻象。第五部和第四部一樣，筆者的重點都是：我們目前的處境並不新鮮，「古已有之，於今為烈」。「經營社會，卻不經營周遭的自然環境」，這戲碼在歷史上已上演過好多次，結果明擺在那裡，就看我們是不是有心學習了。

本書以〈跋語〉作結，筆者回顧了人類從動物界興起的歷程。我們自毀的能力也同時加速成長。要不是我感到迫切的危機，是不會寫這本書的；如果我相信我們毀滅的命運已經註定了，也不會寫這本書。要是我列舉的歷史紀錄令讀者感到喪氣，我對困境的描繪令讀者感到無助，在〈跋語〉中，我指出了令人振奮的跡象，以及向過去學習的方法，請讀者留意。

part 1

不過是另一種大型哺乳類罷了

我們什麼時候不再只是「另一種大型哺乳類罷了」？為什麼？怎麼發生的？回答這三個問題，有三種不同類型的線索，供我們尋繹答案。考古學家搜尋地層中的化石骨骼與古人遺留的工具，那是人類演化的主要證據。第一部會討論一些傳統的考古證據，以及分子生物學提供的新證據。

討論人類演化，一個基本的問題是：我們與黑猩猩究竟有多大的遺傳差異？我們的基因組與黑猩猩的差別達到百分之十？還是百分之五十？百分之九十九？僅僅以肉眼觀察，或列舉可以觀察的體徵比較，無法幫助我們得到答案，因為許多遺傳變化並沒有觀察得到的徵狀，而其他的變化卻有全面性的影響。舉例來說，以外型而論，大丹狗與北京狗的差別，可比人與黑猩猩大多了。然而所有的狗只要給牠們機會，都能交配繁殖，不論品種（當然，兩造之間若體型差異太大，交配不易完成）；而生下來的，也還是狗。對一個菜鳥觀察者而言，大丹狗與北京狗的外型差異，似乎意味著牠們的遺傳差異，比人類與黑猩猩還大。不同品種的狗，外型上有許多差異，例如體型、身體各部位的比例、毛色等，可是那些形質都由少數幾個基因控制，那些基因的變化，對生殖生理不會產生什麼影響。

那麼，我們怎樣估計我們與黑猩猩的遺傳距離呢？這個問題直到一九七〇、八〇年代，才由分子生物學家解決了。答案不僅令學究驚訝，還可能會衍生實際的倫理議題，例如我們該如何對待黑猩猩？讀者會發現：人類與黑猩猩的遺傳差異，雖然比人類各族群之間的差異或不同品種的狗要大，比起其他大家熟悉的親密物種，還是小得多。很明顯地，在黑猩猩的遺傳程式中，只有很小比例的指令發生了變化，於是在我們身上產生了巨大的行為結果。學者也發現，物種之間的遺傳差異，也反映了時間深度，因此我們可以大致估算出人類祖先從人—猿共祖分化出來的時間，那大約是在七百萬年之前，誤差大約一、兩百萬年。

雖然這些分子生物學結果告訴我們：人與黑猩猩的總體遺傳差異，以及人與黑猩猩分化的大概時間，可是有些重要的問題卻無法回答，例如「人與黑猩猩究竟怎樣不同？」、「那些差異什麼時候出現的？」因此我們接著要討論化石與工具；形態介於猿與現代人之間的生物，學者發現的數以百計，他們的工藝製品，更多不勝數。從那麼豐富的資料，可以抽繹出什麼結論呢？骨骼的變化，一向是體質人類學的研究主題。人類在演化過程中，最顯著的形態變化有：腦容量增加；涉及直立行走的骨骼變化；以及頭骨骨壁變薄、牙齒縮小、上下顎肌肉變得纖細。

大腦增大，無疑是我們發展語言與人文創制的先決條件。因此你也許會期望從化石紀錄中偵察到腦容量與工藝技術平行發展、密切呼應的趨勢。事實上，兩者並沒有什麼密切呼應的現象。這是人類演化史上最令人驚訝、也最令人不解的發現。即使人類大腦已經演化到接近現代人的範圍，石器仍然維持原來的粗糙狀態，達幾十萬年之久。四萬年以前，尼安德塔人的腦容量平均值已經超過現代人，可是他們的工具仍沒有什麼新奇創意，他們也沒有藝術品傳世。尼安德塔人仍然只不過是一種大型哺乳類。甚至有些人類族群，即使骨骼形態已經與現代人無異，仍然繼續使用尼安德塔類型的工具，達幾萬年之久。

從分子生物學證據得到的結論，因這些謎團可以修飾得更為精確。不錯，人類與黑猩猩的基因組只有百分之二的差異，可是在這個微小比例中，直接涉及人文創制（例如藝術與複雜工具）的必然更小，那些基因與形態無關。至少在歐洲，那些人類特徵是突然出現的，毫無預兆——當時正是克羅馬儂人取代了尼安德塔人的時候。從那時起，我們再也不是「另一種大型哺乳類」了。是哪一小撮遺傳變化使得人類一躍而上，衝破人獸之別的藩籬呢？我會提出一些臆測作為第一部的結論。

chapter 1 三種黑猩猩

下一回你逛動物園，請記得到各種猿類的籠子前走走。請想像那些猿身上的毛都脫落了，再想像牠們附近另有一個籠子，其中關了幾個咱們弟兄，他們很不幸，給剝光了衣服，也說不出話來，可是外表倒沒什麼大礙。現在請猜猜看，那些猿在遺傳上與人究竟有多大的差別？猿與人的基因組中，有多少基因是共有的呢？占基因組的百分之幾？百分之十？百分之五十？還是百分之九十九？

然後再問自己：為什麼那些猿給關在籠裡讓人參觀？為什麼還有些猿給用來作醫學實驗？可是對人，就不容許那樣的待遇。假定學術界有一天發現了：猿的基因組中，有百分之九十九點九的基因，與人類的完全相同，那微小的百分之零點一，決定了人與猿之間的重大差異。那麼你還會同意把猿關在籠子裡供人參觀，或者拉去做醫學實驗嗎？再想想我們那些心智失常的不幸同胞，他們解決問題的能力很低、甚至無法照顧自己、無法溝通與發展社會關係、對疼痛的感覺也比不上猿。可是我們無法拉他們去做醫學實驗；猿就可以。其中的邏輯是什麼？

也許你的回答是：猿是「動物」嘛，而人是人，這還有什麼好討論的。這是一條倫理準則，只有人類適用，不可引申到「動物」身上，不管那是一種什麼樣的動物，管牠與我們在遺傳上多相像，管牠發展社會關係的能力多高強，管牠會不會感受痛苦。那個答案當然是武斷的，可是至少牠內部有一貫的邏輯，因此不可隨便否定。不過這麼一來，追溯我們的自然根源，便沒有什麼倫理意涵。可是這樣的探討，仍能滿足我們追求知識的好奇心，畢竟「我們從哪裡來？」這個問題是這麼產生的。每個人類社群都對自己的起源有深切的好奇心，每個人類社群都有自己的創世故事，而「三種黑猩猩」的故事，是我們這個時代的創世故事。

我們在動物界的地位，大體而言，學者早已確定，不知有多少世紀了。我們無疑是哺乳類，哺乳類的特徵包括身體有毛髮覆蓋、哺乳等。在哺乳類中，我們屬於靈長類，靈長類包括猴與猿等大類。我們與靈長類其他的成員，有許多共同的特徵，例如指（趾）甲扁平而沒有形成爪、有抓握能力的前肢、大拇指可以與其他手指對立、垂下的陰莖（而不是貼近腹部），這些特徵大部分其他哺乳類都沒有。早在西元第二世紀，集西方古代醫學大成的蓋倫（Galen, AD 129-200）從動物解剖經驗中，已經正確地推定了人在動物界的地位，他發現猴子「無論在內臟、肌肉、動脈、靜脈、神經，還是在骨骼形態上，都與人非常相似」。

在靈長類中，我們也很容易找到人類的地位，我們很明顯地與猿比較相似，與猴的差異比較大。我只要指出一個最明顯的特徵就夠了：猴子有尾巴，猿沒有，我們也一樣。猿這群靈長類中，長臂猿是最特殊的，牠們體型小、手臂長，又叫小猿；其他的猿，如紅毛猩猩、大猩猩、黑猩猩及巴諾布猿都是大猿，牠們彼此有很近的親緣關係，與長臂猿比較疏遠。但是想要進一步釐清我們與猿的關係，卻非常困難，這也是始料未及的。這個問題還在科學界引發了熱烈的辯論，論戰環繞著三個議題：

一、族譜：人類、現生猿類、與化石「猿人」（類似猿的人；指人類的祖先）之間的親緣關係，是怎麼樣的？舉例來說，要是我問你：「現生猿中，哪一種與人的關係最密切？」你怎麼回答？

二、不論哪一種現生猿與人類的關係最密切，人與哪一種猿的最後一個共祖，在多久以前仍然活在地球上？（換言之，那時世上既沒有人，也沒有那種猿。）

三、我們與關係最近的猿，有多大的遺傳差異？

起先，我們很自然地假定：比較解剖學早已解答了前面第一個問題。我們與大猩猩、黑猩猩特別相像，可是又與牠們有明顯的差別，例如我們的腦容量比較大、我們以直立的姿態行進、我們的體毛極少，其他還有許多差異，不過不是那麼一目了然。然而，要是我們觀察得仔細一點，這些解剖學事實並不能一勞永逸地解答我們的問題。同樣的解剖特徵，學者賦予不同的意義，而不同的學者，強調的解剖特徵也可能不同。於是有的學者認為我們與亞洲猿（紅毛猩猩）的關係最近，而大猩猩、黑猩猩是猿類中早就歧出的苗裔（少數派）；有的學者認為我們與非洲猿（大猩猩、黑猩猩及巴諾布猿）比較親近，紅毛猩猩是猿類族譜上最早歧出的猿（主流派）。

在主流派中，大部分生物學家過去認為大猩猩與黑猩猩相似程度較高，也就是說，牠們與人類都比較不相似。換言之，大猩猩與黑猩猩還沒來得及分化開來，我們就已經與牠們分道揚鑣了。這個結論反映了常識觀點：大猩猩與黑猩猩可以歸為一類，牠們叫做猿，而我們則是人。不過，另外還有一種可能，那就是：我們看來與其他的猿不一樣，是因為我們走上了一條獨特的演化道路，我們的祖先自從與其他的猿分化之後，就在幾個重要的方面發生了變化，例如行進的體態與大腦的尺寸，它們都非常顯著。而大猩猩與黑猩猩卻沒有發生過什麼重大變化，與當年的人－猿共祖，模樣沒什麼大差別。如果那是實情，人類可能與大猩猩最親近，或與黑猩猩最接近，或者三者親近的程度一樣，彼此的遺傳距離一樣。

到如今，解剖學家仍在辯論第一個問題：我們族譜上的細節。不過，不管解剖學家鍾意的人類演化族譜長什麼模樣，光憑解剖學研究，無法解答第二、第三個問題，也就是人和猿的分化時間與遺傳距離。不過，也許化石紀錄在原則上可能解決族譜與分化時間的問題（遺傳距離免談）。要是我們有豐富的化石，舉例來說，要是我們可以用一系列已斷定了年代的化石，代表人類演化的各個階段；另外還有黑猩猩的，也有大猩猩的。那麼，也許我們會發現人與黑猩猩的化石系列，在一千萬年前交會了，也就是找到人與黑猩猩的共祖了。而那一位共祖的演化系列，在一千兩百萬年前又與大猩猩的演化系列交會。可惜我們沒有那麼多的化石，我們的化石紀錄像是斷爛朝報。尤其是現生猿類祖先的化石，極為稀少。五百萬年前到一千四百萬年前之間，是人類與非洲大猿演化的關鍵期，那個時段的猿類化石，尤其稀奇。

這些關於我們起源的問題，解決的方法來自一個始料未及的方向：運用分子生物學解決鳥類的分類問題。大約四十年前，分子生物學家開始明白：動植物體內的化學分子可以當作「時鐘」，用來測量遺傳距離，以及兩個物種在演化史上的分化時間。其中的邏輯是這樣的：假定有一類分子，所有生物體內都有，它們在每一個物種中都有特定構造，而那些構造是由遺傳密碼決定的。再假定分子的構造會因為遺傳突變而逐漸變化，而在所有物種中，變化率都一樣。源自同一共祖的兩個物種，體內的那個分子，起先構造應該完全一樣，因為都是從共祖那裡遺傳來的。但是這兩個物種分別演化以後，基因組中的遺傳突變，就各自獨立累積，使那個分子的結構逐漸變化。因此，這兩個物種的那個分子，會逐漸出現結構差異。要是我們能夠算出平均每一百萬年會發生多少結構變化，任何兩個有親緣關係的物種，在分子結構上的差異，就可以當作一個「時鐘」，來計算這兩個物種已經和共祖分化多久了。

舉例來說，假定根據化石證據我們推斷獅與虎（都是貓科）在五百萬年前分化。再假定牠們的同一種分子，結構上有百分之一的差異。要是我們任選兩個演化關係並不清楚的物種，發現它們的分子結構有百分之三的差異。那麼分子時鐘就會告訴我們，它們在一千五百萬年前就分化了。

以這個方法紙上談兵，看來漂亮得很，能不能通過實例的考驗呢？生物學家可費心忙了好一陣。應用分子時鐘之前，得先完成四件事：科學家必須找到最適合的分子；找到測量分子結構變化的方法，得簡單而迅速；證明分子時鐘運行穩定（也就是，分子結構在相關物種體內以同一速率演化）；測量分子演化率。

分子生物學家在一九七〇年左右解決了前兩個問題。他們發現最適合的分子是去氧核醣核酸（DNA），華生與柯立克一九五三年證明這個分子的構造是雙螺旋，為遺傳學研究開闢了新天地，也使ＤＮＡ成為家喻戶曉的分子。每個ＤＮＡ分子包含兩條互補的長鏈，每條鏈都由四種更小的分子單位組成，這四種分子在鏈上的順序，蘊涵著從父母親傳遞下來的所有遺傳資訊。科學家發展了「ＤＮＡ雜交」技術，可以迅速測量ＤＮＡ的變化。先將兩個不同物種的ＤＮＡ分子分離（「融解」）開來，就是使每個ＤＮＡ分子的兩條長鏈解開，分別獨立。再讓那些單鏈ＤＮＡ「雜交」，成為雙鏈的ＤＮＡ。然後加熱，使「雜種」ＤＮＡ再度分離開來。一般而言，需要的溫度越高，就表示這兩種ＤＮＡ的結合程度越好，也就是彼此的差異越小。兩個物種親緣關係越近，ＤＮＡ的差異越小。以「融解」一個物種的ＤＮＡ的溫度為基準，融解「雜種」ＤＮＡ所需的溫度，比基準度每低一度，表示兩個物種的ＤＮＡ有大約百分之一的差異。

在一九七〇年代，分子生物學家與分類學家大多都對彼此的研究不感興趣，只有少數例外。耶魯大學的席布立（Charles Sibley）是其中之一，他是鳥類學教授，兼任耶魯大學皮巴帝自然史博物館館長。鳥類的分類學不容易研究，因為鳥類的身體是為飛行設計的，而設計一隻鳥也不過就那麼幾種花樣，即使是大自然也出不了新招。所以在類似棲境中生活的鳥，往往形態非常相似。例如在半空捕食昆蟲的鳥，即使關係疏遠，比較解剖學的差異也不大。美洲禿鷹與舊世界禿鷹，形態與行為都很像。可是學者好不容易才搞清楚美洲禿鷹與鸛鳥比較親近，而舊世界禿鷹與老鷹比較親近，牠們很相像，是因為相同的生活形態造成的。席布立與沃奇士（Jon Ahlquist）由於深切體會傳統分類方法的短處，在一九七三年開始採用分子時鐘技術。當年他們應用分子生物學方法，解決分類學問題，就研究規模

而言是空前的。他們在一九八〇年開始發表研究結果，累計他們以分子時鐘測量過一千七百種鳥，占世界鳥類的五分之一。

雖然席布立與沃奇士的成就，已是鳥類分類學的里程碑，他們起先在學界引發的不是讚辭，而是批評。因為當時沒有幾位科學家有足夠的背景知識，能做中肯評論的人少之又少。我就聽過科學界的同僚發表過這樣的高論：

「我對他們那套玩意已沒有什麼耐心了。不管他們寫什麼，我都懶得再理會。」（一位解剖學家）

「他們的方法倒沒問題。可是有什麼人會想做那樣沉悶的研究？鳥類的分類學？難以想像！」（一位分子生物學家）

「有意思，可是他們的結論必須通過其他方法的驗證，我們才會相信。」（一位演化生物學家）

「他們的結果是『上帝的啟示』，你最好相信。」（一位遺傳學家）

依我之見，塵埃落定之後，那位遺傳學家的意見，最接近真相。DNA時鐘的原理，無可挑剔；席布立與沃奇士使用的方法，是最先進的；他們測量過一萬八千對「雜種」DNA，得到的遺傳距離，呈現了內部的一致性，證明他們的結果是恰當的。

當年達爾文在討論「人類歧異」這個爆炸性議題之前，花了近十年研究藤壺（一種水棲節肢動物）的歧異。同樣地，席布立與沃奇士也花了十年，以DNA時鐘釐清鳥類的關係。一九八四年，他們第一篇以DNA時鐘討論人類起源的論文發表了。此後他們出版了一系列論文，更精煉了當初的結論。他們取得的DNA，包括人類的，以及所有人類的近親——紅毛猩猩、大猩猩、黑猩猩、巴諾布猿，還有兩種長臂猿、七種舊世界猴。

正如解剖學家預測過的，他們發現的最大遺傳距離，出現在人類或任何猿類與猴子之間，也就是說，人／猴或猿／猴的雜種DNA，「融解」的溫度最低。這只不過是把大家都已經同意的看法加上個數字而已——自從科學界知道猿類存在之後，就認為猿比猴更接近人類。那個數字是百分之七：猴的DNA與人／猿的DNA，百分之九十三是相同的。

他們的第二個發現，也不令人意外：長臂猿與人／猿的DNA，有百分之五的差異。這也證實了學界的共識：長臂猿是最特殊的猿；與我們關係比較密切的猿，是大猿，像是紅毛猩猩、大猩猩、黑猩猩等。在大猿中，最近解剖學家已經開始認為紅毛猩猩很早就自成一家，這與DNA證據也很吻合，牠的DNA與其他大猿以及人的，有百分之三點六的差異。生物地理也支持非洲大猿與亞洲猿（長臂猿、紅毛猩猩）很早就分家了。現在長臂猿、紅毛猩猩只分布在東南亞，牠們的祖先化石也只在東南亞出土，而大猩猩與兩種黑猩猩，只分布在非洲，人類早期祖先的化石，也只在非洲出土。

另一方面，席布立與沃奇士發現黑猩猩與巴諾布猿（過去叫矮黑猩猩）的DNA最相近，只有〇．七％的差異。這也不令人意外。這兩種猿看來非常相似，直到一九二九年才有解剖學家覺得該為牠們分別取個名字。生活在前比屬剛果中部的「黑猩猩」，是「矮」黑猩猩，因為一般來說牠們體型較小、體格稍瘦、兩腿較長。一般的黑猩猩，在非洲分布較廣，主要在赤道以北。然而，對這兩種黑猩猩的行為，有了比較詳細的紀錄後，學者才恍然大悟，原來牠們形態上並不起眼的差異，掩蓋了生殖生物學上的重大差異。「矮」黑猩猩——現在叫巴諾布猿——不像黑猩猩，倒像人，牠們有很多

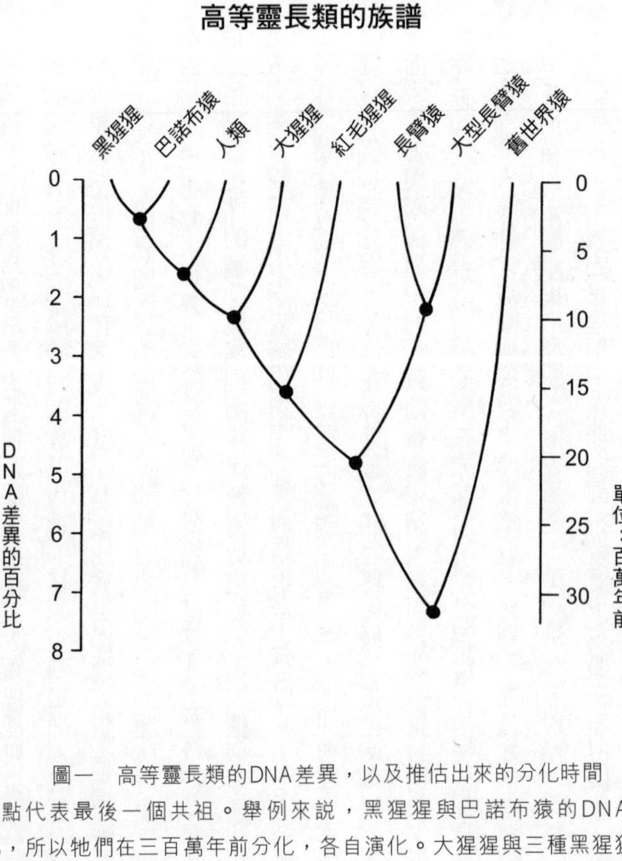

圖一　高等靈長類的DNA差異，以及推估出來的分化時間

每個點代表最後一個共祖。舉例來說，黑猩猩與巴諾布猿的DNA差異是0.7%，所以牠們在三百萬年前分化，各自演化。大猩猩與三種黑猩猩的DNA差異是2.3%。大約一千萬年前分化。

種性交姿勢，包括面對面式；兩性都會主動挑逗對方，而不總是雄性主動；雌性並不只在「發情期」（排卵期）接納雄性，幾乎整個生殖週期都能性交；雌性之間、異性之間都能「結盟」，而不限於雄性。很明顯地，那百分之零點七的遺傳差異，已在性生理與行為上造成了重大的結果。在本章與下一章，我們會反覆強調「少數基因的重大後果」，因為人與黑猩猩的遺傳差異也很小。

前面的三個例子，顯示比較解剖學足以解答物種關係的問題，根據遺傳證據得到的結論，只不過證實了解剖學家早已發現的事實。但是ＤＮＡ也可以解決解剖學無法解答的問題：人、大猩猩與黑猩猩的關係。如圖一所顯示的，人類與兩種黑猩猩，有百分之一點六的遺傳差異，相同的基因達百分之九十八點四。大猩猩的差異較大，與人或黑猩猩的差異是百分之二點三。

讓我們在這兒稍作勾留，仔細咀嚼這幾個數字的意義：

在我們的族譜上，大猩猩必然在我們與黑猩猩分家前，就分房出去了。我們最親近的親戚，是黑猩猩，而非大猩猩。另一方面，黑猩猩最親近的親戚，是人，而不是大猩猩。傳統分類學將所有大猿放在同一分類類目中（「猿科」），為人單獨另立一個類目（「人科」），好像人與猿之間有一不可逾越的自然鴻溝，對我們自居於「萬物之靈」的「人本位」偏見，有推波助瀾之功。現在呢？未來的分類學家也許可以用黑猩猩的眼光來處理高等靈長類的分類問題：把牠們分為兩群，一群包括三種黑猩猩（人加上另外兩種黑猩猩），另一群包括其他的猿（長臂猿、紅毛猩猩與大猩猩）。兩群之間並沒有雲泥的差別，三種黑猩猩那群只不過有點兒高明而已。傳統分類學將人與猿分別開來，不符合事實。

人與黑猩猩的遺傳距離（百分之一點六），是兩種黑猩猩的差異（百分之零點七）的兩倍多，比兩種長臂猿的差異小（百分之二點二）。紅眼與白眼維利兒是兩種非常相似的北美鳥兒，也有百分之二點九的差異。我們的基因組中百分之九十八點四的基因，都與黑猩猩的一樣。舉例來說，我們的主要血紅素是紅血球中攜帶氧氣的分子，由兩百八十七個氨基酸組成，與黑猩猩的一模一樣。在許多方面，我們不過是第三種黑猩猩，對其他兩種黑猩猩有利的，對我們也有利。我們看來與牠們不同，因為我們以直立姿態行走、腦子比較大、能說話、體毛稀少、有奇異的性生活，這些特徵必然是我們基因組中那百分之一點六基因控制的。

要是物種間的遺傳距離以固定速率累積，遺傳距離就可當作正常運轉的時鐘。將遺傳距離轉換算成絕對時間（兩個物種從最後一個共祖分化出來，到現在所經過的時間），我們得找到一對物種，一方面它們的遺傳距離可以測量，另一方面它們有年代確定的化石可供參考。事實上，高等靈長類有兩組相互獨立的換算數據。一方面，根據化石紀錄，猿在兩千五百萬年到三千萬年前與猴分家；兩者的DNA差異達百分之七點三。另一方面，紅毛猩猩在一千兩百萬到一千六百萬年前與其他大猿分化，DNA差異達百分之三點六。比較這兩組數據可以發現：演化時間增加一倍（從一千兩百萬到兩千五百萬年），差異就增加一倍（從三點六到七點三）。因此，高等靈長類的DNA時鐘，運轉得相當穩定。

於是席布立與沃奇士以那些換算尺度，估計我們的演化史。由於我們與黑猩猩的遺傳距離（百分之一點六），是紅毛猩猩與黑猩猩的一半（百分之三點六），因此我們與黑猩猩分別演化的時間，只是紅毛猩猩與黑猩猩的一半（一千兩百萬到一千六百萬年的一半）。換言之，人與另外兩種黑猩猩，約六百萬到八百萬年前分別走上不同的演化道路。同樣地，大猩猩與黑猩猩分化的時間，以及黑猩猩與巴諾布猿分化的時間，我們都可以算出來，分別是九百萬年前與三百萬年前。你知道嗎？我大一（一九五四年）的體質人類學教科書，說人與猿在一千五百萬到一千三百萬年前就分家了。因此，DNA時鐘支持一個引起爭議的結論，其他好幾個分子時鐘（例如蛋白質氨基酸序列、粒腺體DNA等）也得到同樣的結論。每一個時鐘都指出：人類最近才與黑猩猩分化，是個年輕的物種，比古生物學家過去所推測的，年輕得多。

這些結果對我們在動物界的地位，有什麼意義？生物學家將現生生物分門別類，各從其類。分類系統是個層級體系：亞種、種、屬、科、目、綱、門、界，一層比一層「籠統」。《大英百科全書》與我書架上所有生物學教科書，都說人與猿屬於同一目（靈長目），同一超科（人超科），但不同科。人屬於人科；猿屬於猿科。席布立與沃奇士的研究會不會改變這個分類，視學者的分類哲學而定。傳統的分類學家，將不同物種歸入同一個較高層次的類目，使用的方法不免主觀，因為得從諸多相似相異之處分別主從，找出重要的差異（相似），忽視其餘。這樣的分類學家，會因為人類擁有獨特的功能特徵（大腦與直立姿態），而為人類單獨立一類目，席布立與沃奇士的結果不會改變他們的結論。

然而，另一個分類學派，叫做分枝系譜學派，則認為生物分類應該遵循客觀一致的程序，遺傳距離或分化時間是唯一判準。所有分類學家都同意：紅眼與白眼維利兒都是「維利兒屬」的鳥種；所有長臂猿都屬於「長臂猿屬」。然而這兩個屬的成員，彼此的遺傳距離，卻大於人與黑猩猩的，而且早就分化了。因此，人類就不可能獨立成科，甚至不應獨立成屬，而應與另外兩種黑猩猩歸入同一屬。可是根據動物命名國際公約，「人屬」（Homo）這個屬名比較早問世，因此人屬這一屬應有三個物種，除了人，還有黑猩猩、巴諾布猿。由於大猩猩只不過更獨特一些，因此牠幾乎可以算成人屬中第四個物種。

即使分枝系譜學派的分類學家，也免不了「人本位」偏見，他們對「人類與非洲大猿共處一個類目」的結果，想必也覺得良藥苦口、難以下嚥。不過，一旦黑猩猩學會了分枝系譜派分類學，或外太空來了個分類學家，一定會毫不猶疑地接受新的分類。

人與黑猩猩有哪些基因不同？回答這個問題之前，我們得了解DNA（遺傳物質）是做什麼的。我們的DNA大部分都沒有功能，有的話，科學家還沒有發現。它們也許只是「分子垃圾」：或者一個基因複製了好幾份，其中一份繼續發揮功能，其他的幾份就無所事事充場面；或者是喪失了功能的基因。總之，它們沒用，可是又無害，所以沒給天擇消除。我們的DNA有功能的部分，主要與合成蛋白質有關；蛋白質是氨基酸組成的長鏈分子。有些蛋白質大部分身體結構都有，例如角蛋白（皮膚、毛髮、指／趾甲）與膠原（結締組織中的成分）。不過另有一群蛋白質，負責合成或分解身體裡的分子，我們通稱為酶。DNA分子上的核啟酸順序，是製造蛋白質的指令。因為根據DNA分子上的核啟酸，可以調動不同的氨基酸組成需要的蛋白質。DNA分子上有功能的部分，有些負

責合成蛋白質，另外的就負責調節合成蛋白質的工作。在我們的生物特徵中，最容易以遺傳機制來理解的，就是個別的蛋白質，以及製造那些蛋白質的基因。例如血紅蛋白（前面已經提過，是我們血液中攜帶氧氣的蛋白質）包括兩條氨基酸鏈，每一條都由一小段DNA（一個基因）負責製造。那兩個基因除了製造血紅蛋白中的氨基酸鏈之外，並沒有其他觀察得到的功能。而血紅蛋白只有紅血球才有。反過來說，血紅蛋白的結構完全是由那兩個基因決定的。不管你吃什麼，有多少運動量，最多影響身體製造血紅素的數量，不會影響血紅蛋白的結構。

那是最單純的情況。但是有些基因會影響許多觀察得到的特徵。例如「泰—沙克氏症」（Tay-Sachs disease）是一種致命的遺傳疾病，有許多解剖與行為的症狀：特別嗜睡、姿勢僵硬、皮膚泛黃、頭骨畸形發育等。科學家發現：所有症狀都是因為「泰—沙克氏基因」發生了變化才產生的。至於那一個基因怎地捅下那麼大的漏子，科學家還沒搞清楚是怎麼回事。因為這個基因在許多身體組織中都有，廣泛地參與了許多細胞成分的分解，難怪一旦改變了，會產生那麼多症狀，最後讓病人送命。不過有些身體性狀是由許多基因共同控制的，例如身高，環境因素也扮演了一些角色，像發育階段的營養狀況。

負責製造已知蛋白質的基因，科學家已經發現了許多，對它們的功能也很清楚。不過對涉及複雜性狀、特徵（例如大部分行為）的基因，卻所知不多。像藝術、語言或暴力等人類特色，絕對不可能只由一個基因負責。人與人之間的行為差異，明顯地受環境的強烈影響，基因扮演的角色一直受到爭議。不過，黑猩猩與人的行為差異，倒可能涉及遺傳差異，雖然現在還無法具體指出哪些基因牽涉在內。舉例來說，人類能說話，黑猩猩就不能，控制聲帶構造與大腦神經網絡的基因，必然是關鍵。曾有一對心理學家，收養了一頭黑猩猩嬰兒，與自己的新生兒一起撫養。他們受到一視同仁的待遇，吃、喝、穿、住都一樣，以及同樣的「教育」。結果，黑猩猩嬰兒長大了，不會說話，也不能像人一樣直立走路。但是一個人長大後說什麼語言，英語還是漢語，就不是基因決定得了，孩子發育期間的語言環境，是唯一的決定因素。在美國出生的華人，能說一口流利的美語，已經不是新聞，不必再舉例了。

有了這個基本認識之後，讓我們再回頭討論人類與黑猩猩那百分之一點六的遺傳差異。我們知道製造主要血紅素的基因並沒有改變，其他的基因有一些有很小的變化。人類與黑猩猩都有的九種蛋白質，共由一千兩百七十一個氨基酸組成，其中只有五個彼此不同：一個出現在肌球蛋白，一個在次要血紅素的丁鏈上，三個在一種酶上（carbonic anhydrase，碳酸酐酶）。但是，第二章到第七章我要討論一些人與黑猩猩的重大功能差異，如腦容量、骨盆、聲帶、生殖器的構造、體毛、女性月經週期，以及停經等，它們由哪些基因負責，我們還沒有頭緒。上面提到的五個氨基酸差異，不可能造成那麼重大的後果。現在我們可以肯定的是：我們的DNA盤據著大量「垃圾」；我們與黑猩猩那百分之一點六的遺傳差異中，也有垃圾；我們與黑猩猩的重大功能差異，是那百分之一點六中的一小部分造成的。

總之，我們的DNA中，只有極小比例的基因在演化過程中改變了，其中一些對我們的身體產生了重大功能影響。並不是所有的基因變化都會產生同樣的後果，因為大部分氨基酸，至少可以由兩種核酸順序決定。因此ＤＮＡ上的核酸變化——「突變」——要是不影響對應的氨基酸，就等於沒有變化，學者叫做「沉默的」突變。即使突變不沉默，真的造成對應氨基酸的變化，蛋白質的功能會不會因此改變，仍是個開放的問題。有的氨基酸，化學性質相似，互換後不影響蛋白質的功能。若不是處於「敏感」地位的氨基酸，即使給性質差異很大的氨基酸代換了，也不會有了不得的後果。

但是蛋白質上決定功能的部分，若有一個氨基酸給性質大不相同的另一個氨基酸代換了，就可能造成明顯的後果。例如鐮刀型紅血球貧血症，是可能致命的基因疾病，病人的血紅素不正常，只是因為血紅素兩百八十七個氨基酸中，有一個給性質大不相同的另一個氨基酸代換了。原來病人的ＤＮＡ上，對應那個氨基酸的三個核酸，有一個發生了變化（點突變）。原來的氨基酸帶負電，取代它的不帶電，血紅素分子的電荷因此改變，生化性質也隨之變了。

雖然我們不知道哪些基因或ＤＮＡ上哪些核酸段落，造成區別人與黑猩猩的差異，可是我們有許多例子演示了「一、兩個或幾個基因突變造成的巨大衝擊」。「泰—沙克氏基因」突變後，造成許多重大而明顯的症狀，是其中之一。一個基因突變，改變了一個，居然產生了多方面的後果，進而奪人性命。一個基因突變，可以使同一物種的成員分別開來（病人／正常人）。有密切親緣關係的物種呢？最好的例子是麗體魚。在東非的維多利亞湖（面積接近台灣的兩倍），大約有兩百多種麗體魚，這種魚是淡水魚，在水族館常見。根據學者研究，維多利亞湖的麗體魚，都是從二十萬年前的祖先種演化出來的。那兩百多種麗體魚，按照棲境來分類的話，可以找到老虎與乳牛的差別：以藻類維生的，捕食其他魚的，咬碎蝸牛的殼，吃裡面的肉的，吃浮游生物的，捕食昆蟲的，還有的能將其他魚的鱗片一點一點咬掉，甚至專門捕食產卵母魚身旁的胚胎魚。然而牠們的平均遺傳差異，只有百分之零點四。也就是說，使虎型攝食習慣轉變成牛型，所需要的基因突變，甚至比把黑猩猩變成人還要少。（按：攝食習慣涉及許多解剖、生理的細節。）

新的遺傳證據，除了涉及分類學的技術問題之外，還有更深遠的意涵嗎？也許最重要的，是讓我們重新思考人與猿在宇宙中的地位。有名為萬物之母，名字不只是技術細節的代號，還反映與創造態度。（你若不信，今晚請試試用「親愛的」或「死豬」招呼你的另一半，記得要用同樣的表情和語氣。）新證據並不規定我們應該如何思考人與猿。但是，新證據可能會影響我們思考的方向，達爾文的《物種原始》就發揮了這樣的影響，我們可能還要花上許多年才能把態度調整過來。在可能受到影響，並產生爭議的論域中，我只討論一個例子：我們利用猿的方式。

現在我們認為動物（包括猿）與人之間，有根本的分別，我們的倫理規範與行為以這個分別為準則。舉例來說（我在本章開宗明義，已經提過）我們可以將猩猩關進動物園的籠子裡，公開展覽，可是不能那麼對待人。我常在想，要是動物園黑猩猩的籠子邊上，分類名牌上註明的是「人屬」的話，觀眾會有什麼感受。然而，要不是公眾在動物園裡油然生出對猩猩的同情，保育野生猩猩的募款活動，也許不會得到熱烈的社會響應。

我也提到過，我們以黑猩猩做醫學實驗，既沒要求牠們同意，實驗有時還有致命風險，可是沒有人認為有什麼問題。換了人，就不可以。而以黑猩猩做實驗，正是因為牠們與人遺傳上非常相似。牠們會感染許多人類的疾病，牠們的身體對病媒的反應也與人相似。因此，以黑猩猩做實驗，比其他動物更能得到有用的資料，增進人類的醫療福利。

這一倫理抉擇所引發的問題更棘手，把猩猩關進動物園籠子裡，相形之下還不算什麼。因為我們將成千上萬的人類罪犯關進牢裡，已是例行公事，他們的待遇比動物園的猩猩都不如。可是動物醫學實驗卻沒有「人類版本」。我們不是不知道：在人類身上做致命的實驗，能得到更有價值的資料，用黑猩猩怎麼也得不到。然而納粹集中營醫師以人類做實驗，卻受到各界的批評，認為是納粹暴行中最可怕的罪行。為什麼黑猩猩就可以？

要是所有的生物，從細菌到人，可以排成一長列，我們必須決定在哪兒「殺」變成「謀殺」，「進食」變成「自相殘殺」，大多數人將這條界線劃在人與所有其他生物之間。不過，有不少人吃素，任何動物都不吃，可是吃植物。還有一小撮聲音越來越大的人（屬於為動物爭權利的陣營）反對動物實驗，或者說，反對以某幾種動物做實驗。主張動物權的人士，對貓呀狗呀或者靈長類，特別來勁，不怎麼過問老鼠，而且一般而言，不為昆蟲與細菌發言。

要是我們的倫理規範，在人與所有其他生物之間劃下一條毫無道理的界線，那套規範擺明了就是私心作祟的產物，絲毫不含高貴的情操。要是我們的倫理規範，強調的是智慧、社會關係，與感覺痛苦的能力，就很難在所有的人與所有其他生物之間，劃下一條界線。那樣的話，以不同的物種做實驗，就要受不同的倫理規範監督。與我們有親近遺傳關係的物種，能不能享有特別權利呢？也許為牠們大聲疾呼的人士，也是出於私心，只不過戴上了新的面具。可是基於我剛剛提過的那些考量（智慧、社會關係、感覺痛苦的能力等），我們可以提出客觀的主張，讓大猩猩、黑猩猩享有「最惠物種」待遇。目前醫學研究使用的動物中，要是有任何一種，我們可以合理地為牠們申請保護令，不讓牠們再受醫學實驗，那一定就是黑猩猩了。

動物實驗造成的倫理困境，給黑猩猩搞得更嚴重，因為黑猩猩是個瀕臨絕種的動物，醫學研究不僅犧牲個體，還威脅了群體（物種）的命運。醫學研究並不是威脅野地黑猩猩族群的唯一因素；棲境的破壞與動物園的需求，才是主要的威脅。但是研究的需求已構成相當程度的威脅，這就夠醫界反省的了。還有其他的考量，使我們的倫理困境更顯得陰鬱：活捉一頭黑猩猩，再將牠送進醫學實驗室，整個過程中，平均起來會死好幾頭野生黑猩猩（往往是跟著母親的幼仔）；保育野地黑猩猩族群，生物醫學科學家沒出過什麼力，雖然那麼做怎麼說都符合自己的利益；用來作研究的黑猩猩，往往沒有受到人道的待遇。我第一次遇見供醫學研究的黑猩猩，是在美國國家衛生院，牠被注射了慢性的致命病毒，單獨關在室內的籠子裡好幾年，連個玩具都沒有，一直到死為止。

人工繁殖黑猩猩供研究用，可以逃避危害野地黑猩猩族群的指控，可是仍然無法突破困境。十九世紀美國禁止從非洲（或海外）輸入黑奴，於是有人販售美國黑人的子女當奴隸，那可以接受嗎？為什麼可以用Homo troglodytes（黑猩猩）做實驗，就不行用Homo sapiens（人）？反過來說，要是一個孩子得了有致命風險的病，我們正在以黑猩猩研究那種病，我們如何向孩子的父母解釋：他們孩子的命，比不上黑猩猩重要？到頭來，我們大眾得做這些痛苦的抉擇，而不是科學家。唯一可以肯定的是：我們看待人與猿的觀點會是關鍵。

最後，改變我們對待猿的態度，也許是決定野地黑猩猩命運的關鍵。現在，牠們的生存面臨嚴酷的考驗，特別是因為牠們在非洲與亞洲的雨林棲境，正遭到空前的破壞，以及合法、非法地捕捉與獵殺。要是目前的趨勢持續下去，不出二十年，高山大猩猩、紅毛猩猩以及幾種長臂猿，只能在動物園看到了。向烏干達、剛果與印尼政府呼籲，要他們負起道德義務，保護境內的猿類，是不夠的。這些國家都鬧窮，而國家公園的設立與維護，都需要大把銀子。要是我們以第三種黑猩猩的立場，決定救助另外兩種黑猩猩，那麼富裕國家的同胞，必須挑起主要的財務擔子。從猿的觀點來看，我們最近才搞清楚的「三種黑猩猩的故事」，發揮的最重要功能，是決定我們面對那筆預算的態度。

chapter 2 大躍進

我們與黑猩猩弟兄分家之後，足足有幾百萬年，不過是一種營特殊生計的黑猩猩罷了。直到四萬年前，西歐仍住著尼安德塔人，他們是原始的傢伙，對藝術與進步，沒什麼概念。然後變化發生了，急遽而突兀，形態與我們完全一樣的現代人，在歐洲出現，藝術、樂器、燈具、貿易與進步隨之而來。在很短的時間之內，尼安德塔人就消失了。

歐洲發生的那場「大躍進」，也許是前幾萬年中東與非洲發生的類似事件的結果。不過，即使幾萬年，在我們的獨立演化史上，也微不足道，連百分之一都不到。可是如果要我回答「我們是什麼時候變成人的？」我的答案是：從大躍進的那一刻起，我們就成人了。那一刻之後，不出幾萬年，我們便馴化動物、發展農業與冶金技術，並發明了文字。那時只消再進一小步，人類便創造出了一連串代表文明高峰的里程碑，拉開了其他動物與人類間本就難以逾越的鴻溝。例如達文西的〈蒙娜麗莎〉（1503/1506）、貝多芬的《英雄交響曲》（1804）、巴黎的艾菲爾鐵塔（1889）、德國達科集中營的猶太人焚化爐，與盟軍轟炸德雷斯登（德國來比錫附近的文化、工業中心）。

本章的主題是「我們急遽而突兀地擁有了『人性』」這個事實。怎麼可能？為何那麼迅速？尼安德塔人最後的命運是什麼？為什麼他們沒能跨出那一步？尼安德塔人與現代人相會過嗎？果然的話，他們如何相處？

了解「大躍進」並不容易，討論也難。直接證據是化石骨骼與石器的技術細節。考古學家的報告充滿了外行人不易理解的辭彙，例如「枕骨橫結節」、「退縮的顴弓」，以及「夏特貝紅式厚背刀」。我們真正想了解的，是各種形態祖先的生活方式與他們的「人性」，反而沒有直接證據，只能從骨骼與石器的技術細節推斷。大部分證據都已經散失了，考古學家對出土的證物，也有不同的解讀。由於人類學家與考古學家已出版了許多專書，討論骨骼與石器的細節，有興趣的讀者可以找來參考。筆者強調的是從骨骼與石器所作的推論。

討論人類演化，得先對地球生命史的輪廓有正確的認識。生命在地球上，幾十億年前就出現了；恐龍大約在六千五百萬年前滅絕。我們的祖先，大約在六百萬到一千萬年前之間，才與黑猩猩、大猩猩分家，走上獨立的演化道路。因此人類的自然史只是地球生命史上的一小節，微不足道。科幻電影有時出現史前人類逃避恐龍的情節，那是道地的科幻，根本與事實不符。

人類、黑猩猩與大猩猩的共祖，生活在非洲，直到現在，黑猩猩與大猩猩仍然還是非洲的「土著」。我們也在非洲生活過幾百萬年。起初我們的祖先也只不過是一種猿，但是一連串變化，使我們的祖先朝向現代人類的方向演化。第一個變化大約發生在四百萬年前，根據化石，那時人類祖先在日常生活中已經以直立的姿態行走。相對地，大猩猩與黑猩猩只是偶爾直立行走，平常四肢齊用。直立姿勢讓雙手空出來，可以做其他的事，結果雙手製作出工具為人類歷史揭開了新頁。

第二個變化發生在三百萬年前，人類家族分化成兩個支系。為了解這個變化的意義，我們得知道：生活在同一地區的兩個動物種，必須扮演不同的生態角色，而且通常不雜交。舉例來說，在北美洲，郊狼與狼很明顯是親緣密切的物種，生活在同樣的地區（後來美國的狼幾乎滅絕了，這是後話）。可是狼體型較大，以獵殺大型哺乳類維生，如鹿與駝鹿，而且往往成群出沒。郊狼體型較小，獵殺對象是兔子、老鼠之類的小型哺乳類，通常成對行動，或小群體。一般而言，郊狼只與郊狼交配，狼只與狼交配。相對地，今天每一個人類族群，只要與另一個族群有廣泛地接觸，就曾通婚。現代人類的生態分化，是幼年教育的產品：沒有哪一群人天生就牙尖嘴利，擅長獵鹿的，也沒有一群人天生一副適於嚼食植物纖維的牙口，以草莓維生，拒絕與獵鹿人婚配的。因此所有現代人類都屬於同一個物種。

不過，人類在演化史上，也許有兩次分裂成不同的物種，像郊狼與狼一樣。最近的一次，也許發生在大躍進的時候，我後面會討論。比較早的那次，大約發生在三百萬年前，當時人類家族分化為兩個支系：一個支系是頭骨粗壯、頰齒巨大的粗壯南猿；另一個支系，是頭骨纖細一點、牙齒也較小的非洲南猿。非洲南猿後來演化出腦容量較大的「巧手人」。不過，代表「巧手人」的化石，無論腦容量還是牙齒尺寸，內部的歧異都很大，因此有些專家主張「巧手人」化石中有兩個物種的標本。也就是說「巧手人」有兩種，一種是「巧手人」，另一種是神祕的「第三種」。這麼一來，到了兩百萬年

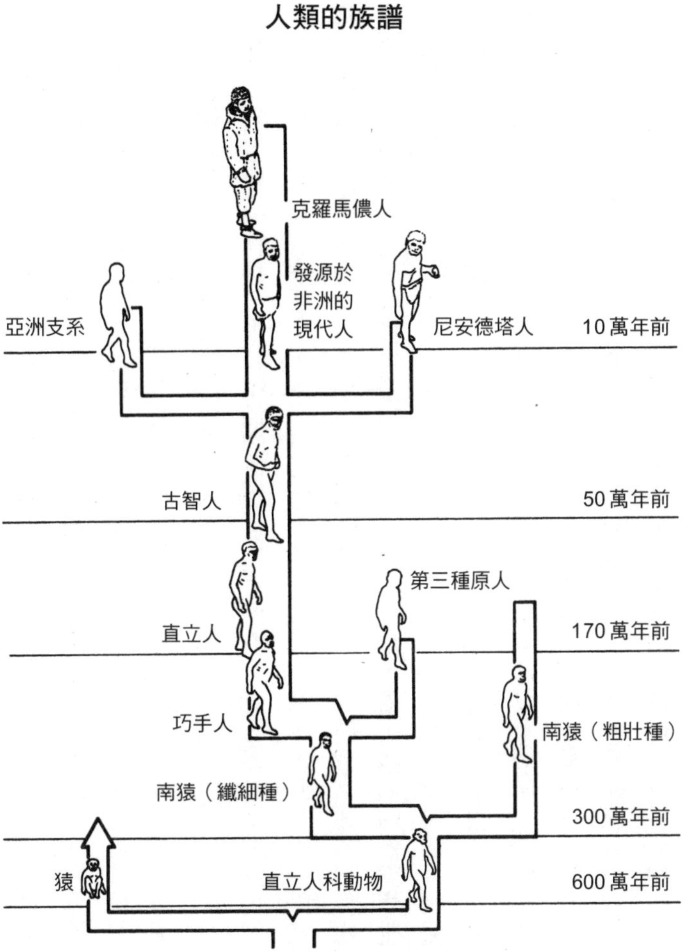

圖二　族譜上有許多支系都已滅絕。例如南猿的粗壯支系，所謂的「第三種原人」支系，以及在尼安德塔人生存期間的亞洲支系。

前，世上至少已有兩個甚至三個「原人」種。

使我們祖先越來越人模人樣的第三個大變化（也是最後一個），就是使用石器的習慣。這是人類主要的特徵，可是在動物界已有原形（先例）：啄木鳥、埃及禿鷹與海水獺，分別演化出使用工具捕捉或處理食物的能力，不過牠們不像人類那麼依賴工具。珍古德是第一個發現黑猩猩會使用工具的學者，牠們有時使用石頭，但還不到搞得棲境中遍地都是石器的地步。但是兩百五十萬年之前，東非的「原人」棲息地，已出現大量粗糙的石器。當時有幾個「原人」種，製造石器的是哪一種？也許是頭骨構造比較纖細的物種，因為牠們的演化史從未中斷，而石器也繼續演化。

今天世界上只有一種人，兩、三百萬年前卻有兩三種，因此其中一兩個種必然滅絕了。當年哪一種人是我們的祖先？進入演化壙場的又是哪些種？在什麼時候？頭骨形態纖細的巧手人是贏家，他們繼續演化，體型增大、腦容量增加。到了一百七十萬年前，他們的形態變化，令分類學家覺得有必要為他們另取一個新的物種名：直立人（Homo erectus）。（「直立人」這個物種名與化石，在現代古人類學成熟之前就已經問世，請讀者不要誤會，以為這時人類祖先才開始直立行走在大地上。）粗壯南猿一百二十萬年前左右滅絕，「第三種」原人（要是真的存在的話）那時必然也滅絕了。至於為什麼直立人存活下來，而粗壯南猿滅絕了，我們只能猜測。可能的理由是：粗壯南猿競爭不過直立人，因為直立人的食物包括了動植物資源，直立人的石器與大腦使他們能有效地利用植物資源，而粗壯南猿卻只依賴植物資源維生。也有可能直立人扮演了更直接的角色，將兄弟物種推入滅絕的深淵：宰了他們吃肉。

上面討論的發展，全在非洲發生。最後，直立人是非洲演化舞台上的唯一「人」口（與活口）。到了一百萬年前，直立人終於跨出了既有的舞台。他們的化石與石器開始在中東、遠東（爪哇人與北京人的化石都是直立人的標本），與歐洲出現。直立人繼續演化，腦容量增加、頭骨越來越圓轉。大約五十萬年前，有些祖先的長相，學者認為與早期的直立人已有差別，而與我們十分相似，所以稱他們為「智人」，不過他們的頭骨仍比我們的厚，眉上脊顯著得多。

不熟悉人類演化細節的讀者，也許會以為「智人」一出現，就發生了「大躍進」。五十萬年以前，人類終於彗星式地登上「智人」地位，為地球史揭開了燦爛的一頁，藝術與精巧的技術終於要為原來的沉悶世界，添上新妝。不是嗎？不是。原來「智人」的出現根本算不上什麼歷史事件，洞穴壁畫、房子、弓箭，還得再過幾十萬年才出現。石器也沒什麼變化，同樣的玩意直立人已經使用了一百萬年了。「智人」較大的大腦，並沒有讓他們的生活方式發生戲劇性的變化。直立人與早期智人在非洲以外的世界，沒搞出什麼不得了的名堂，他們留下的文化遺跡，只反映了牛步化的文化變遷。事實上，如果硬要舉出一件代表重大進展的發明，大概只有「控制火的能力」可以考慮。學者在北京人遺址中就發現了灰燼層，其中有燒焦的骨與炭化的樹枝。即使這把火是人類有意點燃、維持的，而不是雷擊意外產生的，那也是直立人的業績，而不是智人的。

智人的出現，印證了第一章討論過的謎：我們登上人性殿堂的過程，並不反映遺傳變化的腳步，兩者沒有如影隨形、如斯響應的關係。早期智人的體質比文化演進得快。那時若要第三種黑猩猩構思出梵諦岡錫斯丁教堂中的壁畫（那裡有米開朗基羅最著名的作品），還得給他一些重要的素質。

從直立人到智人這一百五十萬年間，我們的祖先是如何生活的呢？

這一段期間殘存下來的工具，都是石器，可是那些工具，與大洋洲的一些族群、美洲土著及其他現代「石器時代」族群製作的精美磨製石器比起來，說它們很粗糙，都算是客氣的。早期的石器，形狀與大小都有很大的變異範圍，所以考古學家為不同的石器取了不同的名字，例如手斧、砍器、劈器。可是這些名字掩蓋了一個事實，那就是：那些早期石器並沒有一致的形制與功能，與後來克羅馬儂人（形態與我們完全一樣的智人）遺留的針或矛不可比擬。石器上遺留的使用痕跡，顯示它們用來處理肉、骨、獸皮，木頭、以及樹木非木質的部分。但是不論大小與形式，任何石器都沒有固定的功能。考古學家為石器取的名稱，可能只是在連續的大小與形式裡，任意劃分出的單位，而不是石器製作人的本意。

那一段期間的「負面證據」也值得注意。大躍進之後出現的許多工具，在直立人與早期智人的工具裡從來沒有過。沒有骨器、沒有結網的繩索、沒有魚鉤。所有的早期石器，可能都是直接拿在手裡使用；沒有證據顯示它們曾裝在其他器材上以方便著力、增加力道，例如斧頭。

我們的早期祖先以那些粗糙的工具處理什麼食物？他們又怎樣取得食物呢？對這個問題，過去的人類學教科書通常都毫不猶疑地回答「人類自古就是獵人」。書上會說，狒狒、黑猩猩、還有一些靈長類，偶爾會獵殺小型脊椎動物，但是現代的「石器時代」族群（例如南非的「布須曼」人）經常獵殺大型動物。根據豐富的考古資料，克羅馬儂人也一樣。因此我們的早期祖先，食物中也有肉，考古學家發現過動物骨上的石器遺痕，以及石器上的切肉痕跡。可是，真正的問題是：我們的早期祖先幹過多少獵殺大型動物的勾當？獵殺大型動物的技術在那一百五十萬年間逐漸改進了，還是只有在大躍進之後獵殺大型動物才變得比較重要？

過去的人類學家會回答：人類長久以來就是成功的大型動物獵人。主要的證據是三個五十萬年前的考古遺址。第一個是中國河北周口店的北京人遺址，那裡發現了北京人化石（一種直立人），還有石器及許多動物的骨骼；另外兩個遺址在西班牙，出土了石器與大象之類的大型動物骨骼。通常學者都假定：製作那些石器的人，殺了那些動物，然後把屍體帶回遺址處理，並在那裡吃掉。但是三個遺址中都有鬣狗的化石與糞便，那些動物遺骨也有可能是牠們幹的好事。西班牙的遺址是露天的，那裡發現的動物骨，比較像今天非洲水洞旁發現的，而不像人類獵人營地的殘跡。死在水洞旁的動物，屍體會遭到水浸、其他動物的踐踏，以及不同腐食動物的「清理」。

因此，雖然早期人類的食物中有肉，但是我們不知道他們平常吃多少肉，也不知道他們吃的肉是打獵得來的，還是其他獵食動物殘留的。直到很晚以後——大約十萬年前——我們才有比較堅實的證據，可以討論人類的狩獵技術。很明顯地，那時人類狩獵大型動物的本領，實在不怎麼樣。因此五十萬年前以及更早的獵人，必然更不能領教了。

「人類自古就是獵人」這個神話似乎在我們的文化想像中已經根深柢固，因此我們很難放棄一些隨之而來的想法。今天，射殺一頭大型動物給當作男性氣概的最高表現。男性人類學家特別容易強調獵殺大型動物對人類演化的關鍵影響。狩獵大型動物使原始男人合作、發展語言與大腦、組成游群，以及分享食物。男性狩獵大型動物，甚至還影響了女性的性象：女性壓抑了每月排卵的外顯徵象（黑猩猩的非常明顯），不然的話，男性陷入性競爭的狂亂中，就不能合作打獵了。

七〇年代有一些討論人類演化的通俗著作，將「人類自古就是獵人」這個觀點誇張到奇怪的地步。例如《非洲創世紀》（*African Genesis*, 1977）的作者，甚至認為一個基因的突變就可以把人變成獵人，使人類走上一條嶄新的演化道路。

西方的男性作家與人類學家誇張了狩獵的意義，可是他們並不孤單。在紐幾內亞，我和真正的獵人一起生活過，他們最近才脫離「石器時代」。在營火畔，他們會談論每一種他們狩獵的動物，那些動物的習性，以及最好的狩獵方法。他們樂此不疲，可以持續幾個鐘頭。坐在旁邊聽他們談論，你會以為他們每天晚餐都有新鮮的袋鼠肉吃，每天除了打獵啥事也不做。事實上，要是你仔細追問詳情，大多數紐幾內亞獵人會承認：他們一輩子也不過打了幾頭袋鼠而已。

我仍然記得我在紐幾內亞高地的第一個清晨，我與十二個土著一同出發，他們都是男性，帶著弓箭。我們走過一株倒地的樹，突然間有人發出了興奮的喊叫，大家都圍著那樹，有人拉開了弓，其他人朝著那堆枝葉叢擠上前去。我以為會有一頭憤怒的野豬或袋鼠衝出來攻擊人，就四處找爬得上的樹想躲好。然後我聽到了勝利的歡呼，從那堆枝葉叢中走出了兩位強壯的獵人，手裡高舉著獵物。原來是兩隻雛鳥，還不怎麼會飛呢，一隻連十公克都不到。那一天的其他斬獲，包括幾隻青蛙，及一些香菇。

大多數現代採集─狩獵族群，使用的武器比早期智人精良多了，可是人類學家發現他們主要的熱量來源，是婦女採集回家的植物食物。男人捕殺兔子，或其他絕對不會在營火畔提到的小動物。偶爾，男人會打到一頭大型動物，而大型動物的確是他們主要的蛋白質來源。但是只有在北極地區，大型動物才是家裡的主食——那裡植物資源稀少。而直到最近幾萬年，北極才有人類生活。

我猜狩獵大型動物要到形態與我們完全一樣的人（現代人）出現後，才開始對我們的飲食需求有一些貢獻。許多人相信人類獨特的大腦與社會是狩獵的演化結果，我很懷疑。直到最近，我們的祖先都還不是有效率的獵人，不過是擁有特殊技巧的黑猩猩罷了，會使用石器取得與準備食物，而主食是植物與小動物。

在大躍進前夕，舊世界至少有三種不同的人類族群，在不同的地區生活著。他們是最後的「原始人」，後來在「大躍進」的時候給現代人取代了。那些原始人中我們先討論尼安德塔人，因為他們的形態我們了解得最清楚。

尼安德塔人住在哪裡？什麼時候？他們的地理分布，從西歐到位於歐洲東部的俄羅斯南部與中東，直到中亞的烏茲別克（近阿富汗邊界）。一八五六年採石工人在德國尼安德谷中發現了一些人骨，次年由波昂大學的解剖學家向科學界公布，此後，研究古人類化石逐漸成為一門正式的學問，「尼安德塔人」這個名稱，也在學界確立。（「尼安德」在德文中的意義是「新人」，「塔」是「谷」的意思。）其實在一八五六年之前，已經有一些尼安德塔人的化石出土。至於他們生活的時代，就是定義的問題了，因為有些比較古老的化石，已經出現了尼安德塔人的特徵。典型的尼安德塔人，十三萬年前就出現了，可是大多數尼安德塔人的標本，都生存在七萬四千年前之後。雖然他們的起源年代，還有討論的餘地，他們卻是突然消失的：四萬年前左右。

尼安德塔人生存的年代，歐洲與亞洲都籠罩在更新世最後一次大冰期中。他們必然能夠應付嚴寒的氣候——但是也有個限度，不列顛南部、德國北部、基輔與黑海之北，就不見他們的蹤跡。西伯利亞與北極地區，要等到現代人出現之後，才有人蹤。

尼安德塔人的頭骨，有非常特殊的形態特徵，要是尼安德塔人還活著，他就算穿上西裝或名牌服飾，走在當今街頭，見到他的人（同是「智人」）仍然免不了大驚失色。與現代人比較起來，他們的頭骨，前後軸線較長；他們的面孔，從鼻梁到下顎都往前突出，眼眶上緣也非常突出，但是眼窩很深。他們的額頭低又後傾，也沒有下巴頦。儘管尼安德塔人的頭骨有那麼多「原始」的特徵，他們的平均腦容量，卻比現代人還大百分之十。

檢查過尼安德塔人牙齒的牙醫師，也會大吃一驚。成年的尼安德塔人，門齒朝外的那一面，磨損得非常厲害，現代人的門齒從來沒有發現過這樣的磨痕。這種特殊的磨損，顯示尼安德塔人把門齒當工具使用，但是做什麼呢？一個可能是：尼安德塔人以門齒當老虎鉗之類的「夾具」，我的孩子就會用嘴咬著奶瓶，空出雙手，做些淘氣事。另一個可能是：尼安德塔人以門齒處理動物毛皮製作皮革，或用門齒處理木材製造工具。

雖然今天尼安德塔人穿上名牌服飾後會引人注目，他若穿上運動裝或游泳褲，更令人目瞪口呆。

他們的肌肉比我們發達得多，特別是肩膀與頸子，大概只有我們的健美先生有那個水準。他們的肢骨很粗，骨壁很厚，才禁得起那麼發達的肌肉拉扯。以我們的標準來看，尼安德塔人的四肢粗短，主要因為前臂與小腿所占的比例，比我們的小。甚至他們的手都比我們的有力得多；與他們握手得防著別給捏碎了骨頭。雖然他們的平均身高只有一六三公分，可是體重會比同樣身高的現代人重九公斤——那可不是小腹中的肥油，而是肌肉，強有力的肌肉。

尼安德塔人與現代人可能還有一個解剖學的差異，已有學者對那個差異提出非常有意思的解釋，但是我們還不能肯定那個差異是否確實存在，更無法確信學者的解釋是正確。那就是女性的骨盆。尼安德塔人的骨盆比較寬，也許胎兒因此可以在子宮中多發育一段時間，等到比較成熟才出生。果真如此，尼安德塔人的懷胎期可能是十二個月，而不是我們的九個月。（按：這個觀點已證實是錯誤的。）

除了尼安德塔人的骨骼化石，還有他們遺留的石器，是我們認識他們的主要資料。正如我描述過的早期人類石器，尼安德塔人的石器也可能是簡單的手持工具，沒有柄之類的輔具。那些工具也沒有特化的功能類型。沒有定型的骨器，沒有弓，沒有箭。某些石器無疑是製作木器用的，只是木器很少發現，因為都腐朽掉了。唯一的一件，是一根長達兩公尺半的尖矛，那是在德國的一個考古遺址發現的，它插在一頭長毛象（已滅絕）的肋骨間。儘管那是個「成功」的例子，尼安德塔人可能在大型動物狩獵上沒有突出的斬獲，因為從他們遺留的遺址數量判斷，尼安德塔人的人口密度比後來的現代人低，而且與尼安德塔人同時代的早期現代人，在非洲也沒什麼出色的狩獵表現。

在大眾的文化想像中，尼安德塔人一直與「穴居人」、「洞穴人」牽扯不清。那個印象是因為許多尼安德塔人的遺址都在洞穴中發現。其實露天遺址比較容易遭到破壞。因此尼安德塔人是「穴居人」的印象可能並不正確。我在紐幾內亞留下過上百個營地遺址，其中只有一個在洞穴中，我遺留的物事，那裡最可能完整地保存下來。未來的考古學家若發現了那個洞穴，會不會也認為我是個「穴居人」呢？尼安德塔人必然會搭建遮風避雨的「建物」，但是那些「建物」必然簡陋得很——遺留下來的，只是幾堆石頭，一些柱洞，與克羅馬儂人的複雜建物遺跡，難以比擬。

克羅馬儂人還有許多重要特色，尼安德塔人沒有，例子不勝枚舉。尼安德塔人沒有留下真正的美術品。他們在寒冷的氣候中，必然有禦寒的衣物，但是他們的衣服一定很簡陋，因為他們沒有針或其他縫紉技術的證據。他們顯然沒有船，因為地中海的島嶼沒有發現過他們的遺跡，甚至北非都沒有——他們從西班牙只要跨過十四公里寬的直布羅陀海峽就可登陸了。沒有陸路遠距貿易：尼安德塔人製造石器的石材，在遺址四周幾公里的範圍內就可找到。

今天，不同區域的不同族群有文化差異，我們認為理所當然。今天每一個人類社群，建築、家具以及藝術，都有各自的風格。可是尼安德塔人沒有什麼地域性的文化差異可言，在法國與俄羅斯發現的石器，看來非常相似。

我們也認為文化進步是理所當然的。從羅馬人的別墅、中世紀的古堡，以及今天城市的公寓中，會找到明顯不同的器物。到了西元兩千年，我的兒子會以非常驚訝的眼光，審視我在五〇年代使用的計算尺：「老爸，你真的那麼老嗎？」但是十萬年前的尼安德塔人工具，與四萬年前的看來基本上沒什麼差別。簡言之，尼安德塔人的工具，在時空中都沒有變化，因此缺乏人類最重要的素質——創新。一位考古學家做過很中肯的評論：尼安德塔人有漂亮的石器，卻是愚蠢的工匠。儘管尼安德塔人的腦子很大，仍然有「缺少一點點」的遺憾。

做過祖父母的人，在尼安德塔人中一定也少得很，也就是說他們很少人做過「老人」。他們的骨骼顯示：大多數人三十好幾四十出頭就掛了，沒有超過四十五歲的。在一個沒有文字的社會，要是沒有人活得過四十五歲，試問集體的經驗如何累積、智慧如何傳遞？

尼安德塔人「不是人」的面向我已經談得夠多了，可是有三個方面我們仍然可以發現他們的「人性」。第一，幾乎所有保存良好的尼安德塔人洞穴遺址，都有一小塊地方有灰燼與燒焦的木材——簡單的火坳。因此，雖然幾十萬年前北京人可能已經知道用火，但是尼安德塔人才給了我們可靠的證據，顯示用火已是例行公事。此外，尼安德塔人也許也是第一個有埋葬習俗的人類。不過學者仍在辯論，至於埋葬習俗是否意味著宗教，就更引人遐思了。最後，尼安德塔人會照顧傷殘老弱。仔細檢查他們的骨骼，可以發現：年紀大一點的尼安德塔人，大多數身上帶著嚴重的傷病，例如萎縮的手臂、癒合的斷骨（可是並未正確接合，病人因此殘廢）、牙齒脫落，以及嚴重的骨關節炎。除非受到年輕人的照顧，不然那些殘廢老人不可能還活著。在我列舉出一長串尼安德塔人「不是人」的特徵後，我們終於在這一種奇異的冰河時代生物身上，找到了一些東西，令我們對他們產生了一絲物傷其類的同情。尼安德塔人，形態上接近人，精神上還不是人。

尼安德塔人與我們是同一個物種嗎？那得看我們能不能與尼安德塔人交配生孩子，即使能生孩子，孩子也得有生育能力才成。還有，即使沒有生理障礙，也得看我們有沒有意願。這是科幻小說家喜歡的題材。許多科幻小說的廣告詞這麼寫道：「一個探險隊闖入了非洲深處一個與世隔絕的幽谷中。谷中住了一個原始人部落，形貌原始得可怕，仍過著石器時代的生活。他們與我們是同一物種嗎？回答這個問題的方法只有一個。可是那一群無畏的（男性，當然）探險家中，誰願意「獻身」做這個實驗呢？」在這當兒，那些啃骨頭的洞穴女人中，出現了一個「美人」，她不但美麗，而且性感，散發著原始的誘惑。所以現代讀者會覺得那位探險勇士的困境是可信的：做呢？還是不做？那真是個問題。

信不信由你，類似的實驗事實上發生過。就在四萬年前，大躍進的當兒，而且發生了好幾次。

我說過，十萬年前舊世界至少有三個不同的人類族群，分別住在各地，歐洲與西亞的尼安德塔人不過是其中之一。東亞發現的一些化石，已足以顯示那裡的人不是尼安德塔人，也不是我們現代人。但是由於發現的化石並不多，我們無法詳細描述這些亞洲人。與尼安德塔人同時代的人，我們知道得最清楚的，是生活在非洲的那群。在頭骨形態上，他們有些簡直與我們現代人一個模樣。那麼，我們是不是十萬年前在非洲演化到了人類文化發展的分水嶺呢？

答案仍然是——不是！意外吧？這些模樣現代的非洲人，製作的石器與模樣不現代的尼安德塔人非常相似，因此我們稱他們為「中石器時代非洲人」。他們仍然沒有定型的骨器、弓箭、（魚／鳥）網、魚鉤、藝術品，各地的工具也沒有表現出文化差異。這些非洲人儘管身體非常「摩登」，仍然缺了點什麼，因此沒有十足的「人味」。我們再一次面臨了同樣的弔詭：摩登的骨骼（因此可以假定基因也是摩登的），不足以生產摩登的行為。

人類演化了幾百萬年，我們的祖先平常以什麼果腹？我們掌握的直接證據並不多。可是南非發現了一些洞穴，十萬年前人類占居過。這些洞穴提供了詳細資訊，讓我們有機會知道當時的飲食內容。類似的資訊，沒有更早的了。我們對那些洞穴那麼有信心，是因為洞穴裡到處都是石器、獸骨，獸骨上有石器砍、砸、切的痕跡，還有人骨。可是幾乎沒有肉食獸（例如鬣狗）的骨骼。因此，洞穴中的動物骨骼，是人帶進去的，而不是鬣狗之類的野獸。動物骨骼中，還發現了海豹、企鵝，以及笠貝等軟體動物。也就是說，我們甚至還有證據，顯示中石器時代的非洲人懂得利用海邊的生物資源。他們是科學界知道的最早這麼做的人類族群。不過，魚或海鳥的遺骨，洞穴裡發現得極少，無疑那是因為當時還沒有魚鉤以及捕捉鳥或魚的網。

洞穴中的哺乳類骨骼，包括不少體型中等的物種，其中以南非大羚羊數量最多。令人矚目的是：洞穴中的大羚羊骨骼，包括各種年齡的個體，好像是一整群大羚羊都給捉來吃了。起先，南非大羚羊在獵人的斬獲中占那麼高的比例，讓學者非常驚訝，因為當地十萬年前的環境，與現在大體一樣，而今天大羚羊在當地是最不常見的大型動物。當年獵人能捕獲那麼多大羚羊，成功的祕訣可能是：大羚羊是馴良的動物，對人並不危險，而且容易成群驅趕。因此學者推測獵人三不五時地設法驅趕整群大羚羊，讓牠們衝向懸崖，結果全都跌下深谷。所以在獵人的洞中才會發現各種年齡的大羚羊遺骨，就像他們獵殺了一整群大羚羊一樣。相對地，比較危險的獵物，如南非野牛、豬、象、犀牛，呈現的圖像便截然不同。洞中的野牛骨，主要是幼年或老年的，至於豬、象、犀牛的骨骼，根本絕無僅有。

所以我們可以把中石器時代的非洲人看成大型動物獵人，不過他們很少那麼做。他們或者對危險的物種敬而遠之，或者只針對老弱病孺下手。那些選擇顯示獵人非常審慎，而且理由充分，因為他們的武器只有刺矛，沒有弓箭。除了喝番木鼈調製的雞尾酒，拿根長矛挑戰成年犀牛或南非野牛，在我看來，最能達成找死的目的。即使驅趕大羚羊上懸崖，也不見得常常成功，因為南非大羚羊還沒滅絕，繼續在獵人身邊長相左右。我懷疑中石器時代的非洲人不是很高明的獵人，他們與早期的祖先和現代的石器時代族群一樣，以植物與小型動物當主食。他們當然比黑猩猩高明多了，但是比起現代的布須曼人（南非）或匹格米人（中非），就太遜了。

綜上所述，十萬年前到五萬年前的人類世界，大概是這樣的：北歐、西伯利亞、澳洲、大洋中的島嶼，以及整個美洲，仍然杳無人跡。歐洲與西亞住著尼安德塔人；非洲，那裡的人形態上越來越像我們現代人；在東亞還有一些人類，從僅有的零星資料看來，形態既不像尼安德塔人，也不像非洲的人。這三個族群至少一開始的時候，工具、行為，與有限的創新能力，都非常原始。那就是大躍進發生的背景。這三個族群中，哪一個能脫穎而出，創造歷史呢？

「大躍進」的證據，在法國和西班牙最明顯，大概是在四萬年前，也就是最後一次冰期晚期。先前是尼安德塔人的地方，這時形態與我們完全一樣的現代人出現了。最早的現代人，我們有時稱他們為克羅馬儂人，因為一八六八年在法國西南的克羅馬儂首度發現最早的現代人化石。要是現在他們穿上我們的服裝，走在巴黎的香榭麗舍大道上，在熙攘的遊人中，根本不會引人注目。克羅馬儂人讓考古學者矚目的，不只是形態，還有他們製造的工具。考古學家在早期的工具中，從來沒有發現過那麼繁多的式樣，那樣明確的功能。克羅馬儂人的工具，顯示現代形態與現代的創新行為終於結合為一體了。

克羅馬儂人繼續用石頭製作工具，但是他們會先從大塊的石頭上，小心剝下石瓣，再以石瓣製成理想的工具。因此同樣重量的石材，可以製造出的鋒利石刃，是先前的十倍。制式的工具與鹿角器第一次出現。明確的複合工具（如有石槍尖的長矛與裝了木柄的斧頭），也首度出現。不同類型的工具，有容易辨識的功能，例如針、鑿、臼、鎚、魚鉤、網墜與繩索。繩索可以編織魚網、鳥網，或用來設陷阱，難怪克羅馬儂人遺址裡經常發現狐狸、鼬鼠和兔子的骨骼。繩索、魚鉤與網墜，可以解釋南非遺址發現的魚骨與鳥骨。

可以使獵人安全地獵殺凶猛動物的遠距武器，也出現了，例如帶倒刺的魚叉、標槍、長矛拋射器，以及弓與箭。南非的洞穴遺址，還發現了異常凶猛的獵物骨骼，像是成年的南非水牛與豬，在歐洲則有野牛、大角麋鹿、大角鹿、馬、與大角羊。今天的獵人即使裝備了大口徑來福槍，槍上還附了望遠鏡，要殺那些動物，也不見得容易。當年的獵人必然對那些動物的行為相當熟悉，而且已經發展出集體狩獵的策略與技巧。

最後一次大冰期晚期出現的現代人，精於狩獵大型動物，我們有好幾種不同類型的證據。他們留下的遺址比較多，意味著他們比先前的尼安德塔人或中石器時代非洲人，更能成功地取得食物。過去活過好幾個冰期的大型動物，許多都在最後這個冰期結束前滅絕了，反映了新狩獵技術的卓越程度。

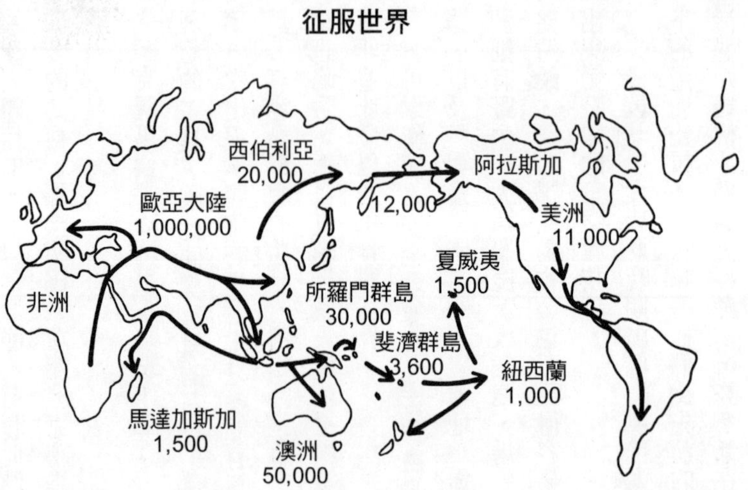

圖三　人類是世界上唯一分布全球的物種

這張圖顯示我們的祖先由非洲散布到世界各地的過程。數字代表距現在的年代。未來的考古發掘，可能會改變某些數字，例如西伯利亞，說不定兩萬年前就有人居住了。

讓我們逼入絕境的動物，大概包括北美洲的長毛象、歐洲的長毛犀牛與巨型大角鹿、南非的大水牛與巨型馬，以及澳洲的巨型袋鼠。本書後面幾章會繼續討論這個問題。很明顯地，在我們演化史上破天荒的輝煌時刻中，已經包藏了可能導致我們衰亡的禍心。

憑著新發展出的技術，現代人不僅在原先的舊世界繁衍，還進入新環境開發。人類大約五萬年前踏上澳洲，換言之，那時已有船隻，可以渡過一百多公里的海域（從印尼群島東部到澳洲的距離）。至少兩萬年前俄羅斯北部與西伯利亞已有人跡，因為現代人已有縫製衣服的技術，證據是：發現了有針眼的骨針、描繪了禦寒外衣的洞穴壁畫、墳墓中屍體上的飾物位置顯示那原來是衣褲上的飾品。遺址中還發現過集中的狐與狼的骨架，牠們都缺少足掌，推測是為了方便剝皮，而足掌的骨骼集中在另一處。可見現代人已懂得利用毛皮保暖。他們的房屋也比過去的複雜，有柱洞、鋪過的地面，以長毛象骨骼搭的牆。屋內有構造複雜的火窟，還有燃燒動物脂肪的石燈，以度過北極的長夜。先是西伯利亞，然後阿拉斯加，最後在一萬一千年前北美洲與南美洲都有人類開闢了。

過去尼安德塔人製造工具的原料，都是就地取材，現代人不一樣，歐洲大陸上出現了長程貿易，貨品不只是製造工具的原料，還有裝飾品。製作工具的上品石材，例如黑曜石、玉石，與燧石，往往是從幾百公里之外的採石場開採的。波羅的海東岸的琥珀，可以在東南歐發現；地中海的貝殼，在歐洲內陸出現，如法國、西班牙與烏克蘭。在現代的「石器時代紐幾內亞」，我觀察到同樣的現象：那兒瑪瑙貝是珍貴的裝飾品，所以從海岸運上高地，可以交換天堂鳥的羽毛；製作石斧的黑曜石也可以當交易品，所以幾個黑曜石礦場都有很高的價值。

冰河期晚期的飾物貿易，透露出明顯的美感知覺，與克羅馬儂人最令我們讚嘆不已的成就——藝術——有密切的關聯。世人最熟知的，就是拉思考（Lascaux）的洞穴壁畫，許多已滅絕的動物都在那裡留下了彩色的身形，讓人驚豔。但是同樣令人印象深刻的，還有浮雕、項鍊與墜子、黏土陶雕、「維娜斯」像（小型的女性塑像，可是乳房與臀部極為誇張），以及樂器（有笛子也有響板）。

尼安德塔人能活過四十歲的人不多，但是根據骨骼鑑定，有些克羅馬儂人能活到六十歲。許多克羅馬儂人有機會含飴弄孫，尼安德塔人就很罕見。我們已經習慣從印刷品或電視獲得資訊，很難體會文字發明前，老年人對社會的重要，哪怕一兩個老人，都可能掌握著社會的命脈。在紐幾內亞，要是我對一些罕見的鳥類或水果有疑問，年輕人往往帶我到村子裡年紀最大的老人那裡。舉個例子吧。一九七六年，我造訪所羅門群島（位於太平洋西南的龍捲風帶）的連內爾島（Rennell Island）。許多島民告訴我哪些野果可以實用，但是只有一位老人能告訴我：要是遇到緊急情況，還有那些野果可以食用。在他小的時候，有一次超級龍捲風來襲，島上農園全毀，島民差點餓死，那位老人還記得當年讓他們倖存下來的野果。在文字發明以前，他這樣的一個人，就能影響整個社會的生存。因此克羅馬儂人比尼安德塔人長壽二十年的事實，可能就是克羅馬儂人成功的重要因素。活到較高的年紀，不僅需要生存技巧，還涉及體質的變化，也許包括人類女性停經的演化。

前面描述的「大躍進」，讀來好像所有的進展（工具與藝術），全都在四萬年前一起發生。事實不然；不同的發明、創新在不同的時候出現。長矛拋射器先發明，然後才有魚叉或弓箭，而珠子與墜子也在洞穴壁畫之前出現。也許讀者會誤會我描述的變化，在世界各地都一樣。在冰河時代晚期，只有非洲的人以鴕鳥蛋殼做珠子，烏克蘭的人以長毛象的骨骼搭屋子，而法國的人在洞穴裡畫壁畫。

這種文化的時空差異，與尼安德塔人文化的靜滯單調，大異其趣。那些文化差異構成了人類在「大躍進」之後最重要的創新；從此以後，人類最重要的特質，就是創新的能力。對我們現代人而言，創新完全是自然的。我們不能想像二十世紀末的奈及利亞人（北非）與拉脫維亞人（波羅的海）有同樣的服飾、家具，他們與紀元前五十年的羅馬人，也不可能打扮得一樣。對尼安德塔人，創新才是難以想像的。

儘管克羅馬儂人的藝術，讓我們一見傾心、悠然神往，他們的石器與狩獵—採集生活形態，卻教我們難以消受。我們覺得他們仍是「原始人」，心中浮現的形象，是卡通片中揮舞著木棒、嘴裡咕嚕著拖著女人走出山洞的男人。不過，為了對克羅馬儂人公平一點，我們得想像：要是未來的考古家到紐幾內亞發掘一個一九五〇年代的村落遺址，會做出什麼結論？他會發現一些形式簡單的石斧。所有其他的物質文化，都是木質的，都會腐朽。樓房、美麗的編籃、鼓與笛、有舷外浮木的獨木舟，以及世界級的漆雕品，全都會消失無蹤。更別說村落中還有複雜的語言、歌曲、社會關係，以及對自然界的知識，又何處憑弔？

紐幾內亞的物質文化，直到最近仍然很「原始」（「石器時代」），有歷史的原因，可是紐幾內亞土著與我們一樣是現代人，不折不扣。現在的紐幾內亞人，有的開飛機，有的搞電腦，還創建了一個現代國家，儘管他們的雙親是在石器時代裡成長的。要是我們利用時光機器回到四萬年前的世界，我想我們會發現克羅馬儂人也是同樣的「現代」人——學會開噴射機不成問題。他們製造石器與骨器，只因為其他的工具還沒有發明；世上只有那種勾當可學，你還能要求他們怎麼樣？

過去有許多學者主張：歐洲的克羅馬儂人是從尼安德塔人演化來的。現在看來，他們幾乎必然錯了。最晚的尼安德塔人（生存於四萬年前之後），仍然是十足的尼安德塔人，而那時歐洲最早的克羅馬儂人已經出現了，他們的形態與我們完全一樣。由於現代人在非洲與中東早了好幾萬年出現，因此歐洲的現代人比較可能是「外來的」，而不會是當地演化出來的。

入侵的克羅馬儂人遇見原住民尼安德塔人之後，發生了什麼事？我們能肯定的，只有結果：在很短的時間之內，尼安德塔人就消失了。克羅馬儂人使尼安德塔人走上絕種之路——這似乎是難以避免的結論。但是許多人類學家對這個結論難以消受，寧願相信環境變遷是尼安德塔人滅絕的主因。例如《大英百科全書》第十五版（1974）在「尼安德塔人」這一條的結論中，是這麼說的：「尼安德塔人最後消失的年代仍無法確定；他們消失的原因，可能是因為他們是適應間冰期的生物，難以承受最後一次冰期的蹂躪。」事實上，尼安德塔人是在最後一次冰期中興起的族群，他們在冰期中整整生活過三萬年，他們消失了三萬年之後，冰期才結束。

依我看來，大躍進時期歐洲發生的事，在現代世界中反覆發生過：人數眾多、技術又高超的族群，侵入人數少、技術又落伍的族群的領地，就會發生同樣的事。舉例來說，歐洲殖民者侵入北美洲之後，土著族群因為歐洲人帶來的傳染病大量死亡；大多數倖存者不是給殺了就是給趕出了家園；有些倖存者採用歐洲人的技術（馬與槍），抵抗了一陣子；許多倖存者給趕到歐洲人不屑一顧的地區，還有一些則與歐洲人「融合」了。澳洲土著遭到歐洲殖民者「代換」，南非土著郭依桑族（其中有一些過去叫布須曼人）給北方來的鐵器時代班圖人「代換」，都循同樣的模式。

以上面的例子類推，我猜想克羅馬儂人帶來的疾病，以及直接的謀殺、驅趕，使尼安德塔人踏上了滅絕之路。果真如此，尼安德塔人／克羅馬儂人的消長，諭示了後來的發展——一旦勝利者的子孫為當年的「真相」爭論不休，會發生什麼呢？因為尼安德塔人體格比克羅馬儂人結實得多，一開始讀者可能會難以想像克羅馬儂人居然是贏家。不過武器扮演了決定性的角色，而不是肌肉。同樣地，今天在中非，是人類威脅大猩猩的生存，而不是大猩猩威脅了人類。肌肉發達的人，需要更多的食物，要是比較瘦削、聰明的人使用工具做事，仗著肌肉的人，占不了便宜的。

就像北美洲的平原印第安人，有些尼安德塔人可能也學了一些克羅馬儂人的本領，能夠抵抗一陣子。這是我對令人困惑的夏特貝紅文化（Le Chatelperronien，約三萬六千年前到三萬年前），唯一覺得合理的詮釋。夏特貝紅文化的主人是尼安德塔人，與最早的克羅馬儂人文化（奧西尼新文化，Aurignacian Culture）並存過一段時間。夏特貝紅石器，混合了先前的尼安德塔類型與奧西尼新類型，但是夏特貝紅遺址沒有發現過典型的克羅馬儂骨器與藝術品。起先學者為夏特貝紅文化的主人爭論不已，後來發掘出典型的尼安德塔人遺骨，真相終於大白。也許有些尼安德塔人學會製造克羅馬儂人的工具，因而比同胞多撐了一段時間。（按：關於夏特貝紅文化，有一本小書值得讀者參考：*Les derniers Neandertaliens Le Chatelperronien, Dominique Baffier, Paris: La Maison des Roches*, 1999。）

至於科幻小說中尼安德塔人／克羅馬儂人雜交的情節，是否真的發生過？是否能夠生出有生殖能力的子女？仍不清楚。現在還沒有發現明確的「混血」化石。（按：一九九九年六月，有一篇報告指出葡萄牙發現的一具兒童化石，似乎是尼安德塔人／克羅馬儂人的結晶，生存年代是兩萬四千五百年前，請見《美國國家科學院學報》卷九六，頁7604-9。）要是尼安德塔人的行為，相對而言比較原始，而且體質與我猜想的一般，十分獨特，我相信沒有幾個克羅馬儂人會對他們有「性趣」。同樣地，人與黑猩猩今天仍然共同生活在世界上，我卻從來不曾聽說過「交配」的事。雖然尼安德塔人與克羅馬儂人之間，沒有那麼大的差異，我仍然覺得他們的差異已足以讓他們不會迸發火花。就算「飢者難為食」，尼安德塔女性較長的懷孕期，也有可能使「雜種」難以順利發育。對這個問題，我的態度是：認真看待「負面證據」——要是還沒有發現，就是事實上不存在。換言之，雜交的情事要嘛根本沒發生過，要嘛很少發生。我不相信當年歐洲人的子孫，體內有任何尼安德塔人的基因。

以上是西歐發生的大躍進。在東歐，克羅馬儂人取代尼安德塔人的過程，發生得稍早一點，中東就更早了。在中東，大約九萬年前到六萬年前之間，尼安德塔人與現代人在同一地區，發生過相互消長的情事。現代人在中東地區的進展那麼緩慢，與他們在西歐的表現，恰成對比。這表示中東的現代人，在六萬年前還沒有發展出現代行為模式。

現在我們對十萬年前在非洲出現的現代人，可以做個回顧了。起先，他們製作的石器，與尼安德塔人的一樣，所以不能占尼安德塔人什麼便宜。到了大約六萬年前，他們在行為上發生了某個神奇的變化。那個變化（一會還會談到）使現代人擁有創新的天賦，發展成十足的「人」。於是現代人開始從中東大膽西進，侵入歐洲，取代了歐洲的「原住民」——尼安德塔人。我相信他們也從中東東進，侵入東亞與印尼群島，取代了那裡的原住民。不過我們對東亞與東南亞的原住民所知有限。有些人類學家認為早期的東亞人與印尼人，與現代的東亞族群和澳洲土著，有相似的頭骨形態特徵。果真如此，入侵的現代人可能沒有消滅原住民，而是與原住民融合了。

兩百萬年前，好幾個原始人支系同時生存在非洲大陸上，最後只有一個存活了下來。現在看起來，最近六萬年之內，同樣的情節又上演了一次。今天世上的人，都是當年贏家的後裔。我們的祖先究竟憑著什麼贏的？

幫助人類祖先完成大躍進的，究竟是什麼？這是個考古學上的謎，學者對謎底沒有共識。在化石骨骼上，我們沒找到線索。那也許只涉及百分之零點一的DNA。哪些微小的基因變化可以造成那麼巨大的後果？

我與一些臆測過這個問題的科學家一樣，相信唯一的可能答案就是：複雜語言的解剖基礎。黑猩猩、大猩猩，甚至猴子都能以符號溝通——當然，不是以說話的形式。黑猩猩與大猩猩能學會手語，用以溝通，黑猩猩也能學會以電腦鍵盤上的符號溝通。受過訓練的猩猩，有的能學會使用上百個符號。雖然科學家辯論過：那樣的「溝通」與人類的語言有何相似之處？沒有人懷疑那也是一種「象徵溝通」的形式。也就是說，一個特定的手勢或電腦鍵，用來「象徵」一個特定的其他事物。

靈長類不只能使用手勢和電腦鍵當作符號，還能使用聲音。舉例來說，非洲綠猴在野地裡發展出一種自然的「象徵通訊」形式，利用嘴裡發出的咕嚕聲，表示三種不同的動物：豹子、老鷹與蛇。一頭一個月大的黑猩猩，叫做維姬，給一位心理學家收養了，當成他們夫婦的女兒撫養，結果學會「說」出四個字：爸爸、媽媽、杯子、上面。（她發出的音只是近似人聲而已，因為黑猩猩的發聲器官與人類的不同。）既然猴子、猩猩都有能力以聲音傳訊，為什麼猿類沒有繼續朝這個方向演化，發展出牠們自己的複雜語言？

答案似乎涉及控制語音的解剖構造，包括喉嚨（larynx）、舌頭，以及相關的肌肉。就像一隻瑞士錶，它能夠準確計時，是因為所有零件都是精心設計的，我們的發聲道依賴許多構造與肌肉的精密配合。科學家認為黑猩猩不能發出尋常的人類母音，是受解剖構造的限制。要是我們也只能發出幾個母音與子音，說話的辭彙就會大量減少。

所以我才我認為促成大躍進的「東風」，是人類的「原始型」發聲道變成了「現代型」發聲道。從此人類能夠更為精密的控制發聲道，創造更多的語音。發聲道的肌肉經過這樣精細的調整，未必會在化石骨骼上留下跡象。

我們很容易想像解剖學上的一個小變化，導致說話的能力，從而在行為上產生巨大的變化。「前面第四棵樹，正右轉，把公羚羊趕向紅巨石，我會在那兒埋伏，等著用矛刺牠。」有了語言後，傳達這樣的訊息只不過費時幾秒鐘而已。要是沒有語言，這個訊息根本無法傳達。沒有語言，我們的原人祖先就無法腦力激盪，找到改進石器的辦法；或者討論一幅洞穴壁畫的意義。沒有語言，即使一個人都很難想出改良工具的辦法。

舌頭與喉嚨的解剖學會發生變化，涉及基因的突變，但是我並不認為一旦那些突變發生了，大躍進就發動了。即使有了合適的發聲道，人類也必然要花幾千年實驗各種語言結構，發展詞序、詞格及時態等文法概念，還要累積辭彙。我會在第八章討論語言演化的一些可能階段。但是，如果大躍進前夕，人類已經演化到了「只欠東風」的關口，我猜想那「東風」就是改變我們祖先的發聲道，為語言的演化鋪路，然後創新的本領才能油然而生。把我們從傳統中解放出來的，是語言。

我已經論證過，我們在四萬年前無論體質、行為及語言，都已是現代人；克羅馬儂人只要有機會

學，也能開噴射機。果真如此，大躍進之後為什麼還要那麼久，我們才能發明書寫系統、建萬神廟？這個問題的答案，可能與下面那個問題的答案有異曲同工之妙：我們都知道羅馬人是偉大的工程師，那麼為什麼他們不能造原子彈呢？憑羅馬人掌握的技術，根本造不了原子彈，人類還必需累積兩千年的技術成就，例如發明火藥與微積分、發展原子理論、從礦物中分離出純鈾等等。同樣地，書寫系統與萬神廟，也依賴自克羅馬儂人出現後就開始累積的各種成就，包括弓與箭、陶器、養殖動植物等等，不一而足。

直到大躍進前夕，人類文化以蝸牛的速度發展了幾百萬年。那個速率受制於遺傳變化的緩慢步伐。大躍進之後，文化發展不再依賴遺傳變化。在過去四萬年中，我們的體質發生的變化微不足道，可是文化的演化幅度，比過去幾百萬年大得太多了。要是在尼安德塔人時代，外星人來訪地球，人類不會在芸芸眾生中顯得鋒芒畢露、卓爾不群。訪客最多將人類當作行為奇特的物種，與海狸、花亭鳥及陸軍蟻殊途同歸。他能預見我們很快就會發生變化嗎？因為那個變化，我們成為地球生命史上第一個有能力毀滅所有生物的物種。

part 2

奇異的生命循環

我們剛剛追溯了我們的演化史，直到體質與行為都與我們無異的現代人出現為止。但是那個背景不足以讓我們接著繼續討論人類的文化特色發展，例如語言與藝術。因為我們只討論了骨骼與工具作為證據。是的，大腦與直立姿勢的演化，是語言與藝術的先決條件，但不是充分條件。骨骼形態像人，並不保證就有人性。我們要攀上人性的高峰，還得在生命循環上做徹底的改變。第二部的主題，就是生命循環。

任何一個物種都有生命循環。生物學家以「生命循環」指涉物種特定的生物特質，例如每胎生產的子女數目、親職行為、成年個體間的社會關係、兩性關係、兩性互動的模式、性關係的頻率、停經（如果有的話），以及平均餘命（壽命）。

我們認為人類的這些特質都是理所當然的，從未懷疑它們需要解釋。但是我們的生命循環，要是以動物的常模來衡量，卻是離譜的、奇異的。我剛才提到的那些特質，物種之間都有變異，可是在大多數方面，我們都是極端的例子。就舉幾個明顯的例子吧。大多數動物一胎生一個以上的子女；大多數動物的雄性，不照顧子女；其他的動物，沒有活到七十歲的，這個數字即使打個折扣，也只有幾種有機會活那麼長。

在我們諸多離譜的特質中，有些猩猩也有，表示我們不過保留了猿人祖先的特質。例如猩猩通常一胎也只生一個；壽命很長，可以活幾十歲。其他我們最熟悉的（但遺傳上較不親近）動物，都不是這樣，例如貓、狗、鳴鳥以及金魚。

在其他方面，我們甚至與猩猩都大不相同。下面是幾個功能我們都很清楚的例子。人類嬰兒即使在斷奶之後，所有的食物仍由父母親供應，而猩猩斷奶後，就自行覓食。大多數人類父親密切涉入子女的撫育，母親就更不用說了；而黑猩猩只有母親這麼做。我們生活在密集的繁殖社群中，名義上社群由單偶配偶組成，可是他們有一些也會尋求婚外性行為；這與海鷗比較相似，與猩猩或大多數哺乳類不同。這些特質與較大的腦容量一樣重要，都與子女的存活與教育有關。因為我們取得食物的方法既複雜又依賴工具，剛斷奶的嬰兒根本無法餵飽自己。我們的嬰兒，出生後得長期的餵養、訓練與保護——比黑猩猩母親需要付出的，大得太多了。因此，人類父親只要期望子女存活、長大，通常就會協助配偶養育子女，而不只是貢獻一粒精子——紅毛猩猩的雄性，唯一的親職付出，就是一粒精子。

我們的生命循環與野生猩猩在更為細緻的方面，還有差異，但是它們的功能仍找得出來。我們許多人比大多數野地猩猩活得久：甚至採集—狩獵部落都有一些老人，他們是經驗的寶庫，對社會的存續非常重要。男人的睪丸比大猩猩的大很多，比黑猩猩的小，本書會提出解釋。我們認為女性停經是無可避免的，但是我會說明為什麼停經對人類有道理，而在動物界，幾乎史無前例。最接近的哺乳類例子，包括澳洲一些類似老鼠的小型有袋類；牠們是雄性停經，而不是雌性。我們的壽命、睪丸尺寸與停經，也同樣是我們臻於人性的先決條件。

我們的生命循環，另外還有些特徵，比起睪丸，與猿的差異更大，使人類顯得異常，它們的功能，學者仍在激烈辯論。我們主要在私密的空間中性交，而且性交的目的是作樂，不像其他動物，性交公開，而且目的明確，只在雌性可能受孕的期間性交。雌猩猩會「廣告」

牠們的排卵期；人類女性的排卵期是「隱性的」，她們甚至自己也不知道。解剖學家了解為什麼「男人的睪丸，就尺寸而論，介於大猩猩與黑猩猩之間」，但是為什麼「男性的陰莖相對來說十分雄偉」，就沒有定論了。無論正確的解釋是什麼，所有這些特徵，也是塑造人性的成分。有些靈長類雌性，外陰部在排卵期間會變得亮麗紅豔，也只在那段期間允許雄性打炮，她們利用生理機制做「廣告」，向雄性招徠，然後與任何經過的雄性公然「做愛」。當然，要是人類女性的性象（與生殖有關的解剖、生理與行為特徵）與她們類似的話，我們就很難想像父親與母親如何和諧地分擔養育子女的工作了。

因此，人類社會的生存與生殖，不僅依賴第一部討論過的那些骨骼變化，也依賴我們生命循環的這些新特徵。但是討論我們的骨骼變化，我們可以追溯那些變化的演化史，弄清楚演變的時間，以及演變的方向與幅度。可是生命循環特徵的變化，不會留下直接的化石證據，因此古生物學的書裡最多簡單提一下，根本沒有深入討論那些變化的深刻意義。考古學家最近發現了尼安德塔人的舌骨，由於舌頭在我們的發聲道中扮演重要的角色，因此學者對這個發現都非常興奮。可是到目前為止，我們還沒發現過尼安德塔人的陰莖。我們在化石紀錄上，可以清楚地觀察到：我們大腦的增長，是偏離猿類祖先性狀的演化發展。對生命循環特徵的變化，我們就不容易這麼肯定了。誰比較偏離祖先性狀——是我們還是非洲大猿？我們只好依賴「比較方法」：由於人類不僅與四種大猿不同，與其他的靈長類也不同，因此人類的生命循環特徵必然是最近演化出來的。

達爾文在十九世紀中，發表演化論，主張動物的形態構造是演化的產物，而演化的機制是「天擇」。本世紀的生化學家發現：動物的化學組成也會演化，機制仍然是「天擇」。但是動物的行為也受天擇的調控，包括生殖生物學，尤其是「性習俗」。生命循環特徵有某種遺傳基礎，同一物種成員之間，會表現出可以測量的差異。舉例來說，有些女性有生產雙胞胎的體質，而我們都知道某些家族史反映了「長壽」基因的作用。生命循環特徵影響我們的生殖成功率，因為吸引異性、「做人」、撫育子女，與成年後的生存機率，都受生命循環特徵的影響。正如天擇驅使動物的形態構造適應它們的生態棲境，天擇也能塑模動物的生命循環。留下最多子女的個體，對基因庫的貢獻不僅是涉及骨骼、化學組成的基因，還有涉及生命循環的基因。

這個推理必須解決的一個困難是：我們有些特徵，例如停經與老化，會減低我們的生殖產能，而不是增加，因此它們應該早就讓天擇幹掉了。對於這一類的「矛盾」，「失之東隅，收之桑榆」的邏輯，可以幫助我們了解與化解。在動物的世界中，「沒有白吃的午餐」，任何事都涉及「得」與「失」；空間、時間與精力的利用方式，都是機會成本。對於任何機會成本，都可以追問：做別的事是否更有利？舉個例子好了。也許你會認為：不停經的女性比「正常的」女性子嗣多。但是我們會發現：要是考慮到「不停經」的隱藏代價，就容易理解演化為什麼沒有將它「內建」在我們的生殖策略之內。「我們為什麼會老化與死亡？」同樣的邏輯也能幫助我們面對這個痛苦的問題。還有，我們對配偶忠實有利呢？（以「狹隘的」演化意義而言）還是搞七捻三？考慮到「天下沒有白吃的午餐」，就容易回答了。

我以下的討論，都假定：我們人類獨特的生命循環特徵，有某種遺傳基礎。我在第一章對於基因的功能所作的說明，大體而言仍舊適用。身高以及大部分觀察得到的生物特徵，並不只是一個或少數幾個基因控制的。停經與單偶制也不會只由一個基因控制。事實上，我們對於人類生命循環特徵的遺傳基礎，所知有限。不過以老鼠與綿羊做實驗，的確發現睪丸的尺寸受遺傳控制。人類養育子女與搞七捻三的動機，也的確受文化強烈影響，人類社群在這些方面的差異，不能完全用基因來解釋。可是，人類與其他兩種黑猩猩的生命循環特徵，是有系統而一致的差異，人類與黑猩猩的遺傳差異，應該扮演了重要的角色。沒有一個人類社會，男人的睪丸與黑猩猩的一樣大，或女性不停經；這與文化傳統無關。在我們與黑猩猩百分之一點六的遺傳差異中，就其中有實際功能的部分而言，可能有一小部分涉及我們的獨特生命循環特徵。

討論人類獨特的生命循環，我將從人類社會組織以及性象（與生殖直接有關的解剖、生理與行為）的特徵開始。前面已經提過，使我們在動物界顯得突兀的性狀包括：社會的基本單位由兩性配對組成，名義上是單偶制；外生殖器的構造；兩性經常、持續的性交，而且在私密的空間中進行。我們的性生活，不僅反映在外生殖器的構造中，還反映在兩性身體的相對尺寸上——比起大猩猩與紅毛猩猩，人類兩性的身體，尺寸上「平等」多了。這些熟悉的人類特徵，有些我們已經知道它們的功能，其他的仍然難以了解。

討論人類的生命循環，光撂下一句：人類實行的單偶制只是名義上的，並不夠。我們必須承認：婚外性行為也不是全民運動，個人教養、社會規範都扮演了重要角色。可是人類社會之間儘管有巨大的文化差異，婚姻制度與婚外性行為在所有社會中並存，是個無可推諉的事實。長臂猿也是兩性長期廝守、合作養育子女的物種，可學者沒發現過牠們也玩婚外性行為的把戲。至於黑猩猩，「婚外性行為」是個沒有意義的概念，因為牠們沒有「婚姻」這檔子事。因此，討論人類獨特的生命循環，必須解釋人類社會中「婚姻」與「婚外性行為」並存的事實，才算周延。我會指出：事實上，我們的這種「特色」在動物界已有「先例」，那些先例能幫助我們了解自己的「特色」的演化意義——對「婚外性行為」的態度，男女有別，正如雄鵝與雌鵝。

然後我們要討論另一個獨特的人類生命循環特徵：我們怎樣選擇性伴侶（無論是婚姻的對象，還是露水姻緣的對象）？那個問題在狒狒隊群中很少出現，其實也沒什麼「選擇」可言：任何一個發情的雌性，每個雄性都想「上」。黑猩猩有些選擇，不過牠們仍然與狒狒比較接近，性生活「亂七八糟」，而不像人。在人類的生命循環中，「選擇配偶」是個有重大影響的決定，因為在婚姻中，兩性得分擔親職，而不只是性交而已。正因為人類養育子女涉及沉重而長期的親職投資，所以我們得慎選投資夥伴，狒狒就沒有那樣的顧慮。雖然如此，我們還是能在動物界發現可以比擬人類擇偶過程的「先例」，只不過我們必須超越靈長類，到囓齒類（老鼠）與鳥類中找。

我們的擇偶標準也涉及人類的人種變異——我們難以迴避的棘手問題。地球上不同地區的土著（「原住民」），身體表面有明顯的差異，大猩猩、紅毛猩猩、以及其他物種也有，只要一個物種的地理分布足夠廣闊，就會發生地理變異。人類身體表面的地理變異，有一些是天擇的結果，與適應生活環境（例如氣候）有關，正如生活在寒帶的鼬，在冬天皮毛會變成白色，方便在雪地隱藏身形。但是我會論證：人類體表特徵的地理變異，主要是「性擇」（sexual selection）打造的，也就是我們的擇偶過程造成的。

最後，我要問的問題是：為什麼我們會死？以這個問題結束我對人類生命循環的討論，再適合不過了。衰老是我們生命循環的另一個特徵；滿鏡新霜奈老何？詩人即使無奈，也得認命。我們有誰追究過其中的「道理」？況且生老病死，眾生平等。不過，不同的物種，老化的速率並不一樣。在動物界，我們是長壽的物種，比起三萬年前（演化成現代人、代換了尼安德塔人之後）壽命更長了。長壽是另一個塑造人性的因素；因為長壽，每個世代才能有效地將經驗、技術與知識傳遞下去。但是人類也會衰老。為什麼衰老不可避免？我們的身體不是擁有廣泛的修補自身的能力嗎？

為了解答這個問題，我們會發現以「失之東隅，收之桑榆」的演化邏輯來思考，非常有用，本書其他的例子都不見得讓我們把這一點看得更清楚。以個人的生殖成就（fitness）來衡量的話，為了活得更長而不斷維修身體，就投資或報酬率而言，其實並不划算。我們會發現同樣的邏輯也適用於「停經」之謎：天擇為女性身體編寫了停經程式，看來似乎降低了女性的生殖成就，但是女性的生殖機能提早關閉了，反而能使女性順利撫養更多的子女成人。

chapter 3 人類性象的演化

每個星期都有討論性事的書出版。我們對這類書的興趣盎然，只有上床實踐的衝動可以超過。因此，你也許會認為：人類性象的基本事實，一般人必然琅琅上口，而科學家了解得十分透徹。請回答下列五個問題，看看你對「性」有多少認識：

一、大猿與人，其中哪個物種的雄性陰莖最雄偉？幹什麼用的？
二、為什麼男人的身材比女人大？
三、人類男性的睪丸比黑猩猩的小多了，怎麼回事？
四、人類在私密的空間中性交，可是其他的社會動物卻公然為之，為什麼？
五、幾乎所有其他哺乳類的雌性，都有明顯的排卵期，而且只在排卵期接受性交，人類女性就不是這樣，為什麼？

第一題你要是不假思索就回答「大猩猩」的話，就錯了；正確的答案是：「人類」。至於其他四個問題，你要是有什麼有趣的點子，趕快發表；反正科學家還在爭論，並沒有共識。

這五個問題足以顯示：我們的性象多麼難以解釋，連最明顯的事實（不管是解剖學還是生理學）我們都沒搞明白。當然，我們對性事的態度也造成了認知的障礙：科學家直到最近才開始嚴肅地面對性事，他們仍然覺得性事難以客觀地研究。科學家也無法以實驗方法研究人的「性行為」，研究膽固醇攝取量或刷牙習慣就沒問題。最後，性器官並不是孤立的存在：性器官適應主人的社會習慣以及生命循環，而社會習慣以及生命循環又與採食習慣有關。以人類為例，人類性器官的演化，與人類使用工具、大腦尺寸增加、養育子女的行為，都有密切關聯。因此，我們從一種普通的大型哺乳類，演化成獨特的人類，不只是因為骨盆與頭骨重新調整過了，性象的演變也扮演了重要角色。

從一種動物的覓食方式，生物學家往往可以推測牠們的交配系統，以及性器的構造。具體來說，要是我們想了解人類的性象，必須從我們的飲食與社會的演化下手。我們的猩猩遠祖是素食動物，我們與大猿分化後，在幾百萬年內演化成葷素不忌的社會動物。不過我們的牙齒仍然是猿式的，而不是「虎」式的。我們的獵食本領，得力於增大的腦子：我們的祖先利用工具，以及成群合作打獵；他們並沒有什麼適於打獵的形態特徵，分享食物是社會規範。我們採集食物（根莖類或果實），也依賴工具，換言之，也需要大的腦子。

結果，人類的孩子得花好些年學習與練習，才能成為有效率的採集─獵人，他們今天仍然要花許多年學當農夫或電腦程式師。我們的孩子在斷奶之後，仍然幼稚而無助，許多年都無法自行覓食；他們完全依賴父母照料、餵食。這些習慣我們覺得是天性，所以沒有注意過幼猿一旦斷奶就得自行覓食。

人類嬰兒無法自行覓食的理由，其實有兩個：一方面是機械因素，另一方面是心理因素。首先，覓食所需的工具，無論製作還是使用，手指必須能夠靈巧地合作，嬰兒的手還得發育許多年才能勝任。我四歲大的孩子，還不會繫鞋帶，狩獵—採集社會中的孩子，四歲也不能磨石斧或造獨木舟。其次，人類覓食比較依賴腦力，而不像其他動物以膂力取勝，因為我們的食物種類比較繁雜，取得食物的技術也比較繁多而複雜。舉例來說，與我一起工作過的紐幾內亞土著，通常認得居所附近大約一千種不同的動、植物，個個都有名字。每一種生物的分布與生活史，他們都知道一些，還有怎樣辨認？可不可以食用或有其他用途？怎樣捕捉或採集？所有這樣的資訊，得花好多年才學得會。

斷奶之後的人類嬰兒無法自求生存，因為他們沒有這些機械與心理技能。他們需要成年人教導，受教育的十年二十年間也需要成年人餵養。我們這些問題，就像許多其他的人類特徵一樣，在動物界也有先例。例如獅子與許多其他肉食動物，父母都得訓練幼兒獵殺的技巧。黑猩猩的食物也很複雜，有種種不同的覓食技術，會協助幼兒取得食物，而且能使用工具做一些事（巴諾布猿就不會）。在這些方面，人類顯得突出，但是與其他動物並沒有質的不同，只有程度的差異：對我們而言，必須學會的技巧——也就是父母的負擔，比獅子、黑猩猩多得太多了。

由於人類父母的負擔極重，父親的親職付出，與母親的同樣關係到嬰兒的存活。紅毛猩猩父親對子女的「付出」，不過是當初的一粒精子；大猩猩、黑猩猩與長臂猿父親的付出，還包括保護子女；但是狩獵－採集社會的人類父親，還得提供一些食物，負起主要的教育責任。人類的覓食習慣，需要一個社會系統支持，也就是說，男性「射精」之後，還得和那個女性保持關係，等到孩子落地，負起協助養育的責任。不然的話，孩子存活的機率不大，父親的基因就難以遺傳。紅毛猩猩的系統——父親只負責「射精」，在人類可行不通。

黑猩猩系統——幾個成年雄性都可能與同一個發情的雌性交配——也行不通。那個系統的結果是：沒有一個父親清楚集團裡的嬰兒裡誰是他的骨肉。不過黑猩猩父親也沒有什麼損失，因為他們對集團裡的嬰孩並沒有什麼付出。對人類父親而言，由於他得勞心勞力照顧「自己的」骨肉，他最好搞清楚孩子的確是他的。舉例來說，將孩子的母親視為禁臠，不容他人染指。不然的話，他的心力可能協助了「野」男人的基因，而不是自己的。

要是人類像長臂猿一樣，每一對配偶都生活在自己的地盤上，彼此分散、不相往來，每一個雌性除了自己的「老公」不大可能遇上其他的雄性，那麼男性就不必擔心「戴綠帽」了。但是幾乎所有人類族群都由成年人的群體組成，即使男人因此而陷入濃密的「綠帽」疑雲中，也在所不惜，為什麼？當然有令人不得不服的理由：人類的狩獵與採集活動需要群體合作，或者男人必須合作、或者女人合作、或男女一起來；大部分人類的野生食物，在自然界分布得很散，不過會在一些地點集中，足以供養許多人；結群生活易於抵禦猛獸與外敵，尤其是其他的人類。

簡言之，我們的社會系統，是為了我們與「猿」不同的採食習慣而發展出來的，我們看來似乎非常「正常」，但是以猿的觀點來看就奇特得很，在哺乳類中更是獨一無二的。成年的紅毛猩猩，是獨行客；成年的長臂猿，雌雄配對後孤獨地生活在自己的地盤上；成年大猩猩組成「多偶後宮」，其中有好幾頭成年雌性，並有一頭成年雄性能夠支配所有成員；黑猩猩社群可以描述成「雜交」群，其中以一群雄性為核心，雌性從「外地」加入；巴諾布猿（矮黑猩猩）的社群，更是亂七八糟的「雜交」群。但是我們的社會與獅子、狼的相似（我們的飲食習慣也一樣）：許多成年男性與成年女性一起生活。至於社會的組織方式，我們與獅子、狼的就不同了，人類社會中兩性配對、組成家庭，可是在獅群與狼群中，每個成年雄性都能與任何成年雌性交配，誰都不知道新生嬰兒的「父親」是誰。人類奇特的社會，硬要在動物界找可以類比的例子的話，只能到群居的海鳥中去找，例如海鷗與企鵝也是以成對的雌雄配偶為基本單位。

在大部分現代國家中，單偶制（一夫一妻）是法定的，大概也是常態。可是大多數仍然「殘存的」狩獵—採集社會中，「輕微的」多偶制似乎是常態——我們討論人類社會在過去一百萬年中的演進，這類社會才是比較好的模型。（這兒我略去了「婚外」性行為，下一章我會仔細討論這個有趣的題材。）我所謂「『輕微的』多偶制」，指的是：狩獵—採集社會中，大多數男人只能供養一個家，可是有少數「強人」能娶好幾個老婆。象鼻海豹實行的「多偶制」，是一個「強人」獨占十幾二十甚至上百個雌性，這樣的「多偶制」狩獵—採集社會中的男人，想也別想，因為男人得協助撫養子女，而雄性象鼻海豹不必。歷史上有些統治者以成群妻妾充斥後宮著名，那是農業興起、集權的統治機器發明之後，才可能出現的現象——統治者徵稅，等於讓萬民供養他的子女。

現在我們要討論這種社會組織如何塑造了男人與女人的身體。首先，就拿男人的身材比女人的大一些來說吧。平均說來，男人比女人高百分之八，重百分之二十。一位外太空來的動物學家，看一眼我太太（一七三公分）和我（一七八公分），就會猜我們這個物種實行的是「『輕微的』多偶制」。也許你會問：這可能嗎？從兩性的相對身材推測交配模式？

其實，在「多偶制」的物種中，「後宮」的大小與兩性身材的差異成正比。也就是說，雄性娶最多老婆的物種，通常是雄性身材比雌性大很多的物種。舉些例子吧：長臂猿，雌雄性身材沒有差別，搞「單偶制」；雄性大猩猩，通常後宮中有三到六個老婆，牠們的體重大約是雌性的兩倍；但是南半球的雄性象鼻海豹，後宮中平均有四十八個老婆，牠的體重可達三公噸，而雌性的體重只不過三百多公斤。怎麼解釋呢？是這樣的，在「單偶制」的物種中，每個雄性都能贏得一個雌性；而在「多偶制」的物種中，大多數雄性都輸掉了贏得老婆的機會，只有少數雄性占據了支配地位，將所有雌性關入「後宮」。因此，「後宮」越大，雄性之間的競爭就越激烈，這時身材就成為重要的致勝關鍵了，因為身材高大的雄性通常都會打贏。我們人類，男人的身材只比女人大一點，實行「『輕微的』多偶制」，完全符合這個模式。（不過，在人類演化過程中，男人的智力與人格，成為比身材還重要的生殖因素：男性職籃球員與相撲手，比起賽馬騎師或賽艇選手，不見得老婆比較多。）

因為在「多偶制」的物種中，競爭配偶的壓力比較大，所以在「多偶制」的物種中，兩性除了身材之外，往往還有別的差異。這些差異表現在吸引異性的第二性徵上。例如「單偶」的長臂猿，隔著一段距離來看，兩性沒有什麼分別，可是雄性大猩猩即使遠遠望過去，也一眼分明，因為他們的頭頂有一道向上突出的骨脊，而且背上的毛是銀色的。在這一方面，我們的兩性形態，也反映了我們「『輕微的』多偶制」。男人與女人的形態差異，並不像大猩猩或紅毛猩猩的那麼明顯，可是外太空來的動物學家，也許仍然能分辨男女，例如男人身體與面孔上的毛髮、男人的陰莖（在動物界這種尺寸並不尋常），以及女人的乳房（第一次懷胎前就大到那種尺寸，在靈長類中是獨一無二的）。

我們現在要討論性器官了。男人的睪丸（有兩個／左右各一），平均重量大約是四二·五公克。要是我們發現體重兩百公斤的雄性大猩猩，睪丸比我們的還稍微小一點，會不會覺得自己真的是自然界的「一條活龍」呢？可別得意得太早，看看雄性黑猩猩，體重只有四五·五公斤，睪丸卻有一一三·四公克。為什麼與我們的稟賦比較起來，大猩猩那麼「衰」，而黑猩猩又那麼「壯」呢？

「睪丸尺寸理論」是現代體質人類學（生物人類學）的重要成就。英國科學家測量過三十三種靈長類的睪丸之後，發現了兩個「趨勢」：性交次數頻繁的物種，睪丸比較大；「雜交」的物種，雄性經常有輪番上陣，與同一雌性性交的陣仗，特別需要大的睪丸（因為射精量最多的雄性使雌性懷孕的機率最大）。由於「授精」成為競爭性的摸彩大賽，大睪丸使雄性在摸彩箱中注入更多彩票，提高中獎機率。

因此，大猿與人類睪丸尺寸的差異，可以這麼解釋：雌性大猩猩在生產後，大約要過三、四年才能恢復性交，而雌性大猩猩每個月只有幾天能性交，直到懷孕為止。即使一頭雄性大猩猩成功地收納了七位妻妾，性交也是少有的「放縱」機會：要是牠運氣好，一年大概有幾次。相對而言，牠的睪丸毫不起眼，可是既然「需求」那麼稀少，應付起來也就綽綽有餘。雄性紅毛猩猩的性生活比較活躍一點，但是也不怎麼樣。但是，黑猩猩「雜交群」中的成年雄性，就好像生活在「溫柔鄉、脂粉叢」中，每個雄性黑猩猩大概每天都有機會「解放」，巴諾布猿每天可能有好幾次。因此，為了使「花心」的雌猩猩受孕，每個雄性都得設法「大放送」，「淹沒」其他「弟兄」的精子。於是黑猩猩的睪丸特別發達——「精子競爭」的結果。我們人類的睪丸的確沒有黑猩猩的大，因為男人性交的次數，平均說來比大猩猩、紅毛猩猩多，但是比黑猩猩少。此外，有生殖能力的典型女性，不會迫使幾個男人為了「授精」而進行「精子競爭」。

因此，靈長類的睪丸，設計完全符合「失之東隅，收之桑榆」的原則，以及計算「得」與「失」的演化分析（見本部導言）。每一物種的睪丸，都很「實在」，足以達成任務，絕不「膨風」。身體製造更大的睪丸，須花費更多成本，而收益不見得成比例增加。（身體有了更大的睪丸，就必須犧牲其他組織的空間與能量，得睪丸癌的風險也增加了。）

這個科學解釋，精彩萬分，卻凸顯了一個難以忽視的失敗：二十世紀的科學不能提出令人信服的「陰莖長度理論」。陰莖勃起後的平均長度：大猩猩是三．一八公分；紅毛猩猩三．八一公分；黑猩猩七．六二公分；人類一二．七公分。視覺上的突出程度，也是同樣的順序：大猩猩的陰莖即使勃起了也毫不起眼，因為是黑色的，黑猩猩的陰莖勃起後呈粉紅色，由於背景是無毛的白色皮膚，所以非常搶眼。雄猿的陰莖若不勃起，根本看不見。為什麼男人需要巨大、顯眼的陰莖？再說一次：男人的

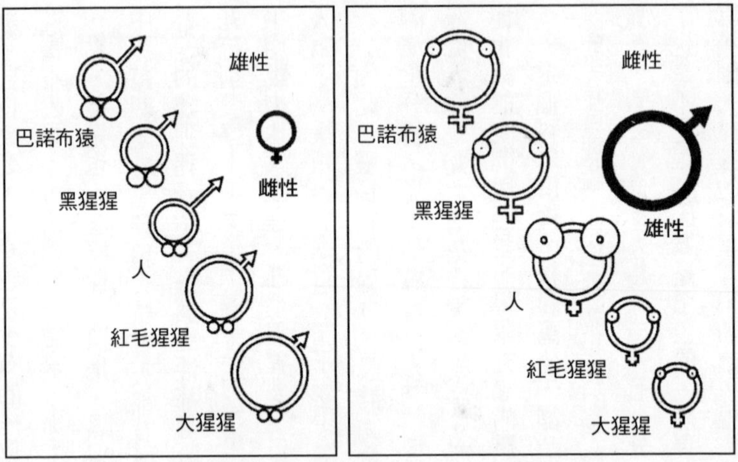

圖四　雄性身體比雌性身體越大，雄性擁有的性伴侶越多。
兩性的性徵越顯著，雄性的性伴侶越多。
箭頭代表陰莖長度，小圓圈代表睪丸大小。
人類雄性最顯著的性徵是陰莖。
人類雌性最顯著的性徵是乳房。

陰莖在靈長類中是最雄偉的。幹嘛？既然雄猿也能成功繁衍後代，男人為什麼不把花費在雄偉陽具上的「成本」節省下來，投資在其他的地方（例如增加大腦皮質，或更靈活的手指）？

我向搞生物學的朋友提出這個疑問，他們通常舉出一些人類交媾的「特色」，然後假定長陰莖有利於那種搞法：例如人類常以面對面的姿勢交媾；人類會擺出各種特技姿勢來交媾；人類「交接」，講究不疾不徐，動靜有度。可是這些解釋都禁不起檢驗。面對面的交媾姿勢不是人類的專利，紅毛猩猩與巴諾布猿也喜歡，偶爾大猩猩也會那麼幹。紅毛猩猩在交媾時，除了面對面的姿勢，還會變換背入式（雄後雌前）以及側進式，請讀者留意，牠們可是懸吊在樹枝上「辦事」的：比起我們在舒適的臥室中「敦倫」，牠們更需要耍陰莖特技。我們的平均「交接」時間，大約是四分鐘（美國人），大猩猩是一分鐘，巴諾布猿十五秒，黑猩猩七秒，可是紅毛猩猩可達十五分鐘。而比起有袋鼠類（十二小時），人類的表現「如露亦如電」。

因此，「偉大的陰莖才能使人完成有人類特色的交媾大業」，根本禁不起事實的檢驗。於是有人另外想出了一個理論，認為雄偉的陰莖是炫耀用的器官，和雄孔雀的尾巴、雄獅的鬃毛一樣。這個理論還不錯，但是我們不得不問：炫耀什麼？對誰炫耀？

自負的男性人類學家毫不遲疑地回答：炫耀吸引力，向女性炫耀。但是這不過是一廂情願。許多女人說男人的聲音、腿與肩膀，比較容易讓她們春心蕩漾，見到男人的那話兒，倒不見得。有一個重要的例子，可以參考：美國女性雜誌《生機》起先會刊出裸男照片，但是市場調查發現女性對裸男照片不感興趣，就不再刊出。於是雜誌的女性讀者增加了，男性讀者減少。很明顯，男性讀者購買《生機》雜誌，是為了其中的裸照。我們同意男人的陰莖是炫耀用的器官，但是炫耀的對象不是女性，而是其他的男性。

其他的事實也證實：男人雄偉的陰莖，是威脅其他男人用的，或向其他男人炫耀自己地位的玩意。請回想一下，所有蘊涵陽具崇拜的藝術品（例如紀功柱），都是男人創造給其他男人看的，還有，所有男人都對自己那話兒的尺寸在意得不得了。男人陰莖演化的唯一限制，是女性陰道的長度：要是男人的那話兒太巨大了，會傷害女性。要是男人的陰莖不受女性解剖學的限制，而且男人能夠攬下陰莖設計權的話，陰莖會變成什麼德行？我想我能猜得到，陰莖會像「陽具鞘」一樣。新幾內亞高地的一些土著，男人會用一個有裝飾的套子套在陰莖上，叫做「陽具鞘」。每個套子的長度（可以長達六十公分）、直徑（十公分）、形狀（彎曲或直統）、與身體的角度、顏色（黃色或紅色）、裝飾（例如尖端有一簇毛），都可以別出心裁。每個男人都有一組「陽具鞘」行頭，尺寸與形狀各不相同，每天任他選擇，視當天早晨他的心情而定。覺得困窘的男性人類學家，認為「陽具鞘」是用來表示「謙遜」或隱匿「羞恥」的工具。我的老婆第一次見到「陽具鞘」之後，簡潔地答覆了那些人類學家：那可是我見過的最不謙遜的炫耀謙遜的辦法。

所以，男人陰莖的重要功能仍然不清楚，你也許會很驚訝吧？這是一個值得研究的領域。

———

上一節談解剖學，這節讓我們進入生理學。首先我們要面對的，是人類的性活動模式——以其他哺乳類的標準來衡量，人類是個「怪胎」。大多數哺乳類一生中大部分時光，過的都是無性生活。只有在雌性「發情」的時候，牠們才會性交。雌性在發情期中會排卵，可以受孕。雌性哺乳類看來「知道」她們什麼時候排卵，因為她們會向周遭的雄性展露陰部，「招攬恩客」。為了不讓雄性「會錯意」，許多雌性靈長類會更進一步：陰道四周的區域會腫脹，變成紅色、粉紅色或藍色，有的物種，雌性的屁股與乳房也會有類似的變化。這種雌性視覺廣告對雄性猴子的影響，和穿著性感的女性對男性的影響是一樣的。視野中若出現了陰部腫脹鮮豔的雌性，比起不發情的雌性，雄性猴子猛盯著雌性陰部的機率大增，血液中的睪丸酮逐漸增加，更躍躍欲試，插入得更快，插入前的預備動作越少。

人類的性週期非常不同。女人在整個週期中幾乎都可以性交，並沒有什麼「發情期」。真的，科學界已經花費了大量資源，想找出女人「性趣」的變化週期，可是仍然沒有共識。也沒有人知道女人的「性趣」是否有高潮期與低潮期。

女人排卵沒有徵兆，科學家直到一九三〇年左右才搞清楚女性週期的排卵時刻。在以前，許多醫生認為女人任何時候都可以受孕，還有醫生相信月事期間最易受孕。雄性猴子為了傳宗接代，只要搜尋陰部腫脹鮮豔的雌性就可以了，男人就慘了，他根本無法判斷周遭的女人哪個正在排卵、能夠受孕。女人自己呢？她也許可以學會辨識一些排卵的徵兆，例如感覺身體的變化，或藉助科學儀器，例如溫度計或陰道分泌物試紙，但是並不容易，誤判的機率很高。還有，現代女性以那些方法偵測排卵，以避孕或求子，是以冷靜的理性應用好不容易才得來的科學知識。她別無選擇；其他雌性哺乳類的身體，有內建的熱情衝動負責廣告「性趣」，挑逗自己、撩撥雄性，她沒有那種內建機制。

人類女性排卵沒有徵兆，幾乎隨時都能交媾，可是每個生殖週期中只有固定的短暫時刻才能受孕，因此人類大多數交媾都發生在「錯誤的」時刻，沒有生殖意義。更糟的是，人類女性的生殖週期長度，比其他雌性哺乳類，來得不穩定，不同女性，或是同一位女性的各個生殖週期，並不一樣。結果是：即使一對年輕新人想生孩子，他們高頻率地做愛，每個週期受孕機率也只有百分之二十八。要是養牛人家發現他們高價買來的種牛只有那麼低的生殖率，必然非常懊惱，事實上他們能夠在適當的時機以人工授精的方式，一次就達成百分之七十五的受孕率。

無論人類交媾的主要生物功能是什麼，絕對不是生孩子，懷孕是偶爾一見的副產品。在人口日益膨脹的今天，最反諷的悲劇就是：天主教教廷仍然主張人類交媾的自然目的是生孩子，而「安全期法」（在排卵日禁慾）是唯一可以接受的避孕法。「安全期法」對大猩猩與大多數其他哺乳類，是最好的辦法，對人可不。人類以外，沒有一個物種把交媾的目的搞得與懷孕不相干；也沒有一個物種不適用安全期法避孕。

對其他的動物，交媾是非常危險的奢侈品。當陷入忘我之際，動物必須燃燒珍貴的卡路里，忽略採集食物的機會，說不定天敵在一旁虎視眈眈，競爭地盤的對手也可能伺機下手。因此交媾是為了受孕才做的事，而花的時間越少越好。人類的性事就不一樣了，以受孕來衡量的話，簡直浪費時間與精力，是演化的失敗。要是女人保持祖先的「發情」特徵的話，我們的狩獵—採集祖先就不會浪費那麼多時間交媾，說不定能多殺幾頭劍尺虎也不一定。從這個觀點來看，任何一個狩獵—採集游群，要是女人全都有明顯的「發情」廣告，就能多生一些孩子，形成比較大的社群，將鄰近的競爭游群甩在後頭。

因此，人類生殖演化的熱門問題，就是解釋「隱性排卵」的演化緣由，以及沒有生殖意義的交媾的功能。學者仍在熱烈辯論。對科學家而言，光是說「打炮很爽」算不上答案。很爽？沒錯！那是演化的結果。要是夜夜春宵沒有巨大的演化利益，那麼沒有性趣的突變人就會演化出來、占領世界。

與隱性排卵相關的另一個謎團，是「隱性交媾」。所有其他的群居動物都公開交媾，無論是雜交，還是持久的配偶。海鷗成群在海岸上棲息，每一對佳偶都在光天化日下交媾；一頭發情的雌黑猩猩，可以連續接納五、六位面首，完全公開。為什麼人類那麼獨特，特別講究做愛的私密性質？

對於隱性排卵與隱性交媾，目前至少有六個理論可以參考，生物學家還在辯論，並無共識。有趣的是，這場辯論像是心理學的「羅夏克」測驗（Rorschack test），反映的是科學家的性別與世界觀。以下是這六個理論與支持者：

一、許多傳統男性人類學家偏愛的理論。根據這個理論，隱性排卵與交媾在男性獵人之間，可以促進合作、降低相互的敵意。要是這些男人一大早起來，發現有個女人「發情」了，難保不爭先恐後，說不定打了起來，誤了當天的狩獵大事。須知狩獵大型哺乳類，例如長毛象，需要精確的計畫、部署，和諧相處是培養默契、冷靜分工的基礎。在團體中，爭風吃醋會導致檯面上下的裂痕，最後使團體瓦解。這個理論的寓意是：女性生理會影響男人之間的團結，所以很重要；男人才是社會的真正推手。不過，我們可以擴張這個理論，讓它看來不那麼「男性沙文」：明顯的發情徵象與公開交媾，會顛覆社會，因為那會影響女人之間、男／女之間、以及男性之間的團結。

這個理論經過「增廣」之後，舉個例子來談，比較能夠透露它的精義。我要以一齣肥皂劇，讓大家想像：要是我們排卵、交媾都不是隱性的，我們的生活會變成什麼樣子？這齣肥皂劇有六個角色，鮑博、卡蘿、泰德、愛莉絲、拉夫、珍妮。其中鮑博、愛莉絲、拉夫、珍妮在同一個辦公室工作，男人負責外務，女人負責會計。拉夫與珍妮是夫妻；鮑博的太太是卡蘿；愛莉絲的老公是泰德。卡蘿與泰德在別的地方工作。

一天早晨，愛莉絲、珍妮睡醒後，都發現自己陰部、屁股腫脹鮮豔起來，表示她們正在排卵期，並且可以接受男人交媾。於是愛莉絲與泰德在出門上班前做愛。珍妮與拉夫一齊上班，一天下來在辦公室的沙發上公然做了好幾次愛。

鮑博看見愛莉絲、珍妮腫脹鮮豔的陰部，又看見珍妮與拉夫公然做愛，不由自主地對愛莉絲與珍妮想入非非。他無法專心工作。他不斷向愛莉絲與珍妮示意。

拉夫將鮑博從珍妮身邊趕開。

愛莉絲對泰德非常忠實，拒絕了鮑博。但是鮑博的騷擾不停地打斷她的工作。

一整天下來，卡蘿在辦公室裡都不快樂，她一想到愛莉絲與珍妮就妒火中燒，因為她知道愛莉絲與珍妮已經發情，而且讓鮑博魂不守舍，而且鮑博瞧都不瞧她一眼。

結果，這間辦公室的效率大幅降低。同時，其他的辦公室效率提高了，因為工作人員的排卵與交媾都是隱性的。最後，鮑博、愛莉絲、拉夫、珍妮的辦公室滅絕了。能夠繼續存活的辦公室，只有排卵與交媾都是隱性的工作人員。

這個寓言表明：傳統理論（隱性排卵與交媾都是為了提升社會的凝聚力演化出來的）頗為可信。不幸的是，其他的理論也一樣可信，以下就是簡短的介紹。

二、許多其他的傳統男性人類學家偏愛的理論。隱性排卵與交媾，鞏固了夫妻的連繫，奠定了家庭的基礎。女人一直維持對男人的性吸力，又可以隨時滿足男人的性需求，就能將男人拴在身邊，協助撫養子女。隨時可以享受交媾，是男人協助撫養子女的報酬。這個理論非常的「男性沙文」，寓意是：女人是為了使男人快樂而演化的。這個理論無法解釋長臂猿的例子。長臂猿雌雄成對，終身廝守，共同撫養子女，可以作為道德重整會的婚姻典範。可是長臂猿小倆口大概隔幾年才交歡幾次，所以性不可能是牠們的「婚姻」黏合劑。

三、一位比較現代的男性人類學家提出的理論（賽蒙斯的理論）。賽蒙斯（Donald Symons）注意到：雄性黑猩猩獵到一隻小動物後，比較可能與發情的雌性分享，沒有發情的分享機率比較低。於是賽蒙斯推測：人類女性也許是為了能夠長期分享鮮肉，而演化出「長期發情」的生理狀態。女人以性交換獵人的鮮肉。賽蒙斯的理論另有一個版本。他注意到大多數狩獵—採集社會中的女人，都沒有選擇丈夫的自主權。那些社會都是由男性支配的，父系宗族相互交換女兒，以鞏固宗族間的盟誼。但是，由於女性處於長期發情的狀態，女人即使嫁給低階男人，也能夠私下色誘高階男人，使自己的子女擁有比較優秀的基因（假定男人憑本事打天下）。賽蒙斯的理論雖然仍以男性為中心，但是在他眼中，女性懂得利用自己的姿賦，追求一己的利益，代表男性學者向「自主女性」形象跨出了一步。

四、由一位男性生物學家與一位女性生物學家共同提出的理論。這兩位學者是亞歷山大與努蘭（Richard Alexander & Katherine Noonan）。根據他們的理論，要是男人能夠辨識女性身體的排卵訊號，利用這項知識，他可以與老婆「按表操課」，百發百中。然後他就能「安全地」棄老婆於不顧，出外串門子、勾搭婦女、處處播種。反正他的老婆即使沒懷孕，也不再容許男人親近了。因此女人演化出隱性排卵的生理，迫使男人接受永久性的婚約，因為男人無法確定女人生的孩子，究竟是不是自己的。

由於男人不知道老婆的排卵時刻，只好長相左右、夜夜春宵，以求中獎。這麼一來，他就沒空出外逛大街、泡其他的女生了。這樣的安排使老婆獲益，而老公也獲益。他有信心老婆生的孩子，是他的種；他也不必擔心早上一覺醒來，發現老婆屁股紅得鮮豔欲滴，引得狂蜂浪蝶上門。看官！這真是個講究兩性平權的理論。好不容易啊。

五、一位女性社會生物學家的理論。她就是賀迪（Sarah Hardy，哈佛大學生物人類學博士）。她注意到：殺嬰在許多靈長類社群中頻率都很高，包括猴子、狒狒、大猩猩與黑猩猩。當然被殺死的，都不是凶手的嬰兒。不過嬰兒的母親因此就會恢復「正常」的生殖週期，再度發情。往往她會與凶手燕好，增加「他」（郎心／狼心）的生殖成就。（這種暴行在人類歷史上也很常見：男性征服者，將戰敗部族的男性與小孩殺了，只留婦女活口。）於是賀迪推論：女性演化出隱性排卵特徵，作為反制雄性暴力的手段。因為沒有人知道她的排卵時刻，搞不清楚狀況的男性，也搞不清楚她生的孩子究竟是誰的種。女人只要「水性楊花」，就能引誘一堆男人幫助她撫養孩子，或者至少不殺她的孩子，因為男人都自以為握靈蛇之珠、抱荊山之玉。無論這個理論是對是錯，我們必須為賀迪喝采，她顛覆了歷來的男性本位觀點，讓女性掌握了性權力。

六、另一位女性社會生物學家的理論。柏麗（Nancy Burley）指出一個明顯的事實：人類嬰兒初生時平均三．二公斤，大約是大猩猩嬰兒的兩倍重，可是大猩猩母親的體重，卻達九十公斤。由於嬰兒與母親體重的比例，人類比大猩猩大得太多了，因此女人生產的歷程，特別痛苦、風險又高。在現代醫學興起以前，女人經常死於生產，可是我從未聽說大猩猩或黑猩猩母親遭到同樣的命運。人類的智力不斷演進，一旦了解受孕與性交的關係，發情的女性就可能避免在排卵期間性交，以求豁免生產的痛苦與風險。但是這樣的女性就會留下比較少的子女，甚至不會留下子女，於是不能察覺自己排卵的女性，逐漸成為人類族群中的「主流」，最後所有女人都不能察覺排卵期了。有意思吧！隱性排卵在男性人類學家看來，是女性為了男性演化出的生理特徵，柏麗卻認為是女性為了欺騙自己而演化出來的。

—

這六個理論中，哪一個是正確的？生物學家並不清楚。事實上，隱性排卵這個問題，最近才在生物學界受到認真的研究。這個困境可以用來說明演化生物學家只要從事因果分析，就一定會面臨的問題：無法進行「控制」實驗，以操縱變項找出因果關係。其實不只演化生物學，任何研究領域，只要無法進行「控制」實驗，研究人員就會面臨同樣的困境，例如歷史學、心理學等。「控制」實驗能提供最令人信服的證據，顯示因果關係或功能。要是能夠找到（或「製造」）一個部落，其中所有女性都有明確而顯著的發情狀態，例如陰部變得腫脹紅豔，那麼部落、夫妻的凝聚力就崩潰了呢？還是女性會利用排卵期的知識避免懷孕？不能做這樣的實驗，我們就無法確定：要是女性沒演化出隱性排卵的性狀，人類社會今天會是什麼樣的？

今天許多事就在我們眼前發生，但是它們的功能我們很難確定，那麼過去發生的事，就更難確定功能了。我們知道過去人類的形態與工具，都與現在的不同，而且各時代都不同，而隱性排卵是在過去演化出現的，至於究竟在過去的哪一階段出現，完全不清楚。也許人類的性象，包括隱性排卵的功能，在過去與現在的不同，可是我們現在難以把握。對於過去的解釋，免不了得冒些風險，讓人覺得不過是「吟唱古事的詩」：從一些化石碎片中編織出來的故事，透露的只是研究者的偏見，不能反映過去的真相。

然而，既然我已經舉出了六個聽來合理的理論，我就不能一走了之，至少得試試貫通折衷的手段，看看能不能自成一家。這裡我們就必須面對另一個因果分析必然會遭遇的問題。像隱性排卵這樣複雜的現象，不大可能只由一個因素造成。說隱性排卵是由某一個因素導致的，就像主張第一次世界大戰是由某一個因素導致的，一樣是笑話。其實，在一九〇〇年到一九一四年之間，有許多可說獨立的因素將歐洲局勢推向戰爭，也有許多因素導向和平。最後戰爭爆發了，因為推向戰爭的因素占了上風。但是那並不表示我們應該走向另一個極端：對於複雜的現象，列舉出所有相關因素，就算解釋了，而不分別主從。

為了從這六個理論中，分別主從、刊落枝節，首先我們必須了解：我們獨特的性習慣不論是在什麼樣的情況下演化的，必然有些因素支持它們繼續存在。但是過去的「起源因素」與目前的「支持因素」不必相同。具體地說，理論三、五、六也許在過去是主要因素，而現在就不是了。只有少數現代女人利用性在許多男人那裡換取食物或其他資源，或同時引誘許多男人，使他們搞不清楚生下的孩子是誰的種，甚至因此俯首甘為孺子牛。對於隱性排卵與隱密交媾在過去的角色，這三個理論都是「吟唱古事的詩」，雖然聽來很合理。讓我們將注意力轉移到目前的「支持因素」——隱性排卵與隱密交媾現在有什麼功能？回答這個問題，我們即使必須猜測，也有點根據——內審諸己、外察眾人。

理論一、二、四揭櫫的因素，我覺得今天仍在作用，它們是同一個人類社會組織特徵的不同面向。這個特徵其實弔詭得很，那就是：每一對男女，若希望自己的子女（基因）順利長大成人，就必須長期合作，共同負起撫養的擔子，但是，他們也必須與附近的其他夫婦合作，經營經濟生活。每對夫婦在日常生活中，都會與其他的成年男女經常的互動，但是規律的性生活，將夫婦的關係拉近，凸顯了「夫婦」與其他社會關係的差異，我想用不著多說。隱性排卵與隨時可以性交的女性生理，加強了這個新的「性」功能——強化夫婦的關係（其他哺乳類的「性」功能只有一個——繁殖）。所以中國人以「敦倫」看待夫婦交媾，極為深刻。理論一、二的傳統版本，流露的男性沙文主義，不能透顯這個新功能的完整面貌。性不是冷靜、機詐的女人敷衍饑渴男人的手段，而是維繫夫婦關係的黏合劑，兩性都受益。在眾目睽睽中消失的，不只是女性的排卵訊號，還有夫婦敦倫大禮。夫婦關係是私密的、非比尋常的，不能與大眾分享，其他的關係無法比擬。那麼，長臂猿的例子怎麼說呢？長臂猿雌雄長相廝守、共同撫育子女，可是一輩子卻沒敦過幾次倫。我認為那很容易答覆：長臂猿夫婦不必與其他成年長臂猿「攪和」在一起，牠們沒有什麼社會與經濟互動。

男人睪丸的尺寸似乎也是同一個人類社會弔詭的後果。我們的性生活，比大猩猩的活躍多了，因為人類交媾不只為生殖，還為了「敦倫」，所以男人的睪丸比較大；可是黑猩猩的睪丸比男人的還大，因為人類不像黑猩猩那麼「亂搞」，比較謹守單偶制的規範。至於男人的雄偉陰莖，可能只是炫耀用的「性徵」罷了，而性徵的演化不見得有什麼邏輯，雄獅的鬃毛、女人的乳房，又有什麼道理？為什麼母獅沒有大乳房、雄獅沒有大老粗、而男人不長出鬃毛呢？要是有的話，我看功能不會有什麼不同。那為什麼不那樣呢？可能只是演化的意外；也許雄獅演化出鬃毛，比人類容易得多。

但是，到現在為止，我們的討論仍有未竟之處，還有一個基本面向沒有觸及。我談過人類性象的理想型：一夫一妻（以及少數的一夫多妻）共同生活，先生對妻子生下的孩子，沒有任何「綠雲罩頂」的疑慮，並盡心盡力協助妻子撫養子女。我描述這一「虛構」的理想型，絕非無的放矢，而是人類性象的實況，的確非常接近這一理想型，而不同於狒狒或黑猩猩。但是理想終歸理想，難免虛構。任何一個有行為規範的社會系統，都無法防止作弊，只要作弊的利益大於風險就成了。因此這是個「數量」問題：作弊的人有多少？要是太多，整個系統會垮掉；或者作弊的人不多；或者簡直沒有人作弊。就人類性象而言，這個問題可以這樣問：人類的新生嬰兒，有多少是婚外情的產品？百分之九十？百分之三十？還是百分之一？現在讓我們面對那個問題及其後果吧。

chapter 4 婚外情的邏輯

許多理由讓人說謊，掩飾婚外情。因此我們很難得到堅實的科學資料，顯示婚外情流行的程度。目前只有幾份資料可信，其中一份是始料未及的副產品——半個多世紀以前的一個醫學研究計畫，為了別的目的收集到的資料。那個計畫的發現，從未發表過。

那個研究計畫的主持人，是個非常著名的醫學研究者。由於他不願曝光，所以這兒我稱他為X醫師。我最近才從他那裡得知那些事實。那是在一九四〇年代做的一個研究，X醫師想發現的，是人類血型的遺傳學。血型指的是紅血球細胞膜上的分子，大約有幾十種，我們從父親或母親遺傳了製造那些分子的基因。那個研究的執行步驟非常直截了當：到一所著名醫院的婦產科病房；收集一千名新生嬰兒的血液標本，父母親的也要；鑑定所有血樣的血型；然後使用標準的遺傳推理，找出血型的遺傳模式。

結果令X醫師十分震驚，他發現將近百分之十的嬰兒，是婚外情的結晶。證據不容置疑，只要嬰兒的血型中有「父母」都沒有相符的基因，那就是了。有時只憑一種血型還看不出來，幾種血型的資料擺在一起，就真相大白。嬰兒的母親是誰，不可能有「疑義」：因為血樣是在產房採取的。嬰兒的血型，若母親體內沒有相應的基因，那必然是從父親遺傳來的。要是母親的先生也沒有呢？——必然就是另一個男人的種囉，那還有什麼問題。婚外情實際的發生率，當然高於百分之十，因為有許多血型，一九四〇年代還不知道，所以沒有檢驗，而且大多數性交不會製造結晶。

X醫師發現那個事實的年代，調查「『性』行為」在美國仍是個禁忌，所以他決定按下不表，從未披露過他的資料。我花了好大的勁，才說服他讓我公布他的數據，可是他仍然拒絕現身，不許我洩漏他的名字。不過，後來有好幾個同樣的遺傳學研究，證實了他的發現，那些研究的結果都公開發表了。根據那些研究，美國與英國的新生嬰兒，約有百分之五到百分之三十，是婚外情的產品。同樣地，那些接受調查的夫婦中，妻子出軌的實際比例可能更高，理由我已經提過了。

還記得上一章結束時我拋出來的問題嗎？「婚外情在人類社會中，是罕見的異例？不算少見的『例外』？還是普遍流行的現象，婚姻形同虛設？」現在我們可以回答了。只要謹守「中庸之道」，就可以得到正確的答案。大多數父親，撫養的都是自己的骨肉；人類的婚約，也不是廢紙一張。我們可不是亂攪男女關係的黑猩猩，掛羊頭賣狗肉。可是，「外遇」又的的確確是人類交配系統的一個「組件」，儘管從未受到社會的祝福。交配系統類似我們的其他動物種——雌雄長期結合養育子女——學者也觀察到「外遇」的情形。而黑猩猩與巴諾布猿的交配系統，都與我們的不同，因此討論黑猩猩的「外遇」並無意義。黑猩猩與我們有過共祖，我們的祖先想來也沒有「外遇問題」，因此我們的祖先必然在演化的道路上「重新發明」了「外遇」。所以，我們討論人類性象，以及性象在我們演化成

「人」的過程中扮演的角色，不能不仔細研究「外遇」的科學。

我們有關外遇發生率的資訊，大多數是研究性生活的專家，從訪問調查中得到的，而不是從鑑定孩子的血型下手。一九四〇年代以後，一連串的調查報告，顯示美國不像大家想像的那麼「純貞」——「婚外情」不是罕見的例外。金賽(Alfred Kinsey, 1894-1956)一九五三年的報告，是始作俑者。然而，即使現在已經是世紀末的「解放年代」，我們對於「婚外情／通姦」仍然耿耿於懷，難以釋然，可是「致命的吸引力」，又讓人莫名的焦慮與興奮。大家都覺得「婚外情」令人興奮：電視肥皂劇要是缺了這個「元件」，觀眾就不捧場。笑話的題材中，比得上「婚外情」的，絕無僅有。可是，佛洛伊德指出過，我們往往以幽默應付極端痛苦的事。一部人類歷史，「婚外情」導致的謀殺與不堪的傷痛，大概沒得比。寫作這個題材，不可能十足地正經八百，也不可能對於社會處置「婚外情」的各種野蠻機制，保持冷靜，無動於衷。

結了婚的人，有什麼理由玩「婚外情」的遊戲呢？他／她當然可以不玩，理由又是什麼？科學家對許多其他的事都有一套「說法」(一般叫做理論)，所以「婚外情」也有科學理論應該不會讓人驚訝。許多動物種從來沒有「婚外情」，因為牠們根本沒有「婚姻」。舉例來說，地中海地區的巴巴利獼猴，雌性一旦發情，就會與隊群中每一位雄性交媾，真是無遮大會、春色無邊，個個有獎，獨樂樂不如眾樂樂。平均每十七分鐘，她就打一炮。不過，有些哺乳類與大部分鳥類都選擇了「婚姻」，就是說，兩性長期相守共同撫養或保護子女。只要有「婚姻」，就等於為「混合型生殖策略」開了大

門。「混合型生殖策略」是社會生物學家使用的「科學」術語，以普通話來說，就是結了婚的人搞婚外情。

有「婚姻」的動物種，搞「混合型生殖策略」的程度，有很大的差異。長臂猿「小猿」似乎沒有任何「婚外情」的「科學紀錄」，可是雪雁搞「婚外情」卻是常態，見怪不怪。人類各社群也有很大的差異，但是我不信有哪個社群的人會像長臂猿一樣地「忠貞」。為了解釋所有這些差異，社會生物學家發現「博戲論」（game theory）的邏輯非常有用。換句話說，生命可以看作一場演化競賽，留下最多存活子女的個體，才是贏家。

競賽規則是由物種的生態學與生殖生物學設定的。參賽者面臨的問題是：規劃贏的策略，堅貞不二？雜交（大同世界）？或者「混合型生殖策略」？但是我話得先說在前頭：雖然這個社會生物學進路可以幫助我們了解動物的「外遇」行為，但是人類「外遇」的問題，社會生物學能不能提供睿見，頗有爭議，我會在後面討論。

我們一旦以「競賽」看待問題，立刻就會恍然大悟——兩性的最佳策略不同。因為兩性的生殖生物學在兩方面有深刻的差異：為達到生殖目的最低必要投資，以及受騙的風險。我會在下面進一步說明；其實我們人類對那兩個差異並不陌生，只不過熟悉並不帶來甜蜜，而是痛苦。

對男人來說，生育的最低投資，是交媾的行動，時間與精力所費有限。今天讓一個女人受孕的男人，明天可以讓另一個女人受孕，他做得到。不過，對女人來說，為了生孩子，她除了交媾，還得懷胎，並花上幾年撫育（人類歷史上幾乎沒有女人逃得掉）——那可是個巨額投資。所以，男人的生殖潛力比女人大多了。十九世紀有位英國人訪問印度南部海德拉巴邦（英國的保護國）的宮廷，這是個容許多妻的小國。根據他的報導，在他勾留的八天之中，後宮就有四位嬪妃生產，而且還有九位正在待產，預產期在下個星期。最高的男性生殖紀錄，是摩洛哥皇帝嗜血依思邁（Ismail the Bloody-thirsty, 1645-1727）創下的，據說他有八百八十八個孩子。而最高的女性紀錄，是十九世紀的一位莫斯科婦女創下的，她生了六十九個孩子，不過其中有許多三胞胎。超過二十個孩子的女性就很少了，可是在多偶制的社會中，有些男人很容易達成那個目標。

由於兩性的生物差異，男性從「婚外性行為」或多偶制能夠得到的「好處」，比女性多得太多了，要是以「生殖成就」（子女的數目）做判準的話。（女性讀者要是覺得非常憤怒，準備把本書丟開了，或者男性讀者覺得「受到鼓舞」，我得警告你：請繼續讀下去，「婚外性行為」問題比你想像的複雜多了。）人類「婚外性行為」的統計資料並不容易建立，但是人類多偶制的資料是現成的。世上唯一有紀錄可考的「多夫制」社會，在西藏（the Tre-ba of Tibet），學者發現：有兩個丈夫的女性，平均子女數目比較「少」。相對地，十九世紀美國摩門教徒中的男性，從多妻制得到巨大的生殖利益：只有一個老婆的男人，平均有七個孩子；兩個老婆，十六個孩子；三個老婆，二十個孩子。摩門男人平均有二．七個老婆，十五個孩子。至於摩門教的男性領袖人物，平均有五個老婆，二十五個孩子。西非獅子山的檀尼族也是多妻制，男人的平均子女數目，與老婆的數目成正比，一個老婆，一．七個孩子；五個老婆，七個孩子。

另一個與交配策略有關的兩性「不對稱」，是當事人對於「親生子女」的信心。任何一個動物，要是花時間、精力照料的是「野種」，就是演化競賽中的輸家，下種的才是贏家。女人不可能遭到欺騙，養育別人的孩子，因為孩子是「親生的」，除非在醫院裡給人「掉包」了。實行體外授精動物的動物，雄性不可能「戴綠帽」。舉例來說，某些魚種的雄魚會看著雌魚產卵，立刻跟上授精，並將受精卵藏好照顧，以確定「自己的種」能安全孵化。然而，實行體內授精的動物種，包括人類，雄性就很容易受欺，「戴上綠帽」而不自知。男人唯一能確定的，就是「授精」這回事，然後那位女士就生了個孩子。除非那位女士的受孕期受到全程監控，確定沒有別的男人下種，不然他無法確定生出來的真的是他的種。

解決這個「不對稱」問題的一個極端方法，是印度南部的納雅族（Nayar）發展出來的。在納雅社會，女性非常自由，愛交多少男朋友就交多少，同時交或者輪流交，百無禁忌，因此先生無法確定老婆生的孩子究竟是誰的種。那他怎麼辦呢？他不與老婆同住，也不照顧老婆生的孩子；他與姐妹同住，照料外甥。至少，他的基因平均有四分之一可以在外甥體內找到。（親生子女則有百分之五十的基因是父親遺傳的。）

請記住這兩個「性別不對稱」的事實，然後我們才可以務實地討論最佳生殖策略，以及有利於「婚外性行為」的情況。讓我先列舉三個男人可以採納的「作戰計畫」，它們一個比一個複雜。

A計畫：男人應隨時隨地尋求「婚外性行為」的機會，反正本小利大，何樂不為！讓我們以狩獵—採集社會的實況來談，因為人類在演化過程中基本上過的就是那種生活。在狩獵—採集社會，女性一輩子最多可以養大四個孩子。她的先生只要成功地「玩」上一次，就能提升四分之一「終生生殖成就」：幾分鐘「勞動」就有那麼大的「收益」，誰不心動？這個計畫天真得可以，請讀者想想問題在哪裡？

B計畫：A計畫有個根本的缺陷，稍微動點腦筋就可以發現——A計畫只列舉了「婚外性行為」的潛在利益，確忽略了潛在代價。顯而易見的可能代價有：要是給發現了，可能會讓對方的丈夫打傷或殺害；自己的老婆也可能出走；與別人老婆上床的當兒，可能有別人爬上自己老婆的床；花心的人可能沒時間照顧自己老婆生的孩子。因此，花心的人得「花」得高明，B計畫就是提高收益、降低風險的計畫。不是嗎？

C計畫：蠢男人的B計畫，就是從一而終，拒絕任何誘惑。更蠢的是，他從來沒想過：人類的常態交媾模式，需要兩個人才能完成——而且是一男一女。換言之，每一個玩「婚外性行為」的男人，床上都有一個女人。A計畫與B計畫的共同缺陷，就是忽略了女性策略，要是不考慮女性的策略，任何男性策略都註定失敗。C計畫就是將女性策略與男性策略合併考慮的產物。但是，由於一個丈夫已足以滿足女性的最大生殖需求，那麼吸引女性搞「婚外性行為」的會是什麼呢？這個問題由來已久，考驗著每個時代的男人，可是現在的理論社會生物學家，卻把它當作一個知識的挑戰，正在大傷腦筋。

為了對C計畫做進一步的理論探討，我們需要堅實的「婚外性行為」資料。由於調查人類的性習慣極不容易得到正確的資訊，讓我們先研究最近發表的鳥類資料。那些鳥成對地築巢生活，撫育子女，交配系統與我們的非常類似。（親緣關係與我們最近的動物種——兩種黑猩猩——交配系統與我們的反而不同。）以那些鳥兒與我們比較，我們搞不定的，就是牠們搞「婚外性行為」的動機，但是我們不會有什麼損失，反正我們訪問搞「外遇」的人，也得不到真相。研究那些鳥兒最大的好處，是研究者收集資料非常方便。因為那些鳥兒群聚在一起生活，研究者坐在一旁，花幾百個小時觀察，就能弄清楚誰搞過誰。從來沒有一個人類族群，有過同樣品質的科學資料可供參考。

最近發表的鳥類「通姦／外遇」資料，來自五種水鳥，蒼鷺、海鷗、鵝都有。牠們都群聚在一起，雌雄成對築巢、生育子女，單偶制是基本的社會制度。沒有成鳥照料的巢容易遭到侵襲，所以單親無法撫育幼雛，因為牠必須離巢覓食。一個雄鳥也無法同時照料或守護兩個巢。因此，這些鳥兒的生殖策略，基本準則如下：不可搞多偶；搞單身雌鳥並無意義，除非那雌鳥馬上就要和另一個雄鳥送做堆，一齊撫育幼雛；偷偷搞別人的老婆，倒值得嘗試。

第一個研究是在美國德州作的，觀察的對象是藍鷺與白鷺，這兩種鳥的體型都很大。牠們都是雄鳥築巢，然後守著巢追求造訪的雌鳥。要是小倆口看對了眼，就會交配二十來次。然後雌鳥在巢裡產卵，並且白天大部分時間在外覓食，雄鳥負責守著巢與卵。在小倆口成其好事的頭兩天，一旦雌鳥外出覓食，雄鳥往往會立即追求其他過往的雌鳥，但是不會發生「婚外性行為」。雄鳥的半調子花心行為，反而像是「離婚保險」——萬一老婆一去不回，還有「備胎」老婆可用。（根據觀察資料，老婆一去不歸的可能性，可達百分之二十。）給雄鳥當作「備胎」追求的雌鳥，對雄鳥心裡懷的鬼胎毫不起疑：牠正在找配偶，也無由得知熱烈追求牠的雄鳥已經有了佳偶，一直到女主人返回後，將牠趕走。（女主人會三不五時回家探望一下。）最後，雄鳥終於放下心來，相信雌鳥不會棄牠而去，就不再追求過路的雌鳥了。

第二個研究是在美國密西西比州作的，觀察的對象是小藍鷺。這種鳥本來可能只是「離婚保險」的行為，演化成更為「嚴重」的形式。研究者記錄了六十二次「婚外性行為」，大部分是雄鳥闖入鄰家偷腥——雄鳥出門覓食，雌鳥獨守空閨。大多數雌鳥半推半就，有些雌鳥偷腥還更熱中。花心的雄鳥為了降低自己戴綠帽的風險，出門覓食總是行色匆匆，不忘隨時回家探望，免得老婆遭人勾引；至於自己的風流韻事，只覬覦鄰家少婦，算計的也是可以隨時回家探望。雄鳥偷腥的對象，通常是還在產卵、仍然能夠受孕的雌鳥。不過，偷腥時總是草草了事（八秒鐘；夫婦敦倫平均十二秒），所以受孕率可能低些；有過出軌紀錄的巢，大約一半後來都放棄了。

密西根湖畔的鯡鷗，有家室的雄鳥百分之三十五搞外遇。這個數字與一九七四年，美國《花花公子》雜誌公布的百分之三十二幾乎一致。但是這種水鳥的雌性與人類女性，卻有不同的行為。根據那份花花公子雜誌的數據，美國少婦有百分之二十四搞外遇，雌鯡鷗有了配偶之後，就堅拒誘惑，也不勾搭。所有雄鳥搞外遇的對象，都是「未婚幼齒」。為了降低戴綠頭巾的風險，「花花公子」花比較多的時間守著還能受孕的「妻子」，牠能讓老婆「死忠」，祕訣在：餵老婆很勤；只要老婆能受孕，就多「玩」。

最後一組堅實的數據，是在加拿大南部的馬尼托巴蒐集的。那裡的雪鵝與前面提過的小藍鷺一樣，「婚外性行為」大部分是雄鳥闖入鄰家偷腥——雌鳥獨守空閨。雌鳥也是半推半就；牠老公不在家，是因為在外面勾引別人的老婆。表面上看起來，雄鳥似乎所得有限，不過牠可不是笨蛋。只要老婆還在下蛋，牠就會守在巢裡，看著老婆。（老公守在身邊的雌鳥，遭到誘拐的可能性，是老公不在的五十分之一。）一旦老婆產完卵，牠能肯定產下的卵是牠的種，牠就出外風流去了。

這些鳥類行為研究，可以證明以科學方法研究「外遇／通姦」的價值。牠們揭露了花心的雄鳥採用的策略，那些策略都精心算計過，退可守（甜蜜的家庭），進可攻（「播種」讓別人養），占盡了便宜。那些策略包括：「離婚保險」——只要有妻子不忠的疑慮，就引誘單身雌鳥作「備胎」；看管還能受孕的老婆；餵得飽、「泡」（炮）得勤，讓老婆「死心塌地」，即使獨守空閨，也能冰清玉潔；精密計算外出風流的時機——鄰家老婆可以受孕，而自家老婆不能。不過，即使是科學方法，也有時而窮，我們還是不清楚：雌鳥搞「婚外性行為」，所為何來？一個可能的答案是：雌鳥是騎驢找馬，反正貨比三家不吃虧。另一個可能是：在一些水鳥中，雄鳥數目較少，找不到配偶的雌鳥「借種」產卵。（這類雌鳥也可以兩兩「配對」，互相扶持，養育幼雛。）

這些鳥類研究的局限，在於：雌鳥往往看來半推半就，對於「婚外性行為」並不積極進取。為了了解比較主動的女性角色，我們得回到人類社會——雖然研究人類的行為，必須克服各種困難，例如文化差異、觀察者的先入之見，以及受訪者的可信程度。

根據世界各地不同文化社群的調查資料，比較兩性的差異，通常會得到下列的結論：男人對「婚外性行為」，比女人感興趣；男人比較喜好嘗試不同的性愛「口味」；女人陷入「外遇」，主要因為對婚姻不滿，並（或）期望新關係能長長久久；對露水姻緣的對象，男人比較不挑剔。舉例來說，我認得的紐幾內亞高地族群，男人搞外遇的理由，通常是覺得老婆不再有趣；女人搞外遇，很少因為老公床上不行（例如，年老力衰的結果）。在一家電腦擇友中心，幾百個美國年輕人回答了問卷，結果顯示：幾乎每個方面女性都對伴侶有比較強烈的偏好：智力、地位、舞技、宗教、種族等。男人唯一比女性重視的是：面貌／身材。約會之後，男女雙方再回答一份問卷，結果：比較多的男人覺得電腦選的伴侶散發強烈的浪漫引力，是女性的兩倍半。簡言之，對於挑選伴侶，女人挑剔，男人隨緣。

對於「婚外性行為」的態度，要是我們期望大家都能誠實回答訪談人員的問題，未免不切實際。然而，人們會在法律與行為中表達他們的態度。特別是，人類社會普遍有虛偽與幸災樂禍的特徵——因為男人只要動念搞「婚外性行為」，就得面對兩個根本的困境。第一，採取「混合型生殖策略」的男人，企圖魚與熊掌兼得：他勾搭別人的老婆，卻禁止自己的老婆與別人搞。因此，有些男人必然會占其他男人的便宜。第二，我們已經討論過，男人普遍有擔心戴綠帽的偏執狂，這是生物學的現實（體內授精）導致的，而不是「心理有毛病」。

通姦法律是一個清楚的例子，顯示男人處理這些困境的方式。直到最近，所有這種法律都是「不對稱的」，管他希伯來、埃及、羅馬、阿茲特克、伊斯蘭、非洲、中國、日本，還有其他，只要你找得到。這些法律只有一個目的：讓結了婚的男人放心，「自己的」老婆生下的是「自己的」子女。所以這些法律對於「通姦」的定義，只著眼於女方的「婚姻地位」，至於男方，管他的。結了婚的女人搞「婚外性行為」，無異「背叛」自己的丈夫，因此丈夫有權要求賠償損失，甚至包括暴力報復，否則離婚、女家退還聘金。結了婚的男人搞「婚外性行為」，不算損及老婆的利益。要是給抓到了，女方若已婚，女方的老公是利益關係人；女方若未婚，利益關係人就是她的父兄（因為她的「價值」讓「姦夫」破壞了）。

自古以來，先生不忠甚至不算犯罪（刑事犯），直到一八一〇年法國才有法律規定：未得「家花」同意，先生不得將「野花」養在家中。綜觀人類歷史，現代西方幾近「平權」的通姦法律，其實是個新鮮事物，是在最近一百五十年間發育成形的。即使在今天，要是先生逮到妻子紅杏出牆，當場憤而殺人，美國與英國的檢察官、法官與陪審團，往往會將凶手的罪名減輕，不以謀殺罪名起訴、審判，而改以較輕的罪名，例如過失殺人，否則不起訴。

為了讓男人肯定妻子生的子女是自己的種，傳統中國宮廷發展出的一套制度，大概是世上最嚴密的。明代內宮設有敬事房，由太監掌管，負責皇帝與後宮后妃的性事。每次皇帝與后妃「辦事」，都有敬事房太監記錄年、月、日，作為受胎的證據。皇帝後宮既然畜養了大量美女，當然得設法防止其他男人覬覦。任用太監是解決這個問題的方法之一。

其他文化的男人，為了肯定妻子生的子女是自己的種，也許採用的方法沒那麼複雜，卻可能更惡劣。這些方法限制妻子「出牆」的能力，或者使女兒或姐妹「守宮」，以便待價而沽。相對來說溫和一些的措施，包括監護甚至監禁女性的身體。地中海國家廣泛流行的「榮辱」規約，也是為了同一目的而形成的（搞「婚外性行為」，是我的權利，不是你的；要是妳搞了，會使我蒙羞）。更過分的措施，還有野蠻的毀陰手術——把陰蒂或者大部分外陰部都割除，降低女性的性趣（無論婚內還是婚外）。還有一種名副其實的鎖陰術，更萬無一失，就是將大陰唇縫起，讓女人無法交媾。女人的大陰唇縫起了之後，為了生產或孩子斷奶後讓丈夫下種，剪開縫線就是了；要是丈夫有遠行，也可以再縫死。目前（編按：本書原著於一九九二年出版）世上仍有二十三個國家保存毀陰／鎖陰的習俗，分布在非洲、沙烏地阿拉伯、與印尼群島。

要是通姦法律、宮廷紀錄，甚至強制禁錮，都無法保障男人的「父權」，最後的「絕招」就是謀殺了。美國許多城市的謀殺統計顯示：「性嫉妒」是最常見的謀殺動機。通常是戴綠帽的先生幹掉老婆，甚至老婆的愛人；不然就是這位老公給「姦夫」殺了。我將美國底特律一九七二年的統計數字表列出來，讓讀者對真實世界有個概念。人類歷史上，「性嫉妒」一直是戰爭的導火線，希臘史詩《伊里亞德》描述的特洛伊戰爭（木馬屠城記），是個典型的例子。在現代紐幾內亞高地，「性嫉妒」仍然可以引爆戰爭，只有豬的所有權發生疑義了，才可能產生同樣程度的暴力衝動。直到中央集權的統治機器出現，「職業軍人」才改變了戰爭史的軌道。

不平等的通姦法律，以及各式各樣監控女人「性象」的方法（包括毀陰／鎖陰），全是人類獨有的「特色」，都是「人性」的成分，就像文字一樣（文字也是人性的成分）。更精確的說，在雄性自然史上（或者兩性鬥爭史上），雄性已經演化出種種散布體內基因的方法，可是人類的那些建置，是

性嫉妒造成的謀殺案（1972年，美國底特律）

由嫉妒的男性所引起的：47件

16件：由嫉妒的男性殺死不貞的女性

17件：嫉妒的男性殺死情敵（男性）

9件：遭指控的女性殺死嫉妒的男性

2件：嫉妒的男性殺死不貞的同性愛人

1件：嫉妒的男性殺死無辜的旁觀者（意外）

由嫉妒的女性所引起的：11件

6件：嫉妒的女性殺死不忠的男性

3件：嫉妒的女性殺死情敵（女性）

2件：遭指控的男性殺死嫉妒的女性

史無前例的、嶄新的。我們倒沒有放棄「傳統」，許多其他動物會的把戲，我們一樣也不少：謀殺、暴力、殺嬰、強暴、集體火拼，以及通姦。男人搞出來的鎖陰手術，有些昆蟲也會——一旦交配完畢，就將雌性陰道封死。

動物兩性戰爭的細節，各物種之間有很大的差異，社會生物學家對那些差異，已經有相當深入的了解。從他們最近的研究成果看來，動物的行為也由「天擇」打造，而不只是身體的解剖構造。幾乎沒有科學家懷疑「天擇」塑造了我們的身體。可是生物學社群中卻因為社會生物學而分裂、雙方以尖銳的言辭互批，爭論的焦點是：天擇能不能塑模我們的社會行為？本章討論的行為，大部分現代西方人都認為是野蠻的、不文明的。有些生物學家對那些行為感到義憤填膺，社會生物學家以天擇論解釋那些行為，更讓他們寒心。對他們來說，「解釋」某些行為，與為那些行為辯護，兩者之間似乎沒有明白的界限，這樣的「不確定」，令人不安。

社會生物學就像核子物理，以及所有其他的人類知識一樣，會遭到濫用。虐待別人或謀殺，我們從來不缺藉口，但是自從達爾文發表了「天擇論」之後，演化邏輯也成為現成的藉口。對人類性象的社會生物學討論，可以當作男人監控女性身體的藉口，或兩性不平等現實的理論根據，就像傳統體質人類學被用來支持白人奴役黑人、納粹殺害猶太人一樣。生物學家批判社會生物學的文字中，兩種恐懼不斷地迴盪、交織著：證明某種野蠻行為的演化根源，無異於主張那種行為是正當的；證明某一行為有遺傳基礎，無異於宣告不可能改變那種行為。

在我看來，這兩種恐懼都沒有根據。就拿第一個來說吧，任何事物的起源都可以研究，無論那些事物令人厭惡或令人欽羨。研究謀殺犯的動機，就是為他們開脫嗎？那警察大學為什麼要設什麼犯罪學研究所呢？至於第二個恐懼，我們不只是演化結果的奴隸，甚至不僅是遺傳特徵的奴隸。現代文明已經成功地阻遏了一些古代的惡習，例如殺嬰。現代醫學的主要目標，就是阻遏人體內有害基因的作用以及微生物，事實上，要不是深入了解了那些基因與微生物，也不可能想出對抗的辦法。社會生物學家說明鎖陰習俗是一種雄性生殖策略，反對鎖陰習俗的呼籲與運動並不會因此而喪失立場。我們譴責鎖陰習俗，是基於人道的關懷：沒有人有權毀壞別人的身體。

儘管社會生物學能幫助我們理解人類社會行為的演化脈絡，我們切不可認為它是唯一的進路。人類行為的目標（或動機），不可一概而論，「留下更多的子孫」，不是唯一的考量。一旦人類發展了文化，文化就有了自己的生命，自己的目標。今天許多人在辯論要不要生孩子；已經有許多人決定不要孩子，他們要把時間、精力投注在其他的活動。我認為演化推論可以幫助理解人類社會行為（與習俗）的「起源」；可是理解人類社會習俗的「現狀」，我不認為演化推論是唯一的進路。

簡言之，我們與其他動物一樣，在演化過程中必須贏得生殖競賽。我們過去發展出的生殖策略，塑造了我們（「人性」）。但是我們也發展出了道德意識，為了追求道德目標，即使得違反生殖競賽的目標與方法，也在所不惜，無怨無悔。我們能有天人交戰的經驗，就是人與其他動物最根本的差異。

chapter 5

上床的邏輯

異性美與性感有沒有普遍的標準？（東亞）中國人、（北歐）瑞典人，與（南太平洋）斐濟群島島民，外型有很大的差異，他們有共同的美感、性感標準嗎？要是沒有，每個族群都有自己的「口味」，那麼那些「口味」是怎麼來的，基因？還是向「同胞」學來的？究竟我們是怎樣挑選配偶與性伴侶的？

這是個在人類演化過程中重新出現的問題，或者至少可以說，比起另外兩種黑猩猩，這個問題對我們更為重要。也許你會覺得驚訝吧？我們已經討論過，人類的婚配系統（理想上一男一女維持長期的關係）是人類創造的。巴諾布猿與人類完全相反，從不挑剔性伴侶：雌性與許多雄性輪流交媾，同性之間也有頻繁的「性交」。黑猩猩並不那麼「亂交」，有時一雌一雄會離群「幽會」，過好幾天才回來。不過以人類的標準來衡量，黑猩猩也是「亂」得可以。人類對於性伴侶非常挑剔，因為把孩子拉拔大，光靠單親（通常是母親）非常困難，尤其是在狩獵—採集社會。另一個原因是：一對共同撫養孩子的男女，「性」是「黏合劑」，使他們的關係顯得與眾不同。對配偶或性伴侶很挑剔，在自然界並不是人類獨有的特色，其他許多（名義上）實行單偶制的物種，由於「配偶」關係也是長期的，所以對尋找配偶，頗為講究。但是我們類似黑猩猩的祖先，已經喪失了這個特色，我們是在演化過程中重新發明這個特色的。許多鳥類，以及我們的遠親長臂猿，都講究擇偶。

上一章我們討論過：儘管理想上單偶家庭是人類社會的基本單位，婚外性活動仍有很大空間。我們挑選婚外情的對象，比我們挑結婚對象，更講求「性感」；出軌的女性，比男性更挑剔。所以，無論為了結婚還是露水姻緣，我們挑選性伴侶的方式，是「人性」的另一塊重要基石。我們的自然根源是黑猩猩之類的動物，演化成人的過程，涉及的不只是改造骨盆結構，還有擇偶的方式，兩者都是人類演化的基本面向、塑造人性的基本力量。甚至人類的「人種」，都可能是我們的「審美標準」的副產品。挑選性伴侶，牽涉至廣，豈僅是一家一姓之興亡？

除了前面捻出的理論興趣，我們擇偶的方式，本就是個令人感興趣的題目。大多數人的大部分人生，念茲在茲的就是尋找意中人。我們之中的孤家寡人，每天都會夢想意中人。要是我們比較同一社群中的人，對意中人的不同口味，這個問題就更有意思了。只要問問自己：對什麼樣的人感到性趣？就成了。要是你是男性，請問你喜歡髮色淺的女性（例如金髮），還是髮色深的（黑髮／褐髮）？小胸脯或肉彈？小眼睛或大眼睛？要是妳是女性，請問妳中意的男性是留鬍子的，還是每天刮鬍子的？高的還是矮的？笑面迎人的還是愁眉冷峻的？你可能不會任何人都想上，只有某些類型的人才吸引你。有些離過婚的人，再婚的對象活脫脫是前妻或前夫的翻版。你也許也有這樣的朋友：我的一位同事，交過一串女朋友，她們都是貌不出眾、瘦小、褐髮、圓臉的女性。最後他終於找到一位合得來的結婚。不論你對異性的口味如何，你一定已經注意到：你的朋友有些口味與你完全不同。

我們在人海中浮沉，每個人都在尋覓自己的意中人，正是心理學家所談的「搜尋參考意象」的一個例子。（所謂「搜尋參考意象」，是一個心靈意象，我們在搜尋過程中，不斷將身邊的人與物，與那個意象比較，以便迅速認出自己想要的。）我們如何在心中發展出對意中人的「搜尋參考意象」？我們尋覓的，是熟悉的類型，像我們一樣的？還是陌生的類型，與我們很不一樣的？要是有機會的話，大多數歐洲男人都會對南島女子傾心嗎？我們尋覓的對象，是擁有與我們互補的特質的嗎？舉例來說，有些男人的確娶了像個媽的女人，享受母性的溫暖。可是這樣的配對是典型的嗎？

心理學家對這個問題已經研究了好多年。他們收集了許多對夫妻的資料，分析了許多變項，只要想得到的，鉅細靡遺，包括長相的特徵與其他的條件，目的在找出「做夫妻」的「道理」（或是無以名之的「緣分」）。他們的結論，可以用統計學的「相關係數」簡明地表達出來。要是你以某個標準將一百個先生排成一行，例如身高，再以同樣的標準將他們的太太排成一行，「相關係數」描述先生在他那一行中的位置，與他太太在太太那一行的位置，對應傾向有多大。「相關係數」如果是正數的一，表示雙方有完美的對應關係：身材高的先生配身材高的太太；身高第三十七名的男性，與身高第三十七名的女性正好是一對夫妻等。「相關係數」如果是負數的一，關係正好相反：最高的男生娶了最矮的女生；身高第三十七名的男性，與身高第七十三名的女性正好是一對夫妻，等等。最後，如果「相關係數」是〇，那麼男女的配對就沒有邏輯可言，至少身高與做夫妻扯不上關係。其他的項目也可以計算相關係數，像是收入、智商。

如果你找到的夫妻夠多，測量的項目也夠多，你會發現相關係數最高的項目（約正〇・九）是：宗教、族裔、人種、社經條件、年齡與政治觀點。換言之，大多數夫妻，先生與太太有相同的信仰、是同一族裔等。你也許不會驚訝，相關係數次高的（約正〇・四）一組項目中，包括人格與智力的測量，例如內向還是外向、講不講究整潔，以及智商。邋遢的人與邋遢的人有配對的傾向，但是邋遢的人也可能與有整潔強迫症的人結婚，就好像政治反動分子與左派分子聯姻一樣，機率是一樣的。

那麼夫妻的體質特徵有沒有配對關係呢？要是你只觀察過幾對夫妻，答案大概不會令你立即有會心之感。因為我們選擇配偶，並不著重身體特徵，倒是為自家的比賽犬、賽馬或肉牛「配種」，非常挑剔。但是我們的確會挑。要是你觀察過許多夫妻，答案就會出奇地簡單：平均而言，夫妻間稍微有點相似；可是在體質上，幾乎每一項特徵都顯著相似。

要是人家問你理想的意中人的模樣，你心中浮出的第一個「意象」就是與你德行差不多的：身高、體重、髮色、眼珠色與膚色。但是你理想意中人的許多其他特徵，即使你一時舉不出來，也與你自己的條件差不多，那些特徵種類繁多，例如鼻寬、耳垂長度、中指長度、腰圍、兩眼間距以及肺活量！學者在各地調查，都得到同樣的結果，如波蘭的波蘭人、密西根州的美國人、中非查德的非洲人。要是你不相信，下次出席結婚宴，記得仔細觀察一下。

夫妻體質特徵的相關係數，平均是〇・二，不比人格特質（〇・四）與宗教信仰（〇・九）高，可是仍然顯著地大於〇。有幾項體質特徵，甚至高於〇・二，其中最令人驚訝的，是中指長度，相關係數是〇・六一。至少在潛意識中，大家似乎對於意中人的中指長度非常在意，髮色或智商倒沒那麼在意。

一言以蔽之，物以類聚，同氣相求。造成這個結果，有許多原因，舉其犖犖大者，空間距離非常重要，顯而易見：我們的居住社區，通常在社經地位、宗教與族裔方面，有高度的同質性。舉例來說，在美國的大城市中，你可以指出富人區在哪裡，貧民區又在哪裡，而且猶太區、華人區、義大利區、黑人區等也都歷歷可指。我們走進教堂，遇見的是同修；我們在日常活動中，總是遇見社經地位、政治觀點相似的人。由於在那些場合，遇見與我們在好幾方面都相似的人，機會比較大，難怪我們比較可能與背景類似的人結婚。但是人類組成居住社區，並不以居民的耳垂長度為準，因此必然還有其他的因素，使得配偶間在耳垂長度這類體質特徵上表現出相關性。

配偶間有相似的傾向，另一個明顯的原因是：婚姻並不只是選擇；婚姻是協商的結果。我們不會出門在眾人裡盲目尋覓，直到發現了一個人，他擁有合適的眼珠顏色、合適的中指長度，於是我們走上前去，向那人宣布：我們結婚吧。對大多數人而言，婚姻是求婚的結果，而不是單邊宣言的結果，而求婚是某種協商的高潮大戲。協商的兩造，在政治觀點、宗教與人格特質上越相似，協商的過程越平順。平均來說，已婚的夫婦比熱戀中的男女，人格特質比較接近，而婚姻美滿的夫婦比婚姻不美滿的夫婦，維持婚姻關係的夫婦比離婚的夫婦，也一樣。但是這並不能解釋夫婦間耳垂長度為什麼相關，夫妻鬧離婚，很少以耳垂長度不配合做理由的。

除了空間距離與協商平順之外，讓人們決定結婚的因素，就剩下體貌的性感了。那不該令人驚訝。大多數人都知道，我們對顯而易見的體徵，例如身高、體型與髮色，都有特別的偏好。乍聽之下會讓人驚訝的，倒是許多其他體徵的重要程度，例如耳垂、中指與兩眼的距離，因為我們通常並不自覺對那些特徵的興趣。然而，我們一見到對了眼的人，就立刻驚為天人、情難自已，內心充滿「驀然回首」的驚喜，所有那些其他特徵都在潛意識中促成了我們的決定。

舉個例子好了。當年我和我太太瑪莉才剛認識，我就覺得一往情深，她也有同感。回想起來，我能了解原因何在：我們兩人都是棕眼珠，身高、體格與髮色都相同。但是，另一方面，我總感覺瑪莉不知怎地不太符合我理想中的女友形象，可是我說不上來哪兒不對勁。直到她與我第一次約會，一起去看芭雷舞，我才解開了謎團。我把我的望遠鏡借給瑪莉，讓她仔細欣賞舞者的舞技，她看了一會就還給我，讓我也能欣賞。可是我拿起她還給我的望遠鏡，卻無法將目鏡對準眼睛，原來她將望遠鏡調整了一下，使兩個目鏡的水平距離縮小了，才對得上她的雙眼，這樣一來，我得將望遠鏡恢復原狀，才能讓眼睛對準兩個目鏡。我這才恍然大悟，原來瑪莉的眼睛，距離比較近，而過去我追求過的女孩，眼睛都和我一樣，分得比較開。還好瑪莉的耳垂與其他特徵抓住了我，不然，我和她兩眼距離不相配，還真不容易妥協。要不是那副望遠鏡，我也不會覺悟到我喜歡兩眼距離比較大的女孩，我從來沒有發現那個特徵有那麼大的魅力。

我們會與相似的人結婚，你現在明白為什麼了吧？但是——且慢。與一個女人最相似的男人，是擁有這個女人體內一半基因的男人，也就是這個女人的父親或兄弟。同樣地，一個男人最速配的女人，是他的母親或姐妹。然而我們大部分都遵守亂倫禁忌，不會與自己的父母或異性同胞結婚。

依我看，我們結婚的對象，並不是與自己相似，而是看來與自己的父母或異性同胞相似的人。我們對未來的性伴侶，「搜尋參考意象」從小就開始發展，那個意象深受我們身邊異性的影響。對大多數人而言，父母、同胞與童年密友，是日常生活中與我們互動最頻繁的人。我們的行為，一九二〇年代一首流行的歌，有精要的描述：

我要一個女孩
就像那
嫁給我親愛的老爹的
女孩一樣

看官，現在可別是在找自己的老伴，弄出把尺來量兩人的耳垂，看看究竟差了多少。或者你已經找出父親（或母親）與兄弟（或姐妹）的照片，仔細對照老伴的面容，居然看不出絲毫相似之處。要是你的老婆喚不起你對老媽的記憶，可別丟下書不讀了，也不必擔心自己必須請教一下心理分析師，看看自己的「搜尋參考意象」是不是出了差錯。請記住：

一、所有研究都顯示：宗教與人格特質之類的因素，比體貌更強烈地影響我們擇偶的決定。我前面所談的，只是指出體貌特徵有某些影響。事實上，我相信一夜情的兩造之間，比起夫妻之間，體貌特徵的相關係數比較高。因為我們挑選露水姻緣的對象，可以完全以體貌特徵為標準，完全不理會宗教或政治觀點。這個信念仍有待測驗。

二、同時，請記住：除了父母、同胞之外，你的「搜尋參考意象」也受其他人的影響，只要他們在你成長期間經常出現在你周圍，例如你的童年玩伴。也許你老婆像的是，你童年的隔壁小女孩，而不是你老媽。

三、最後，請記住：「搜尋參考意象」容納了許多彼此不相關的體貌特徵，因此大多數人找到的配偶，都是在許多特徵上平均說來與「搜尋參考意象」接近的人，而不是在少數特徵上最接近「搜尋參考意象」的人——所謂「豐滿的紅髮女郎」理論是也。要是一個男人的母親與姐妹都是豐滿的紅髮女郎，他也許長大後對豐滿的紅髮女郎特別感性趣。但是紅髮女郎本就不多，豐滿的紅髮女郎就更少了。而且，這人即使找一夜情的對象，都可能講究其他的體貌特徵，挑起老婆來，就更吹毛求疵了，無論對孩子、對政治、對金錢的態度，都得考究。結果，一群豐滿的紅髮女郎生的男孩子，長大後只有少數幸運兒能找到條件和老媽一樣的女人結婚；有些人娶了豐滿女郎，但是頭髮不紅；有些人娶了紅髮女郎，但是身材不豐滿；大多數人娶的老婆，普普通通，不豐滿，頭髮也是深色的。

讀到這兒，你也許要抗議，指出我的論證只能適用於戀愛結婚的社會。從印度與中國來的朋友，立即提醒我：自由戀愛是美國與歐洲在二十世紀的特殊習俗。在過去，美國與歐洲不興自由戀愛，今天世界上大部分地區也不興，婚姻由雙方家長作主，是家族的事。甚至有時新人在婚禮之前，連面都沒有見過。我的論證怎麼可能應用在那樣的婚姻上？

要是我們只談論合法婚姻，當然不成。但是我的論證仍然適用於婚外情對象的挑選。婚外性活動也能創造孩子，比例不小，正如英、美初生嬰兒的血型調查所透露的。事實上，要是在女性已經享有婚姻自主權的社會中，婚外性活動都能創造出那麼多孩子，那麼在女性沒有婚姻自主權的社會中，婚外性活動可能會創造出更高比例的新生兒，因為只有透過婚外性活動，女性才能伸張性自主權。

所以，我並不主張：斐濟群島的男人會偏愛斐濟群島的女人，而不是瑞典女人；或斐濟群島的女人偏愛斐濟群島的男人，而不是瑞典男人。我們的「搜尋參考意象」具體得多了。不過，這些睿見仍然沒有回答所有的問題。我們尋覓伴侶的「參考意象」，是遺傳得來的，還是學習來的。要是讓我從我妹妹與一位陌生女子中，挑一個性伴侶，我一定不會挑選妹妹，也許連表妹都不會選。要是從表妹與一位陌生女子呢？我會不會因為表妹比較像我而挑她呢？我們可以設計一些「決斷實驗」（crucial experiments）解答這些問題。例如將一個男人關在籠子裡，讓他與親疏等級不同的「表妹」在一起，看他最「寵愛」哪一位，詳細地記錄下來。這個實驗得多找幾個男人做，然後再以女性與表哥們做。當然，我們無法以人做這樣的實驗。但是科學家已經用好幾種不同的動物做過這樣的實驗，結果發人深省。下面我會舉出三個例子：喜愛表親的鵪鶉；嗅過香水的老鼠與小老鼠。（無法以我們的近親黑猩猩做這樣的實驗，因為牠們太不挑剔了。）

首先是日本鵪鶉。這種鳥在正常情況下，由親生父母撫養，與親手足一起長大。科學家在卵沒有孵化之前，把牠從親生母親的巢裡移到另一個巢裡，讓牠由「養母」孵化、養育，與沒有血緣關係的「同胞」一起長大。然後拿牠做實驗，看牠的「性偏好」如何表現。

為了測驗雄鵪鶉的性偏好，把牠與兩隻雌鵪鶉一齊放入籠裡，然後觀察雄鵪鶉對哪一位雌性比較好，相處較久，或交配次數較多。要是這隻雄鳥和陌生的雌鳥（雖然有些是親生同胞，但從未見過）在一起，只要牠有選擇的機會，牠會偏愛表妹，疏遠一點的表親或沒有親緣關係的雌鳥，都比不上。但是要是關在籠裡的是表妹與親妹妹，牠仍偏愛表妹。很明顯地，雄鵪鶉成年後記得一同長大的姐妹（或母親）的長相，因此找的配偶，與姐妹有點像，卻又不會太像，暗合「中庸」要旨。就像生命中的其他情事，「內婚」只要不過分，似乎是好事，一點點，有益；多了，有害。舉例來說，在沒有親緣關係的雌鳥中，雄鳥偏愛不熟悉的，對與牠一起長大的「姐妹」，較沒有性趣。（雖然不是真姐妹，可是仍然能觸動雄鳥體內「不可恣意亂倫」的機制。）

老鼠與小老鼠都在童年學會找配偶的訣竅，不過牠們不憑體貌，而是憑氣味。小老鼠的實驗，針對的是雌性。嬰兒雌性由反覆噴過香水的父母養大，成年後對帶著香水味的雄性比較感性趣。在另一個實驗中，嬰兒雄鼠的母親，奶頭與陰道都噴了檸檬味。雄鼠長大後，與雌鼠關入同一個籠子，有的雌鼠身上有檸檬味，有的雌鼠沒有。雄鼠與雌鼠的互動，都以錄影機錄下，然後重播錄影帶，記錄關鍵情節的時間。結果發現：身上帶檸檬味的母親養大的雄鼠，遇上帶檸檬味的雌鼠，插入與射精比較快，遇上不帶檸檬氣味的雌鼠，比較慢。由身上不帶檸檬味的母親養大的雄鼠，表現則相反。舉例而言，有檸檬味的母親養大的雄鼠，遇上帶檸檬味的異性，就興奮得不得了，十一分半就射精了，可是不帶檸檬味的異性，就要十七分鐘。但是，身上不帶檸檬味的母親養大的雄鼠，遇上帶檸檬味的異性，得花十七分鐘才射精，而不帶檸檬味的異性，只花了牠十二分鐘。雄鼠受母親體味的挑逗而興奮，顯然是學會的；那個知識不是遺傳的本能。

這些鵪鶉、小老鼠與老鼠的實驗，告訴了我們什麼？牠們傳遞的訊息很清楚：那些動物種的成員，在成長過程中學會辨認自己的父母與同胞，成年後，體內便形成了一個程式，引導牠們尋覓理想的配偶。牠們的理想配偶，與父母、同胞中的異性滿相似的，但是，絕不會是父母或同胞——不得亂倫。牠們也許遺傳了某種「搜尋參考意象」，告訴牠們老鼠大概的長相與構造，但是很明顯的，對於誰是漂亮、性感的老鼠，牠們的「搜尋參考意象」是學來的。

我們可以立即評估：需要什麼樣的實驗，才能得到確鑿的證據，顯示這個理論也適用於人類。我們應該選一個中等幸福的家庭，父親每天在身上噴香水，母親哺乳期間每天都在奶頭上塗抹檸檬油，然後等待二十年，看他們的兒子、女兒會娶、嫁什麼樣的人。算了，別提了，為了建立關於人類的科學真理，我們還得過五關、斬六將，想起來就令人喪志。但是有些觀察與「意外實驗」，仍然能讓我們躡手躡腳地接近真理。

就談亂倫禁忌好了。科學家一直在辯論：人類的亂倫禁忌是本能呢？還是學會的？就算我們不知怎地學會了亂倫禁忌，它的應用範圍是學會的呢，還是遺傳組中儲藏著那份資訊？通常，我們在我們最親近的親人（父母與同胞）身邊長大，所以我們後來迴避他們，不把他們當性伴侶，不管是先天（遺傳）機制，還是後天機制（學習），都一樣說得通。但是養子女在養父母家中成長，也有發展亂倫禁忌的傾向，意味著：迴避親人的行為，是後天養成的。

以色列合作農場的一組有趣的觀察資料，支持這個結論。以色列的合作農場，實行「集體制」，大人各有職掌，可是所有的孩子組成一個大團體，由大人共同照顧、教養。農場上的孩子，自出生到青少年時期，都緊密地生活在一起，就好像一個大家庭中的兄弟姐妹。要是空間距離是主要影響婚配對象的因素，大部分農場孩子的嫁娶對象，應該是「自己人」。事實上，研究人員分析了兩千七百六十九個農場上長大的孩子的婚姻，發現只有十三對新人出身自同一個農場；所有其他的農場孩子，成年後都與「外人」結婚。

甚至那十三對新人都應該當作例外，反而證實了「不與自己人結婚」是規則：十三對新人中，每一人都是六歲以後才遷入集體農場的。自出生起就在農場上同一群體中生活的人，不僅沒有人結為連理，青少年時期或成年後，也沒有人發展過羅曼蒂克（異性）關係。這真是令人驚訝的自制力。看官，那裡可有近三千名年輕男女，每天都有機會「亂搞」，而且他們與「外人」談情說愛的機會更少。這個研究戲劇化地說明了出生後的六年內，是我們形成性偏好的關鍵期——我們學會：在這段期間的親密伴侶，不可以在我們成年後當作性伴侶。雖然，這是在潛意識中進行的。

在我們的「搜尋參考意象」中，有一部分告訴我們「什麼人必須迴避」，我們在生命的第一個六年內，不僅學習了這一部分，還似乎學習了「什麼人必須追求」的那個部分。舉個例子吧。我有一個朋友，她是百分之百的中國人，卻在一個白人社區中成長，整個社區其他的家庭都是白人。等到她成年了，就搬到一個中國人多的社區。有很長一段時間，她與中國人、白人都約會，最後才覺悟：她覺得白人才能吸引她。她結過兩次婚，對象都是白人。她的經驗使她對其他中國女性的遭遇非常好奇，於是詢問她的中國女友的背景。結果她的女友中，凡是在白人社區成長的，大多數最後都嫁給白人，可是那些在華人區成長的，就嫁給華人，雖然她們年輕的時候，交往的朋友中白人、華人都有。因此，在我們成長期中出現在我們周遭的人，雖然不能當作成年後的性伴侶，卻塑造了我們的審美標準，以及「搜尋參考意象」。

看官，請想想看：什麼樣的人你覺得性感？你是在什麼地方發展出那種口味的？我敢說，大多數人都像我，可以追溯自己的口味到父母的體貌，或同胞，或童年朋友。所以別因為那些有關性感的老掉牙的諺語而沮喪，什麼「紳士喜愛金髮美女」、「戴眼鏡的女生沒人看」等。每一條這樣的「規則」，只對一些人有效，而且母親既近視、髮色又深的男人，數量很多。我和我太太都很幸運，我們兩個都是髮色深、又需要戴眼鏡的人，我們的父母也是這副德行。情人眼裡出西施。

chapter 6 性擇與人種

「嗨！白種人，看看那三位老兄！頭一個，是巴卡島來的；他身後的那一個，馬其刺島；第三個，席卡伊亞那島。你看不出來？你沒好好看吧？要不然，你的眼睛可能有毛病了？」

才怪，他媽的，我的眼睛好得很。那是我第一次訪問所羅門群島的第一「印象」。我以當地流行的洋涇英語，告訴導遊：那三個人的體貌不一樣，我看得很清楚。第一個人，皮膚漆黑，鬈髮；第二個，膚色淡得多，也是鬈髮；第三個，頭髮比較直，眼睛比較像蒙古種。我唯一搞不清楚的，是他們打哪來。怪不得我，我可是頭一回上這兒來，怎麼知道各島上的人各有特色？等我遊歷各島，快要打道回府了，心裡也就有譜了，從膚色、頭髮與眼珠色，就可以判斷一個人是哪個島來的。

以那些體徵而言，所羅門島民可以當作人類的縮影。從一個人的外表，你往往就能說出他從世界上哪個地區來，受過訓練的人類學家，甚至還能精確的說出他是哪一國哪一地來的。舉例來說，要是從瑞典（北歐）、奈吉利亞（中西非）、日本（東亞）各來一個人，沒有人會搞錯他們的國籍，只要看一眼就夠了。穿了衣服的人，變異最大的體徵——你絕不會猜錯——就是膚色、眼珠、頭髮的顏色與形狀、體型，以及（男人）臉上的鬍鬚。人要是不穿衣服，我們也許還會注意到體毛的量、女人乳房的大小、形狀與顏色、女人的小陰唇與臀部的形狀，以及男人陰莖的尺寸與角度，也不是整齊劃一的。所有那些「不穩定」的體徵，構成了人類族群差異的基礎。

人類族群的地理差異，早就是人類經驗的一部分，出外旅遊的人、人類學家、偏執狂與政客一直很感興趣，一般人也一樣。對於大家不熟悉的、不起眼的生物，科學家已經解開了許多關於它們的謎團，因此大家也許會以為：對於我們自己的最明顯的問題——為什麼不同地方的人長相不同？科學家早已成竹在胸，掌握了解答的鑰匙。要是我們連不同的人類族群怎麼會有那麼大的差異都搞不清楚，還談什麼人與其他動物的差別呢？儘管如此，「人種」在達爾文的時代仍然是個敏感的題材，因此他在劃時代的《物種原始論》中，根本沒有觸及。即使在今天，也沒有幾個科學家敢研究人種起源的問題，他們擔心：只要一碰觸這個問題，就會給戴上「主張貶抑有色人種」的帽子。（按：關於這個問題，讀者請參考生物人類學家 Pat Shipman 寫的 *The Evolution of Racism*, 1994。）

但是，我們不了解人類族群（種族）差異的意義，還有一個原因：那是一個極為困難的問題，出乎大家的意外。一八五九年，達爾文發表了闡釋「物種起源」的「天擇理論」（「自然選擇」理論），十二年後，又出版了一部近九百頁的巨著——《人類原始與性擇理論》（1871），以我們的性偏好（就是上一章所談的擇偶偏好）解釋人種起源，完全拒絕了「天擇」的角色。儘管達爾文言之鑿鑿，許多讀者並不信服。直到今天，達爾文的「性擇理論」在學界仍有爭議。現代生物學家一般都以「天擇」解釋各人種之間的體貌差異——尤其是膚色，它與陽光曝曬之間的關係，似乎顯而易見、無庸置疑。

不過，生物學家對「天擇」為什麼會在赤道地帶創造出黑膚人種，甚至沒有共識。我相信在人種形成的過程，「天擇」扮演的是次要的角色，而達爾文的性擇理論是正確的。因此，人種之間的體貌差異，大體而言，只是人類的生命循環經過改造之後的副產品。請聽我道來。

首先，讓我們擴大視野，千萬不要以為人類的人種現象是人類獨有的特徵。大多數動物與植物，只要棲境範圍夠大，都會發生地理變異，包括所有猿類（只有巴諾布猿是例外，因為牠們的棲境範圍很小）。有些鳥類族群變異非常分明，例如北美洲的白冠雀，或歐洲的黃鶺鴒，有經驗的賞鳥專家憑羽色就可以分辨每隻鳥的出生地點，八九不離十。

猿類的族群變異，也包括許多人類表現族群變異的特徵。舉例來說，大猩猩有三個地理族群（「猿種」？），西方低地大猩猩體型最小，毛色灰或褐；高山大猩猩毛最長；東方低地大猩猩的毛色是黑的，與高山大猩猩一樣。白手長臂猿各族群也一樣，體毛顏色有差異（黑、褐、紅、灰），還有體毛長度、牙齒大小、口顎突出的程度、眼框上脊發達的程度。所有這些體貌特徵，不只在大猩猩與長臂猿族群間有差異，人類各族群間，也在這些項目上表現出差異。

各個體貌不同的族群，屬於不同的「物種」（生物分類的基本單位）？還是同一物種的不同「亞種」（就是我們口語中的「種」）？我們怎樣斷定呢？我已經解釋過，同一物種的成員在正常情況下可以交配，並生產有繁殖能力的子女；不屬於同一個物種的動物，就不會那麼做了。（但是親緣關係很近的物種，雖然在正常情況下——野外——不會交配，可是在人工飼養環境中，卻可能交配，例如獅子與老虎。）根據這個標準，所有的「人種」（按：這不是個「科學名詞」）都是同一物種的成員，因為各地的人種一旦接觸，就會發生「混血」的事例，即使雙方外觀看來很不一樣，例如非洲的班圖人（「正宗」非洲黑人）與匹格米人（生活在非洲的「矮黑人」）。人類與其他的動物一樣，各族群總是分分合合，往往難以分別出「純種」（按：這也是「口語」，不是科學名詞）。因此分別「人種」，沒有「科學判準」，主觀意識是劃分「種族」（按：與「人種」同義，不是個「科學名詞」）的「動力」。以交配／繁殖做判準，主要生活在熱帶東南亞的長臂猿，可以分為六個物種——牠們在野外不會交配。許多學者推測尼安德塔人是一個與我們（「智人」）有別的物種，因為儘管克羅馬儂人與尼安德塔人有過接觸，卻沒有留下「混血」的證據。（按：最近古人類學家在西班牙與中歐，都發現了帶有克羅馬儂人與尼安德塔人特徵的化石，這個問題是目前古人類學的焦點，請參考〈古人類學中的先入之見〉，《科學月刊》一九九九年十二月號。）

人類的人種現象，至少已有幾千年的歷史；不過人類的地理族群，可能更早的時候就已經形成了。希臘史家希羅多德（Herodotus, 484-420 BC，當時中國正在戰國時代初期），在西元前四五〇年，描述過西非的匹格米族、依索匹亞的黑人（班圖人），與一個俄羅斯的藍眼、紅髮族群。埃及、祕魯的古代圖畫與木乃伊，以及歐洲泥煤坑中保存的古代屍體，都證實：幾千年前的族群，在頭髮形式、顏色以及面貌上就不同，與現代族群一樣。現代「人種」的起源，還可以追溯到更早的時代，至少一萬年前，因為各地出土的化石，顯示那時各地的族群，已經表現出今日當地族群的頭骨形態特徵了。至於人種究竟是什麼時候形成的？目前古人類學界仍在爭論。美國密西根大學古人類學家沃波夫

（Milford Wolpoff），與中國科學院院士吳新智，主張「人種分別演化說」。大意是：各地都有一系列化石，可以證明各個地理族群（口語中的「人種」），是獨立形成的。例如尼安德塔人演化成歐洲人，中國地區有一系列古人類化石，可以證明中國人（東亞蒙古人）是東亞的土著。可是另外有些學者，根據DNA分子的比對，主張人種的歷史比較短淺。

現在讓我們回到地理族群形成的機制問題。天擇與性擇，哪一個比較能夠解釋我們的人種現象。先討論天擇吧，天擇就是「有利於生存的體徵會在演化過程中脫穎而出」的過程。今天沒有科學家會否認物種之間的差異是由天擇打造的，例如獅子腳上有利爪，我們手上有靈活的手指。也沒有科學家會否認同一物種的不同族群（地理族群），有些差異是天擇打造的。以北極鼬鼠來說，生活在下雪區域的族群，體毛有季節變化——夏天褐色、冬天白色；生活在比較南邊的族群，整年維持褐色。那個族群差異有生存意義，因為在褐色背景中，白色皮毛有利於獵食者，而在雪地上，白色是保護色。

同樣的天擇邏輯，也可以解釋某些人類族群的地理差異。許多非洲黑人體內帶有造成鐮刀型紅血球的異常血紅素基因，因為他們生活在瘧疾流行的區域，而這種異常基因似乎可以保護主人抵抗瘧原蟲侵襲，今天瘧疾仍是非洲的主要傳染病。其他的人類區域特徵，可以用天擇解釋的，還有南美安地斯山上的印第安人的大胸膛（適應高山稀氧大氣）、愛斯基摩人的矮胖體型（減少散熱）、南蘇丹人的細長體型（適於散熱）、北亞族群裂縫形眼睛（保護眼球少受寒氣侵襲／避免雪地強烈反光的照射）。所有這些例子都很容易了解。那麼，天擇能不能解釋我們一想到人種差異，立刻就浮上心頭的那些體徵呢？例如膚色、眼珠顏色以及頭髮。如果答案是「能」，我們應該期望只要居住地的氣候一樣，不同地理區的不同族群，應該會演化出同樣的體徵（例如藍眼珠）。果真如此，科學家對那個特定體徵的功能，就不會言人人殊、沒有共識了。

表面看來，膚色是最容易了解的體徵了。人類的膚色，從各種色調的黑色、褐色、古銅色、黃色，一直到粉紅色（帶雀斑的或不帶雀斑的）都有。用天擇解釋膚色的這種變異，通常是這麼說的：非洲因為烈日當空，所以那兒的人皮膚都是黑色的。其他地區的人，例如印度南部與紐幾內亞，皮膚也是黑的，因為那裡也有同樣程度的日曬。要是你從赤道向南向北移動，遇見的族群皮膚越來越白，直到你到達北歐——那兒全是白人。顯而易見，曝露在強烈陽光下的族群，演化出深色的皮膚，以保護身體最重要的防禦器官（皮膚）。那就好像白人在日光浴（或照射太陽燈）之後，皮膚會變黑一樣，只不過「曬黑」是皮膚針對陽光的可逆反應，而不涉及膚色基因的變化。同樣顯而易見的，是深色皮膚在日照充足地區的功能：防止曬傷與皮膚癌。白人花太多時間在戶外活動，容易得皮膚癌，而且通常都是在曝露在陽光下的身體部位。你覺得這個解釋合理嗎？

不幸實況不是那麼單純。首先，皮膚曬傷與皮膚癌，不會使人動彈不得，死亡率並不高。作為天擇的媒介，它們對族群人口的衝擊，比起各種兒童傳染病，瞠乎其後。因此學者另外提出了許多理論，解釋膚色在赤道／北極之間的連續變化。

一個頗受注目的理論，將焦點放在陽光中的紫外線與維生素D之間的關係。原來皮膚的色素層之下，有維生素D的前驅物，受到紫外線照射後，就會轉化為維生素D。因此熱帶地區的族群演化出黑皮膚，為的是避免受到太多紫外線照射，否則腎臟容易衰竭——身體要是製造了太多維生素D，腎臟的負擔就會增加（別忘了腎臟是排泄器官）。北歐人演化出白皮膚，因為北歐的冬天漫長而昏暗。為了充分捕捉陽光中的紫外線，生產足夠的維生素D，免得患佝僂症，就得消除皮膚的黑色素。另外兩個流行的理論是：在熱帶地區，黑皮膚可以濾掉紅外線，保護內臟，免得過熱；或者，相反地，黑皮膚幫助熱帶族群在氣溫驟降後保暖。要是這四個理論還不能滿足你的求知慾，我還可以舉出四個來：深色皮膚在熱帶密林中是最好的保護色；淺色皮膚比較不容易凍傷；在熱帶地區，深色皮膚可以防止鈹中毒（按：鈹的原子序是四，與鎂、鈣等元素屬於同一家族）；在熱帶地區，淺色皮膚會造成葉酸（維生素B群中的一員）不足。

熱帶地區的族群，為什麼皮膚是深色的？既然至少有八個理論在流傳，我們就沒有理由說自己知道答案。光憑這一點，倒不足以否定（深色皮膚的）天擇說。說不準深色皮膚可能有多重功能，說不定有一天科學家能搞清楚。天擇說的最大罩門是：深色皮膚與日曬的關係並不完美。有些地區的土著，膚色很深，可是當地的日照，並不怎麼「嚴重」，例如塔斯馬尼亞島民；可是熱帶東南亞地區的土著，膚色卻不怎麼深。新世界的土著（印第安人），沒有膚色深的，甚至在南美洲赤道地區都沒有。要是也一併考慮大氣雲系，世界上有幾個地區日照量非常小，平均每天三個半小時而已，例如赤道西非、華南、斯堪地納維亞半島，可是這三個地方土著的膚色，分別是最深、最黃、最白的。所羅門群島各島嶼都在同一個氣候區中，可是膚色深與膚色淺的族群，住在隔壁村子裡。從證據上說，陽光並不是影響膚色的唯一天擇因素。人類學家對上述的論證，第一個反應是提出反證：時間因素。這個論證目的在「對付」熱帶地區有膚色淺的土著的事實。他們說：那些族群不是熱帶地區的原住民，而是最近才從緯度高的地區遷入熱帶的移民。他們還沒有足夠的時間演化出深色皮膚。舉例來說，現在美洲印第安人的祖先，移民到新大陸才不過一萬一千年，也難怪熱帶南美還沒出現膚色深的族群。但是，要是你用時間因素解釋熱帶地區的淺膚色族群（膚色的氣候理論的反例），那些似乎支持膚色的氣候理論的例子，也必須接受時間因素的檢驗。

北歐族群是支持氣候理論的一個例證。斯堪地納維亞半島，冷、暗，又霧朧朧，因此土著的膚色淺——似乎與氣候理論契合。然而，今日北歐人的祖先，很晚才到達斯堪地納維亞半島定居——比印第安人的祖先進入熱帶美洲還晚。直到九千年前，斯堪地納維亞半島仍然覆蓋著冰單，人類根本不能在那裡居住，管他皮膚深還是淺。現代北歐人，大約四、五千年前才抵達斯堪地納維亞半島——中東農業族群與南俄羅斯印歐語族擴張的結果。要嘛北歐人是在其他地區皮膚變白的（換言之，那與北歐氣候無關），要嘛他們在斯堪地納維亞半島演化出白皮膚——可是印第安人在熱帶美洲花了兩倍時間還演化不出黑膚色，就是個謎了。

世界上唯一我們可以肯定一直定居在一個定點的族群，就是塔斯馬尼亞島民了。這個島位於澳洲南岸，與澳洲隔巴斯海峽相望（約一百五十公里寬），緯度相當北半球的芝加哥、海參威，氣候屬於溫帶。在冰河時代，巴斯海峽裸露出來，從澳洲可以步行到塔斯馬尼亞島上。一萬年前上一個冰期結束，海水面上升，塔斯馬尼亞島與澳洲的陸路斷絕。由於現代塔斯馬尼亞島民不會建造橫渡巴斯海峽的船，因此相信他們的祖先，當年是從澳洲走過來的拓墾民。巴斯海峽注滿了海水之後，他們就和澳洲斷絕音訊，沒有人移入，也沒有人移出。直到十九世紀，他們才給英國殖民者滅族了。要是世界上有一個族群有足夠時間演化出與溫帶氣候契合的膚色，非塔斯馬尼亞島民莫屬。可是他們的皮膚是黑色的——「應該是」適應熱帶氣候的膚色。

好了，我們必須承認：膚色的天擇理論並不堅強；不過，更麻煩的是：髮色、眼珠色的天擇理論，連影子都沒有。別說它們與氣候沒有一貫的相關，連個勉強算得上合理的「說法」都沒有，不同的顏色（頭髮、眼珠）有什麼好處？你給我謅謅看。斯堪地納維亞半島，冷、濕又暗，金髮很常見，可是澳洲中部的沙漠，熱、乾又亮，土著中也有許多人是金髮。這兩個地方有什麼共同之處？金髮何德何能，有利於北歐人與澳洲土著在這兩個地方生存？藍眼珠在斯堪地納維亞半島上常見，據說能令人在昏暗朦朧的光線中看得較遠。但是那個猜測並沒有證實，我在紐幾內亞的朋友，生活在光線更昏暗、更朦朧的環境中，他們的黑眼珠一樣管用。

堅持以天擇理論解釋各種人種特徵，最後可能產生荒謬的解釋，最顯得荒謬的，會是針對外生殖器與第二性徵的變異所作的解釋。半球狀的乳房與圓錐狀的有什麼不同的適應功能？半球狀的乳房適應熱帶夏季暴雨，圓錐狀的乳房適應冬季的寒霧，還是怎地？南非布須人婦女的小陰唇非常突出，功能是保護她們不受獅子追獵，還是讓她們在卡拉哈里沙漠中減少水分流失？男人的胸毛是在北極禦寒用的，你相信嗎？（不穿衣服？）果真如此，女人為什麼沒有胸毛？她們不怕冷嗎？

前面討論過的事實，使達爾文對天擇概念不抱希望，解釋人類人種變異，必須另起爐灶。他最後以簡明的一句話，直指問題核心：人種間的體貌差異，沒有直接或特別的生存功能。達爾文用來解釋人種差異的理論，是「性擇」，與「天擇」相對，他並寫了一本書，專門討論「性擇」。

這個理論的基本觀念很容易理解。達爾文注意到：許多動物都有一些形態特徵，沒有明顯的生存價值，卻有利於贏得配偶，或者吸引異性，或者威嚇同性（競爭者）。大家熟悉的例子，有雄孔雀的尾巴、雄獅的鬃毛，與雌狒狒發情時紅豔的外陰部。一頭雄性能夠成功地吸引異性，或逐退同性競爭者，就能製造更多子女；牠的基因與體貌特徵，就更有機會流傳後代——這是性擇的結果，而不是天擇的。這個論證也適用於雌性。（按：一、本書作者對於天擇與性擇的區別，根據的是達爾文的看法。現代學者已經不認為性擇與天擇是對立的概念，請參考 *The Ant & the Peacock*, by Helena Cronin, 1991。這本書有中譯本，但是有興趣的讀者請務必讀英文本。二、雌性與雄性的生殖利益可能不同，因此「這個論證也適用於雌性」的說法並不一定正確，請讀者留意。有興趣的讀者請參考 *The Ant & the Peacock*，第一、二部。）

「性擇」的運作，有賴於一個性別的成員演化出某個特徵，而異性對那個特徵產生偏好。雌狒狒的「紅屁股」若令雄性厭惡，甚至提不起勁，也就沒戲唱了，不久「紅屁股」的雌狒狒就會消失了。只要雌性有，而雄性喜歡，性擇可以導致任何「沒道理的」體貌特徵——只要它不太妨礙生存。事實上，許多性擇創造的特徵，的確很無厘頭。一位外太空來的訪客，要是從來沒見過人類，沒有理由預測：男人應該有鬍鬚，而不是女人；鬍鬚應該在臉上，而不是在肚臍上面；女人不該有青紅屁股。

性擇確有其事。瑞典生物學家安德森，以非洲長尾黑鶯做過一個精彩的實驗，證實了性擇。非洲長尾黑鶯，雄性在繁殖季節尾巴可以長達五十公分，而雌性只有七．五公分。這種鳥容許多偶，有些雄鳥可以找到六個配偶，而其他的雄鳥可能一個都找不到。生物學家早先猜測：雄鳥的長尾是吸引雌鳥的訊號，除此之外，長尾似乎並無其他功能。因此安德森將九隻雄鳥的尾巴剪短，只剩下近四分之一（十四公分），再將剪下的羽毛，黏接到其他九隻雄鳥的尾巴上，為牠們創造了長達七十五公分的超級長尾。然後安德森在一旁等待，看雌鳥在哪些雄鳥的地盤上築巢。結果：超級長尾雄鳥吸引到的雌鳥，平均是短尾雄鳥的四倍。

我們對安德森的實驗結果，第一個反應也許是：一堆傻鳥！你能想像嗎？擇偶只憑尾巴長度！可別太自得，請回想一下上一章談過的，我們的擇偶標準。我們的擇偶標準是比較好的基因品質指標嗎？不是有些男人與女人也對身體某些部位的形狀與尺寸，特別刻意的重視嗎？那些部位的形狀與尺寸，沒什麼大不了，不過就是供性擇作用的無厘頭訊號罷了。美貌在物競天擇中毫無用處，可是我們為什麼對漂亮面孔那麼感性趣？

在動物界，地理族群的某些特徵，是性擇創造的。舉例來說，獅子的鬃毛長度與顏色有族群差異。同樣地，雪雁有兩種顏色，藍色的在北極西部常見，白色的在北極東部常見。每一種顏色的鳥，都找同色的異性為配偶。那麼，人類的乳房形狀與膚色，會不會同樣是性偏好的結果，而不同地區的族群，性偏好不同，其間沒什麼道理？

達爾文經過將近九百頁的討論之後，最後相信：答案是（響亮的）「當然」。他特別提到：我們選擇配偶或床伴，對乳房、頭髮、眼睛與膚色的注意，實在過分。他還注意到：世界上不同的族群，以他們熟悉的事物界定乳房、頭髮、眼睛與膚色的美學。於是，斐濟群島島民、南非侯坦圖人與瑞典人，從小就學習那些無厘頭美感標準，這個過程使整個族群都向那些標準靠攏，因為「搞怪不從」的人，不容易找到另一半。在達爾文過世之前，我們選擇配偶的方式，還沒有人好好研究過，以驗證性擇理論。最近幾十年這樣的研究日益增加，前一章我將研究結果做過摘要。我報告過人們擇偶有同氣相求的傾向，也就是尋覓與自己相似的人作終身伴侶，這裡談的是每一個想得出來的特質，包括頭髮、眼睛與膚色。我們為什麼哪麼「自戀」呢？依我推測，我們發展美感的方式，是在童年時將身邊的人「銘印」在腦海裡，特別是父母與兄弟姐妹，也就是我們接觸最頻繁的人。可是父母與兄弟姐妹也是與我們體貌最相像的人，因為大家的基因組中，至少有百分之五十是共有的。於是，一個膚色淡、藍眼金髮的人，在一群膚色淡、藍眼金髮的人中間成長，就會認為膚色淡、藍眼金髮的人最美，就容易與這樣的人墜入情網。

為了嚴格驗證我這個擇偶的銘印理論，你也許會希望將一群瑞典新生兒送到紐幾內亞寄養家庭去，或者將他們的瑞典父母親漆成黑色。二十年後，等他們長大了，再研究他們找什麼人作性伴侶，瑞典人（膚色白）還是紐幾內亞人（膚色黑）？再一次，我們面臨不可逾越的困難，即使找尋關於人性的「真」，也無法違抗人性中「善」的指令。但是我們可以用動物做同樣嚴格的實驗。

就拿雪雁來說吧。這種鳥有兩種顏色，有的藍，有的白。白雪雁與白雪雁交配，藍雪雁與藍雪雁交配，這種性偏好是後天學來的，還是先天遺傳的？加拿大的科學家先以保溫箱將雪雁孵化，再將幼雛放入「寄養家庭」的巢裡。結果那些幼雛長大後，選擇毛色與養父母相同的異性交配。要是將剛孵化的幼雛放進一個「大家庭」，兩種顏色的雪雁各占一半，牠長大後，選擇性伴侶就沒有顏色偏好。最後，要是將父母染成粉紅色，幼雛長大後就會偏愛染成粉紅色的異性。看來雪雁對顏色的偏見是學來的，而不是遺傳的，從父母與手足「銘印」，是學習的機制。

那麼，世界各地的地理族群，怎樣演化出彼此的差異的呢？我們看不見身體內部的構造，身體內部的構造是由天擇打造的，所以生活在熱帶瘧疾肆虐地區的人，體內有抗瘧基因——製造「鐮刀型紅血球」血紅素，瑞典人體內就沒有。我們身體表面的許多特徵，也是天擇打造的。但是，我們與其他動物一樣，性擇塑造了身體表面令人覺得性感的特徵，我們憑那些特徵擇偶。

對人類而言，那些特徵不外乎皮膚、眼睛、頭髮、乳房與外陰。在世界各地的族群中，那些特徵受我們自小銘印的口味不斷地驅策，不斷地演化。演化的終點由口味決定。而口味是無厘頭、沒什麼道理的。一個族群的眼珠色或髮色，可能部分原因是意外，也就是生物學家所謂的「始祖效應」。要是當初族群始祖只有幾個人，那麼那幾個人的基因在許多世代之後，還會是整個族群的「主流」。天堂鳥有的羽色是黃的，有的是黑的。人類也一樣，有的族群黃頭髮，有的黑頭髮；有的藍眼珠，有的綠眼珠；有的乳頭是橘色的，有的褐色。

我無意主張膚色與氣候不相關。我承認：赤道地區的族群，平均而言膚色比較深，溫帶族群比較淺，雖然有許多例外。那可能與天擇有關，可是我們不清楚確實的機制。我主張的是：性擇是個強大的力量，足以磨滅天擇的痕跡，使膚色與陽光曝曬的關聯，顯得不完全。

要是你仍然懷疑體徵與美感偏見能夠一道演化，最後到達差異很大、沒啥道理的終點，請想想流行風尚的變化吧。一九五〇年代初期，我還是個小學生，女性認為英俊的男人，是理小平頭、鬍子刮得乾淨的那一型。從那時起，已經出現過一串男人的時髦造型，從留鬍子、長髮、戴耳環、紫色染髮，直到魔鷹頭（頭頂留一道頭髮，兩旁理掉）。在一九五〇年代，要是有哪個男人敢那樣打扮，管教女性退避三舍，一炮也打不著。難道小平頭在史達林（1879-1953）晚年，特別適應大氣狀況，還是紫色魔鷹頭在一九八六年車諾比核電廠事故之後，有比較高的生存價值？都不是。男人的外觀與女人的口味一起變化，它們變化起來，比膚色的演化變化，快速得多，因為不需要基因突變。要嘛女人喜歡理小平頭的男人，是因為好男人都理小平頭；要嘛男人理小平頭，是因為淑女喜歡理小平頭的男人；或者兩者都是。至於女性的裝扮與男性的口味，也可作如是觀。

對一位動物學家而言，性擇創造出的人類地理變異，非常驚人。我已經論證過，人類大部分變異，是人類生命循環一個特色的副產品，這個特色就是：我們對配偶或性伴侶十分挑剔。沒有一個其他的野生動物，不同族群的眼珠色有綠、藍、灰、褐或黑色的，而且膚色的地理變異，從蒼白到漆黑，頭髮或紅或黃或褐或黑或灰或白。性擇以顏色裝扮我們的能力，也許沒有止境，唯一的限制，只有演化時間。要是人類能再生存兩萬年，我預言世上會出現（天生）綠髮紅眼的女人——而且男人會認為那樣的女人最性感。

chapter

7 死亡與老化的奧祕

死亡與衰老是個謎，小孩子追問，年輕人否認，成年人不甘不願地接受。上大學的日子裡，我難得想到衰老。既然我已經六十出頭了，當然就對衰老這個題目感興趣了。美國白人的壽命期望值，在一九九二年男性是七十八歲，女性八十三歲。但是我們沒有幾個人能活到一百歲。為什麼活到八十歲不難，活到一百歲就難了，一百二十歲更難如登天？有第一流醫學照料的人，籠子裡不愁吃喝又不必擔心敵害的動物，都免不了老死，為什麼？那是我們的生命循環最顯著的特徵，但是卻沒有顯而易見的理由。

對的，我們會老，我們會死，和其他的動物沒什麼兩樣。但是在細節上，我們與其他的動物不同，我們在演化過程中，發生了許多變化。猿類的壽命期望值，從來沒有到達美國白人的水準，只有少數幾頭活到過五十歲——那是例外，而非常態。用不著多說，我們比猿類老化得慢，別忘了牠們是我們最親近的親戚。我們老化得非常緩慢，這個特徵可能最近才演化到目前的水準，大約在「大躍進」前夕，因為不少克羅馬儂人可以活到六十歲，但是尼安德塔人幾乎沒有活過四十歲的。

人類的生命循環，老化緩慢是個結構因素，與婚姻、隱性排卵，以及我們在前面各章討論過的其他生命循環特徵一樣。因為我們的生活風格，依賴人際間流通的資訊。隨著語言逐步演化，流通資訊的量，越來越空前。發明文字之前，老年人是資訊與經驗的資料庫，在今日的部落社會中，他們仍在扮演那種角色。在採集—狩獵時代，宗族中即使只有一個年過七十的人，他的知識也能決定整個宗族的命運。因此，長壽是我們越過獸界，進入人境的本錢。

不用說，我們能夠活到越老越熟，憑的無非是先進的文化與技術。面對獅子的威脅，手上握著根長矛，總比抓著塊石頭心裡踏實，要是一管高性能步槍在手，就更沒啥可擔心的了。不過，先進的文化與技術，也得有配套才管用——為了長壽我們的身體已經重新設計過了。動物園飼養的猿，享受了人類技術與獸醫學的成果，仍然不能活到八十歲。在本章中我會說明，我們的生物學已經改造過了，我們的人文創造所容許的長壽，才能實現。特別是，克羅馬儂人平均壽命比尼安德塔人長，我猜克羅馬儂人製造的工具並不是唯一的原因。大躍進前夕，我們的生物學必然發生了變化，使我們的老化速率變慢了。可能就是在那個時候，停經演化出來了——停經是老化的指標，可是它的功能卻是讓女人活得更長，弔詭吧？

科學家探討衰老問題的切入點，視他們感興趣的是近因還是遠因而定。兩者有什麼區別呢？舉個例子好了。為什麼北美洲的臭鼬鼠氣味令人噁心？一位化學家或分子生物學家會回答：「那是因為臭鼬鼠分泌的化學物，具有某種特別的分子結構。那些結構導致令人噁心的氣味。而化學物的分子結

構，是由量子力學決定的。總之，那些化學品氣味不好聞，因為它們有特別的分子結構；至於不好的氣味有什麼生物功能，另當別論。」

但是演化生物學家會這樣思考：「臭味是臭鼬鼠的防禦武器，不然的話，就容易被其他動物獵食。臭鼬鼠分泌的化學物臭氣薰天，是演化出來的特徵——分泌的化學品越臭，存活機率越大，越可能生養眾多。那就是天擇。那些化學物的分子結構細節，不過是巧合；任何其他的化學物，只要氣味不好，都能發揮同樣的功能。」

化學家提出的是近因，也就是直接導致觀察到的現象的機制。演化生物學家提出的是遠因或終極因：促成那個機制演化的功能或一連串事件。這兩位專家彼此不服氣，會駁斥對方的解釋並不中肯。

同樣地，老化研究有兩群科學家在進行，他們互不隸屬，各作各的，鮮少交流。一群只對近因感興趣，另一群探究終極因。演化生物學家想了解天擇怎麼會容許衰老？他們認為他們已經找到了答案。生理學家深入老化的細胞機制，承認他們還沒有找到答案。但是我主張，我們得雙管齊下，才能了解老化現象。特別是，我預期演化（終極）解釋會幫我們找到生理解釋（近因），而科學家直到現在還沒有頭緒。

———

在展開論證之前，我必須先回答研究生理學的朋友必然會提出的反對意見。他們往往相信：我們的生理系統有些「古怪」，不可避免地必然會老化，而管他演化不演化，毫不相干。舉例來說，有一個生理學理論說：我們老化，是因為我們的免疫系統越來越難以分別自己的細胞與外來的「異物」。

支持這個理論的生理學家，等於「暗中」假定：天擇無法創造一個完美的免疫系統——沒有那種致命的缺陷。這個假定有根據嗎？

為了評估這個反對立場，我們得研究一下生物修理機制，因為衰老也許可以不過是無法修理的損害或退化。一提到修理，讀者也許就會想到最令人沮喪的「修理」經驗——汽車修理。我們的車子會老化，最後死亡。但是我們可以花錢，延緩它們不可避免的結局。同樣地，我們也在不斷地修理自己的身體，從分子層面、組織到器官，無時稍歇，只是我們沒有意識到罷了。我們的自我修理機制有兩種，與我們的修車策略一樣：損害控制與定期更新。

以修車而論，損害控制的例子，就是修理保險桿。除非保險桿受到損傷，我們不會修理保險桿；我們不會定期更換保險桿，像更換機油一樣。身體進行損害控制最明顯的例子，就是傷口癒合—修補皮膚的傷口。許多動物都有非凡的損害控制本領：蜥蜴的尾巴切斷了，可以再生；還有海星的臂足、螃蟹的腳、海參的腸子、紐蟲（一種海洋蠕蟲）的毒針棘，都可以再生。在肉眼看不見的分子層次，我們的遺傳物質（DNA）完全以損害控制機制修理：細胞內有專門的酵素，負責找出DNA分子的受損部位修理，根本不理會完好的部位。

另一種修理機制——定期更新——每一個有車階級都不陌生：我們定期更換機油、空氣濾芯、滾珠軸承。在生物世界，牙齒有固定的更換時間：人類共有兩副牙，乳牙與永久齒；大象有六副牙；而鯊魚一生不斷地換牙。雖然人類一生就一副骨架，龍蝦和其他節肢動物定期更換外骨骼——牠們蛻去舊骨，再長新的。另一個明顯的定期更新的例子，就是我們的頭髮了：不論我們把頭髮剪得多麼短，它總是春風吹又生。

定期更新也在細胞與分子層次上進行。我們不斷更新許多身體細胞：腸內壁細胞每幾天更換一次，膀胱內壁細胞每兩個月更新一次，紅血球每四個月更新一次。在分子層次，我們的蛋白質分子也會不斷更新，每一種都有獨特的速率；這樣才能避免受損的分子在體內堆積。拿你愛人的面容與他（她）一個月以前的照片比較，可能看不出什麼變化，但是他（她）體內許多分子都已經更新了。自然將我們拆散了又組合起來，每一天我們都是個「新」人。

所以，動物身體大部分元件一旦受損都可以修理，或是定期更新，但是究竟可以更新到什麼程度，視組織、器官而定，而且物種間也有很大差異。我們人類的身體，自我修理的能力很有限，這是事實。可是，那並不是什麼不可避免的生理限制。既然海星的臂足斬斷之後能夠再生，我們為什麼不行？大象可以有六副牙齒，我們為什麼只有兩副？要是有了那四副，我們年紀大了之後就不必補牙、作牙套、裝假牙托了。老年人常受關節炎的折磨，要是我們像螃蟹一樣，可以定期更換關節，那有多好？要是我們能定期更換心臟，還擔心什麼心臟病呢？紐蟲不是能更換毒骨棘嗎？我們也許會假定：天擇偏愛的人，是八十歲不但不發心臟病，而且還能繼續生養孩子，至少活到兩百歲的人。我們的身體，要是什麼都能修理、什麼都能更換有多好？那樣的身體，為什麼演化不出來呢？

答案當然與修理的代價有關。在這兒，汽車修理仍然是個有用的比喻。如果賓士車廠的廣告可信的話，賓士車造得非常堅固，即使你不保養——連換機油、打黃油都免了——也能開上好些年。當然，「好些年」之後，車子還是會因為累積了太多不可逆的損傷，隆重駕崩。因此開賓士車的朋友，通常都會定期保養愛車。他們告訴我，賓士車保養起來貴得很：每次進場三、五千跑不掉。不過他們都認為值得：賓士車好好保養的話，壽命長得很，而且定期保養舊車，比隔幾年就換輛新車划得來。

美國與德國的賓士車車主，大多那樣盤算。但是要是你住在紐幾內亞首府莫爾斯比港呢？莫爾斯比港是世界車禍冠軍城，任何車到了那裡，不論怎麼保養，都可能在一年之內報銷。紐幾內亞許多開車族，根本不肯費事保養車子：他們寧肯省下錢，買下一輛車。

藉著這個比喻，我們也可以討論：一個動物應該「投資」多少在生物修理方面？要考慮的是修理的代價，以及維修對壽命期望值的影響。但是「應不應該」的問題，屬於演化生物學的領域，而不是生理學。天擇往往使生物生養最多的子女——只要它們也能順利生養自己的子女。因此，我們可以把演化當作一種策略遊戲，參與遊戲的生物個體，必須籌劃有效的策略、生養子女，子女最多的贏。因此，博戲論運用的推論方式，能幫助我們了解我們的生殖策略是怎樣演化出來的。

壽命，以及生物修理的投資問題，是更大的一組演化問題中的一個：任何一個有利的生物特徵，都有演化的極限，那個極限怎麼設定的？博戲論能幫我們想清楚其中的關鍵。除了壽命，還有許多生物特質，都令人不免懷疑：為什麼天擇不讓它們更長、更大、更快、或更多？舉例來說，體格魁梧、或聰明、或跑得快的人，當然比體格瘦小、或愚笨、或跑得慢的人占便宜——別忘了，人類演化史大部分時間，我們的祖先都需要抵禦獅子、土狼。為什麼我們沒有演化成體格更魁梧、更聰明、跑得更快的物種？

這些演化的設計問題，乍看之下似乎十分簡單，麻煩的是：天擇的對象是生物個體——整個身體，而不是一個個體的各個零件。必須存活、生養子女的，是你這個人，而不是你的大腦或飛毛腿。一個動物，若改善牠身體的某個零件，也許在某一方面這個動物可以享受明顯的好處，但是在其他方面，卻可能對牠有害。舉例來說，那個零件改善了之後，可能會與身體的其他零件不再「速配」，或它會消耗更多的能量，使其他零件得不到充分的能量。

對演化生物學家，用來表達這一「麻煩」的關鍵辭是：「最佳化」。針對生物個體的基本設計，天擇對每一個特質都會仔細推敲，使個體的壽命與生殖率達到最高水準。至於各個特質，不會朝向最佳狀態演化——它們會向最佳的中庸狀態匯聚，既不大，也不小。生物個體因此更為成功，要是某個特質更大或更小，就不會那麼成功。

要是上面以動物作例子的討論顯得抽象了點，那我們談談日常生活中常見的機器好了。人設計機器（工程設計），與天擇打造動物的身體（演化設計），基本上遵循同樣的原理。舉例來說，在我擁有的機器中，最令我驕傲、喜悅的，就是那輛一九六二年出廠的福斯金龜車，那是我唯一擁有的車（玩家大概不需要提醒：一九六二年，福斯車廠首度加大了金龜車的後車窗）。在平坦、順暢的高速公路上，我的金龜車若有車尾風的協助，時速可達一百零四點六公里。開德國寶馬車的朋友，也許會認為我的愛車實在太遜了。為什麼我不把它四汽缸四十四匹馬力的引擎拆掉，換上寶馬七五〇的十二汽缸兩百九十六匹馬力的引擎呢？我的鄰居開寶馬七五〇，在聖地牙哥高速路上，狂飆時速達兩百九十公里。

即使我承認：玩車我早已落伍了，我也知道那行不通。首先，那巨大的寶馬引擎根本裝不進我的金龜車。其次，寶馬車的引擎是前置的，而金龜車的引擎後置，所以我即使把金龜車的引擎室擴大了，還得更動變速箱、傳動軸等組件。我也必須改變避震器、煞車，因為它們原來是為了時速一百零五公里設計的，而不是兩百九十公里。等到改裝完畢，金龜車上原來的零組件所剩無幾。而且這樣的改裝，必然要花上大筆銀子。我想，我原先小巧的四十匹馬力引擎是「最佳的」，意思是：要是我想增加車速，就不能不犧牲這車的其他性能——並犧牲我的生活方式中其他費錢的特徵。

雖然市場機制最終會消滅「工程怪胎」，像是寶馬引擎配金龜車，我們還能想到許多怪胎，花了好一陣子才絕跡。熟悉海軍戰史的朋友，一定會同意英國的戰鬥巡航艦是個好例子。第一次世界大戰前後，英國海軍建造了十三艘戰鬥巡航艦，那些軍艦的特徵是：戰鬥艦的噸位與火力，加上巡航艦的速度。由於戰鬥巡航艦既有火力又有速度，立刻抓住了大眾的想像，成為宣傳重點。不過，要是一艘軍艦的最大排水量是兩萬八千噸，為了加強火力及速度，火炮與引擎的重量勢必得增加，其他零組件的重量就受到了極大的限制。於是戰鬥巡航艦犧牲了裝甲強度，其他方面也得犧牲，例如小型火炮、內部隔間，和對抗空襲的裝備。

這種未達最佳水準的設計，產生了無可避免的後果。一九一六年，英國皇家海軍「無倦號」、「瑪麗女王號」與「無敵號」在北海與德艦遭遇，幾乎一給德砲擊中就爆炸沉沒。一九四一年（第二次世界大戰）英國皇家海軍「胡德號」與德艦「俾斯麥號」遭遇，八分鐘就給擊沉。日本偷襲珍珠港之後，幾天內英國皇家海軍「反擊號」就給日本轟炸機擊沉——它似乎是海戰史上第一艘給空軍擊沉的大型戰艦。這一連串「戰績」顯示：戰艦中有些零組件特別巨大，不足以使整艘戰艦處於最佳狀態，英國海軍這才放棄了戰鬥巡航艦。

簡言之，在一具機器中，工程師不會只修補單一零件而不顧及整體，因為每一個零件都需花錢、占空間、攤重量——那些都可能挪用到其他零件上。工程師得考慮：零件怎樣組合才能使機器的效能達到最佳狀態。同樣的邏輯，演化不會只修補單一生物特徵而不顧及動物整個身體，因為每一個結構、酵素或DNA的片段都耗能量、占空間，那些都可以挪做他用。任何特質組合，只要能導致最大生殖成就，就會受天擇青睞。工程師與演化生物學家，都必須評估體系內增加任何東西之後的得與失：也就是必須付出的代價與可能的收益。

運用這套邏輯解釋我們生命循環的特徵，最明顯的困難是：有許多特徵似乎在降低——而不是增加——我們生養子女的能力。老化與死亡就是一個例子；其他的例子還有：女性停經、一胎只生一個孩子、最多一年生一個孩子、十二到十六歲以後才能生孩子。要是女人五歲就進入青春期、懷孕三個星期就瓜熟蒂落、以五胞胎為常態、不會停經、投入大量資源修理身體、活到兩百歲、一生至少生養上百個孩子，天擇會不喜歡嗎？

但是那樣問問題，等於假定演化可以一個零件一個零件地改變我們的身體，並且忽略了隱藏的代價。舉例來說，女性懷孕期果真縮短成三個星期的話，母親的身體與胎兒都得有配套的改變。記住：我們只能獲得有限的能量供應。即使是運動量大、飲食豐富的人，例如伐木工人、馬拉松選手等，一天消耗的能量，也不可能比六千卡多到哪裡去。如果我們的目標是生養最大數量的孩子，我們應該如何調配那些卡路里呢？多少該用來修理身體？多少用來生孩子？

要是我們將所有能量都用來生孩子，一點也不留，不顧修理身體，那我們的身體會很快衰老、崩潰，等不及第一個孩子出生了。另一方面，要是我們花費所有能量維修身體，我們也許可以活得較長，但是卻沒有能量製造、生養孩子——那是一個十分消耗能量的過程。天擇必須做的是：調配維修身體與生殖的相對花費，求得最大生殖率（終身生殖成就除以壽命）。對那個問題的答案，各個物種不同，許多因素都必須考慮，例如意外死亡的風險、生殖生理的特徵、修理的代價（修理有許多形式，代價各不相同）。

動物的修理機制與衰老速率有何差別，有何理由？我們可以利用這個（能量分配）觀點，建構可以測驗的預測。一九五七年，演化生物學家威廉斯引用了一些驚人的老化事實，指出只有從演化的觀點來看，它們才顯出道理來。讓我們先看看威廉斯舉出的一些例子，再以生物修理的生理學語言重述過。要是衰老的速率低，就表示修理機制有效。

第一個例子討論動物第一次生殖的年紀。那個年紀各個物種有很大的差異：人類幾乎沒有在十二歲前生孩子的；小鼠兩個月大就能懷孕生產。動物要是很晚才生殖，就必須花費許多能量修理身體，那樣才能活到生殖年齡。所以我們預期：第一次生殖的年齡越晚，花費在修理身體上的能量越大。

舉例來說，我們人類老化得非常緩慢，也就是說，我們的生物修理機制非常有效，與我們很晚才開始生殖相關。小鼠比我們早生殖，衰老得也早，牠們的修理機制大約不太有效。即使食物供應充足，並有最好的醫療照護，小鼠也很難活到兩歲。可是人類要是活不到七十二歲，就要怪運氣不好了。演化的理由：人要花費在修理身體的能量，要是比小鼠還少，就會夭折，活不到青春期。因此，與修理小鼠比較起來，修理人值得花費能量。

我們推測人類花費了較多能量維修身體，那些花費的細目可能是怎麼樣的？首先，人類的修理能力，似乎不怎麼樣。我們截肢後，不會從斷肢處長出新肢，我們也不會定期更換骨架，而一些短命的無脊椎動物就可以。然而，整個結構的更新，雖然壯觀卻不常見，可能也不是動物修理帳單上花費最大的項目。最大的支出，發生在肉眼看不見的細胞與分子層次——我們的身體，每天都得更新許多細胞與分子。即使一個人每天只是躺著不動，男性一天也要消耗一千六百四十卡路里（女性一千四百三十卡路里）維持基本的新陳代謝——大部分能量花在肉眼看不見的定期更新上。因此我猜想，我們的日常能量開銷，其中有很大的比例，花在例行性的更新身體元件上，這類開支比小鼠大很多。至於其他的目的，例如保暖或照顧幼兒，所占的比例不高。

我要討論的第二個例子，涉及「無法修復的傷害」的風險。有些生物損傷可以修復，但是有些傷害絕對無法恢復原狀，例如給獅子吃了。要是你明天可能會給獅子吃了，今天付錢給牙醫做齒列矯治，就毫無意義。你最好別理牙齒，立刻去「做人」。但是，要是一個動物因為無法恢復原狀的意外而死亡的機率很低，那麼就值得在昂貴的修理機制上投資，以延緩老化。德國與美國的福斯汽車車主，願意花費巨資保養，正是同樣的邏輯，紐幾內亞的車主就不會那麼做。

生物界的例子，則有：遭到（天敵）獵殺的風險，鳥類比哺乳類低（因為天空任鳥飛），烏龜比大多數其他的爬行類低（因為有龜殼保護）。於是，鳥類與烏龜投資昂貴的修理機制，可以預期較高的回收。那些容易遭獵殺的哺乳類與爬行類，就省省吧。真的呢，比較各種人類寵物的壽命，牠們都過著飲食充足、安全無虞的生活，鳥類比身材相近的哺乳類活得長（老化比較緩慢），烏龜比身材相近的無殼爬行類活得長。鳥類中，海燕與信天翁都在孤絕的大洋島嶼上築巢，即使有天敵也難接近。牠們的生命循環節奏悠閒，可與我們的媲美。有些信天翁甚至長到十歲才開始生殖，我們仍不知牠們可以活多長：幾十年前生物學家為牠們裝了金屬腳環，以便追蹤；可是那些腳環腐朽了，鳥兒仍健在。一頭信天翁花十年發育，這十年內一個小鼠族群可以繁殖六十代，但牠們絕大多數不是葬送在獵食動物的五臟廟裡，就是老死了。

我們的第三個例子，是同一物種兩性的壽命差異。我們預期：兩性中橫死機率較低的那一性，投資修理機制的收益較大（壽命因而延長）。在許多或大多數動物種中，雄性的橫死率比雌性高，部分原因是雄性從事高風險的競爭，例如打鬥或危險的雄風表演。今天的人類男性也一樣，也許在整部人類演化史上男性都一樣：無論部族間的戰爭還是部族內的競爭，男人都必須與其他的男人對抗，是最容易死於非命的性別。而且，許多物種的雄性身材比雌性大，可是研究紅鹿與美洲黑鸝，卻發現雄性因為身材較大，一旦缺糧就不容易熬過。

與男性較高的橫死率相關的是：男性老化得較快，一般死亡率（非橫死）也比女性高。目前，女性的壽命期望值大約比男性多六年；這個差異，部分原因是男性吸菸的人比女性多，但是即使在不吸菸的人口中，也可以發現壽命期望值有性別差異。這些差異意味著：演化為兩性寫下了程式，讓女性花比較多的能量修補身體，男性花比較多能量鬥爭。換個方式說，就是：修理男性划不來，不如修理女性。但是我無意貶抑男性間的鬥爭；男性鬥爭其實有演化意義：贏得老婆以及為子女與族群奪取資源，至於其他的男人、他們的子女與族群，就是他家的事了。

某些關於老化的驚人事實，從演化的觀點才能理解，前面已經談過幾個例子。現在我要舉最後一個例子，那完全是人類獨有的特色，就是：人類過了生殖期之後，仍然能活很長一段時間，尤其是女性，為什麼在中年就停經了？由於演化的動力是傳遞基因，其他動物種很少在過了生殖期之後還能存活的。所以大自然的生命程式，在動物生殖機能停頓的那一刻，安排了死亡，因為動物既然停止生殖了，繼續維修身體就沒有演化意義，而顯得多餘。人類女性在停經後仍然能活幾十年，人類男性可以活到不再對生兒育女感「性趣」的年紀，似乎是動物界的例外，得費一番唇舌，才能令讀者明白，人類現象也是天擇規劃的。

但是，稍作思量，就會發現：人類現象其實不難解釋。人類發育、成長，很不容易，得花上近二十年，在動物界絕無僅有。在人類社群中，老年人扮演非常重要的角色，即使他們的子女已經成年，他們對整個社群（不只是自己的子女）的生存，仍能發揮攸關生死的功能。特別是在沒有文字的時代與社群中，老年人扮演的是知識庫的角色，保存、傳遞極為重要的經驗與智慧。在大自然的規劃之下，我們獲得了一種特別的本領：女性即使在生殖機能停擺之後，仍然繼續維修身體。

另一方面，我們還是想知道：當初為什麼天擇會在女性生命循環中安排下「停經」這檔子事？我們不能將停經視為生理上不可避免的現象，就像我們早先以為老化是生理上無可逃避之事一樣。大多數哺乳類，包括人類男性與非洲大猿的兩性，生殖機能都是逐步退化的，最後身體老化、生殖機能全面停擺。可是人類女性的停經，卻是生殖機能突然地關閉。為什麼那種奇特的、似乎違反生殖利益的人類生理特徵竟然會演化出來？為什麼天擇不讓女性一直生個不停，直到鞠躬盡瘁、死而後已？

人類女性停經的演化淵源，也許是其他兩個人類特徵：人類女性生產，必須承受的風險、母親死亡對嬰幼兒的生存造成的危險。我們前面談過：人類的初生嬰兒，相對於母親的體位，實在太大了：一個四十五公斤的母親，要生下三．一七公斤的嬰兒。別忘了體重九十公斤的大猩猩母親，生下的嬰兒才不過一．八公斤。因此，人類女性生產，可凶險得很。特別是在現代婦產科興起之前，生產可能會致命，大猩猩與黑猩猩母親，從來沒遭遇過那種厄運。學者研究過恆河猴，四百零一個母親生產，只有一個死亡。

現在我們要討論人類嬰兒對父母親的極度依賴，尤其是母親。由於人類嬰兒發育得非常緩慢，斷奶後也無法自行覓食（黑猩猩就可以），在狩獵—採集時代或社會中，母親一旦撒手人寰，她的孩子就會面臨生存問題，性命都可能不保，除非他們已經長到了青春期。其他的靈長類，父母死亡造成的生存風險，對還沒斷奶的嬰兒比較大。狩獵—採集時代（或社會）的母親，生了幾個孩子後，若繼續生孩子，每一次都等於賭博，而賭注是她先前生下的孩子。由於她對先前生下的孩子之投資與日俱增，她死於生產的機率也隨著年齡而增長，她進場賭博的贏面，隨著年齡增加，越來越不看好。要是妳已經有三個孩子，他們活得好好的，可是依賴妳撫養，幹嘛冒風險生第四個呢？

收益遞減／風險升高的現實，也許是導致女性停經——關閉女性的生殖機能——的脈絡。天擇在這樣的脈絡中運作，終於創造了特異的人類性象特徵——停經，目的在保護母親先前在孩子身上的投資。但是男性不生產，不直接承受性伴侶的生產風險，因此男性沒有演化出停經的特徵。我們的生命循環特徵，若不以演化觀點探討，就會顯得莫名其妙，先前討論的老化，現在討論的停經，都是好例子。筆者甚至懷疑停經是四萬年前才演化出的人類特徵，那時克羅馬儂人與其他現代智人族群，才能活到六十歲。尼安德塔人與更早的人類，通常活不到四十歲，因此停經並不會給女性帶來什麼利益（按：現代女性四十多歲至五十歲停經）。

討論至此，讀者應該明白：現代人類的壽命比猿類長，不只是因為文化適應，例如使用工具取得食物、對抗獵食動物。我們的生物適應亦功不可沒，例如停經，以及對身體修理機制的大量投資。無論那些生物適應是在「大躍進」前夕演化出來的，還是更早的時候，在促成第三種黑猩猩演化成人的生命史變化中，它們是不可或缺的。

以演化進路研究老化，我想抽繹的最後一個結論是：這個進路削弱了長久以來把持老化研究的生理學進路。老年學文獻中瀰漫著追尋「老化原因」的狂熱——最好只有一個原因，即使不只一個原因，也最好不超過三、五個主要原因。我進入生物醫學研究這幾十年來，荷爾蒙變化、免疫系統功能退化，以及神經退化都給提出來過，競逐「老化原因」的桂冠，至今沒有一個有令人信服的證據。但是演化推理顯示：這個搜尋終究不會產生什麼結果。老化的主要生理機制，本來就不應該只有一個，

或只有幾個。天擇應該會讓身體所有生理系統的老化速率彼此「速配」，結果是：老化涉及無數同時發生的變化。

這一預言的基礎，是這樣的：如果身體大部分零件都損耗得很快，只對某一個零件做特別的維修，根本沒有意義。另一方面，容許身體裡一小部分零件提早耗損，也沒有意義，因為維修那些零件所付出的代價，如果節省下來，可以提升壽命期望值。天擇不會犯下那樣無意義的錯誤。比喻來說，福斯車主不應買便宜的滾珠軸承，卻花大錢在其他的零件上。要是他們真的那麼笨，他們也許也會相信：多花幾塊錢，買比較好的滾珠軸承，他們昂貴的車就會增加一倍的壽命。但是買一個鑽石滾珠軸承裝上，也沒有什麼好處，因為鑽石滾珠軸承壽命雖然長，其他的零件卻否。因此，福斯車主的最佳策略，就是使車子所有零件，都保持同樣的磨耗速率，最後一齊垮掉，絲毫也不浪費。我們的身體也一樣。

我覺得這個令人沮喪的預言已證實了，「同時全面崩潰」的演化理想，用來描述我們身體的命運，十分貼切，生理學家長久以來追尋的「單一老化原因」是比不上的。老化的跡象，在每一個方向，只要你找，一定能發現。我已經發現我的牙齒有耗損、肌肉的控制與力量大不如前、感官（聽覺、視覺、嗅覺與味覺）的功能也逐漸退化。所有這些感官，任何一個年齡層的女性，都比男性敏銳。前頭等著我的，可以列成一張大家熟悉的清單：心臟衰弱、血管硬化、骨骼逐漸疏鬆、腎臟功能退化、免疫系統退化，以及記憶喪失。這張清單可以繼續成長，上面的項目可以增加到無限。演化似乎真的已經將我們的身體打造成「同時全面衰退」的狀態，而我們的身體只會在值得修理的地方投資。

從一個實際的觀點來看，這個結論令人非常失望。如果老化是一個主要因素造成的，針對那個因素對症下藥，等於為人類找到了青春活泉。由於老化一度給想像成主要是荷爾蒙的問題，這樣的想法使許多人嘗試給老年人注射荷爾蒙或移植年輕人的性腺，希望能產生奇蹟的效果，讓他們返老還童。《福爾摩斯探案》中，〈爬行人〉就以荷爾蒙的「青春泉」效果為主題。劍橋大學生理學教授普萊斯伯利鰥居已久，枯木逢春，熱烈地愛上了解剖學教授的女兒。為了彌補年齡間的差距，他瘋狂地找尋恢復青春的祕方，結果他半夜被人發現順著長春藤攀爬上高牆，像個猴子。最後，福爾摩斯為讀者揭露了謎底：六十一歲的老教授給自己注射了黑面猴血清，當作回春藥。

普萊斯伯利教授要是事先請教我，我會警告他：他對近因的短視執著，會令他走入歧途。要是他考慮過終極演化因素，他就會想到：天擇絕對不會容許單一因素的衰老機制——並且有簡單的「解藥」。福爾摩斯就非常憂慮：果真這種回春藥問世了，會造成什麼後果？「那很危險——是對人性的真正威脅。華生，想想看，要是拜金的人、耽於感官慾望的人、俗人都能延長他們毫無價值的生命……不就是『不適者生存』了嗎？那樣一來，我們這個貧乏的世界可能變成什麼樣的汙水池呢？」

福爾摩斯擔心的事似乎不可能發生。要是他知道了，會鬆一口氣吧？

part 3

人為萬物之靈

第一部與第二部討論的，是人類獨特的文化特質的生物基礎。那些生物基礎，包括我們熟悉的骨架特徵，例如我們的大腦殼與直立步態，還包括我們軟組織、行為的特徵，以及與生殖與社會組織有關的內分泌系統。不過，如果那些遺傳決定的特徵是我們唯一的特點，我們不會在動物界脫穎而出，也不能威脅其他物種與我們自己的生存。其他的動物也能在地面直立行走、奔馳，例如鴕鳥。有些動物腦子也很大，儘管還比不上我們。有些動物也實行單偶制，並聚居在一塊，許多海鳥就是那樣。白頭翁、烏龜也很長壽。

其實，我們成為萬物之靈，憑的是文化特質，那些特質建築在我們的遺傳基礎上，賦予我們龐大的力量。我們的文化特徵，包括說話／語言、藝術、基於工具的技術，以及農業。但是如果我們說到這裡就停下了，難免不讓人懷疑我們已陷入片面的自我陶醉。剛剛列舉的特徵，都令我們驕傲。可是考古學紀錄顯示：農業對人類，功過難論，它給許多人帶來災難，讓其他人受惠。濫用化學品（嗑藥），是人類獨有的醜陋特徵。嗑藥不會威脅我們的生存，可是另外兩個文化行為就不同了：滅族以及大規模的消滅其他物種。這兩種行為究竟是偶發的病態表現呢？還是與其他我們感到特別驕傲的特徵一樣，是人性的基本元素？想到這裡，我們不免感到不安與尷尬。

所有這些文化特徵都是人性的組件，其他動物似乎沒有表現過，連我們最親近的親戚都沒有。它們必然是我們祖先的「獨見創獲」，大約七百萬年前與黑猩猩分化後演化出來的。此外，雖然我們仍不清楚尼安德塔人是否會說話、嗑藥以及相互滅族仇殺，他們沒有農業、藝術或製造收音機的本領，殆無疑問。因此農業、藝術與製造收音機的本領，必然是最近幾萬年的人類創作。但是它們不可能憑空出現。它們必然有動物根源（「前身」），就看我們認不認得出來了。

對每一個人類特有的文化特質，我們必須問：它們在動物界的「前身」是什麼？在我們的演化史上，那些特質什麼時候開始接近現代的形式？那些特質在演化的早期階段是什麼模樣？能不能找到考古證據？我們在地球上，是「萬物之靈」，在宇宙中呢？

在這一部中，我們要針對我們的特質，回答上述的某些問題，那些特質有的高貴、有的像是雙刃劍（可正可邪）、有的稍具毀滅潛力。我們首先討論語言的起源，在第一部中，我指出過：也許「大躍進」是語言鋪的路，任何人討論人獸間的關鍵差異，必然會舉出語言。一開始我們會覺得追溯人類語言的演化，似乎根本不可能。沒有發明文字之前，語言不會留下考古遺跡，而人類一開始嘗試藝術創作、農業與製造工具，就有考古遺跡可供憑弔。人類語言也找不到可以代表早期階段的樣本，例如簡單的人類語言，或動物語言。

事實上，以聲音傳訊的通訊系統在動物界有無數「前身」：許多動物都演化出聲音傳訊系統。有些聲音傳訊系統，複雜而精密，我們還沒有完全搞清楚。如果它們代表人類語言演化的第一階段，那麼最近幾十年訓練猿類學習語言的實驗結果，透露了猿類的「語言潛能」，可以代表第二階段。人類兒童學習說話的過程，也許能提供更多線索，讓我們重建從那第二階段起步之後的發展細節。我們也會發現：世上的確還能找到「簡單的語言」，那是現代人類無意識發明的，研究那種語言，對我們研究人類語言的演化，提供了意想不到的線索。

在我們獨特的文化特質中，藝術也許是最高貴的人類發明。人類的藝術似乎與任何一種動物行為都不一樣，藝術創作似乎是純粹的娛樂，與傳播基因毫不相干。不過，關在籠子裡的猿與大象，都能創作圖畫，與人類的藝術創作非常相似，可以瞞過專家，還有藝廊收購收藏——雖然我們難以窺伺那些動物藝術家的用心。要是你認為那些動物創作是「不自然的產品」，那麼野外雄性花亭鳥（與天堂鳥同宗）費心建造顏色繽紛的鳥巢（花亭），你怎麼說？那些「花亭」是雄鳥傳遞基因的本錢——吸引雌鳥。我會論證：人類藝術原來也有那種功能，今天往往仍扮演那個角色。藝術品與語言不同，考古遺址中時有發現，所以我們知道：直到「大躍進」時代，才有豐富的藝術品問世。

農業是另一個人類特徵，動物界可以找到先例，而無「前身」，例如螞蟻與白蟻有的會「種植」真菌，可是牠們與人類的親緣關係畢竟太遠。根據考古學證據，人類大約在一萬年前「重新發明」了農業，那已是「大躍進」之後很久的事了。從採集—狩獵的生活形態到農耕的轉變，一般認為是人類史上的關鍵大事——從此以後人類就有穩定的糧食供應，並有餘暇打造現代文明。事實上，仔細爬梳那一轉變，實況反而是：對大多數人而言，那個轉變帶來了傳染病、營養不良，平均壽命也縮短了。一般而言，人類社會中女性命運惡化、階級不平等開始形成，都是實行農業的後果。我們從猿演化到人，發展出許多人獨有的特徵，農業造成的後果，禍福相倚、難以拆解，其他人類特徵都比不上。

濫用有毒化學產品（嗑藥）成為普遍的人類現象，最近五千年才有文獻可稽，它的根源可能可以追溯到農業發明以前。嗑藥與農業不同，沾上了一點好處也沒有，是純粹的「惡」——威脅個人的生命，好在不是整個物種的。嗑藥與藝術一樣，乍看似乎動物界沒有先例，也沒有生物功能。不過，我會論證：在動物界，有一類動物構造與行為，都對主人有危險，弔詭的是，若不是那種危險，它們也不能發揮功能；嗑藥是其中之一。

雖然所有人類特徵，動物界都找得出先例或前身，它們仍然算人類特徵，因為地球上只有人類，將它們表現得淋漓盡致。那麼，人類在宇宙中有多麼獨特呢？行星上適於生命演化的條件一旦成熟，一定會演化出聰明又掌握高科技的物種嗎？他們在地球上崛起，是不可避免的嗎？在無數其他的行星系統中，都有他們的蹤影嗎？

宇宙中是否還有會說話、能繪畫、以農耕維生、並耽於嗑藥的生物呢？我們沒有直接證據，因為距離太陽系最近的行星系統，對我們來說也太遠了，儀器也探測不到那些特徵。不過，我們也許可以偵察宇宙其他地方的高科技——要是那些高科技中包括發射太空探測船與星際電磁訊號，我們就可能偵察到。最後，我會討論仍在進行的「地球以外智慧生靈」的長期搜尋。我會論證：從一個不同的領域——啄木鳥在地球上的演化——獲得的證據，對我們思考「智慧生靈必然演化」的問題，頗有啟發，因此，關於我們的獨特地位，也有啟示——不只在地球上，還有我們接觸得到的宇宙。

chapter 8 語言的演化

我們怎樣成為獨一無二的物種的？語言是關鍵。人類語言的起源，是我們了解自己最重要的謎團。畢竟，語言讓我們彼此溝通，精確的程度其他動物完全比不上。語言讓我們共同草擬計畫、彼此教導，以及學習別人的經驗——包括不同時空的經驗。有了語言，我們能將世界精確地「再現」在心中，並儲存起來，而且資訊編碼與加工的能力比其他動物更強。沒有語言的話，我們根本不可能設計、建造沙垂大教堂（Chartres Cathedral，位於巴黎西南七十五公里，十二世紀改建成哥德式，是最早的哥德式教堂）——或是二次世界大戰德國人發明的飛彈。所以我猜測：我們熟悉的人類語言形式——說話——演化出來之後，「大躍進」（人類歷史到了這個階段才出現創新與藝術）才有可能。

人類的語言與任何動物的呼叫，其間的鴻溝，似乎沒有橋梁可以跨越。自從達爾文以來，大家都很清楚，人類語言起源的謎團，其實是個演化生物學的問題：無可跨越的鴻溝是如何跨越的？要是人類是從不會說人話的動物演化而來的，那麼我們的語言必然是演化出來的，而且在演化過程中經過鍾鍊、逐漸改善，與人類的骨盆、頭骨、工具與藝術一樣。也就是說，在猴子的低沉咕嚕聲與莎士比亞商籟詩之間，必然有過「類似語言」的中間階段。達爾文觀察自己孩子的語言發展，做過詳細的筆記，他也仔細考慮了「原始」族群的語言，期望解決這個演化謎團。

不幸地，語言的起源顯然比骨盆、頭骨、工具與藝術等的起源，還難以追溯。因為骨盆、頭骨、工具與藝術，都可能留下遺跡，在考古遺址中找得到、也可以測定年代，但是說出的話立刻就在風中消散了。在沮喪中，我偶爾夢想有架時光機器就好了，那我就可以在古代人類營地中放置錄音機。也許我會發現南猿發出的咕嚕聲，與黑猩猩的沒有多大差別；早期直立人使用可以辨認的單字，一百萬年後，演進成兩個單字的句子；大躍進之前，智人說的句子長了很多，但是仍然沒有什麼文法；語法與現代人使用的整套語音，在大躍進時代才出現。

可是我們沒有逆溯時光的錄音機，也沒有理由相信有一天我們能弄到一架。沒有這麼一架時光機器，我們怎能希望追溯說話的起源呢？才不久之前，我仍不抱希望，認為我們只能猜測。不過，在這一章，我要利用兩筆正在爆炸增長中的知識，那兩筆知識也許能幫助我們構築橋梁，人類說話與動物呼叫之間看似難以跨越的鴻溝，或可跨越。巧的是，那兩筆知識，正在這一鴻溝的兩岸分別累積。

以新技術、新方法研究野生動物呼叫，尤其是我們的靈長類親戚，已經產生了新穎的睿見，足以透視人類語言演化的根源。動物呼叫必然是人類說話的前身，但是直到現在，我們才多少弄清楚了「動物的語言之路」已經走到什麼地步了。另一方面，研究人類的語言，似乎不能提供語言演化的線索，因為所有的人類語言都比動物呼叫先進。儘管如此，最近有學者指出：有一組大多數語言學者所忽略的人類語言，的確可以代表人類語言演化的兩個原始階段。

許多野生動物以聲音彼此溝通，鳥鳴、狗吠是我們特別熟悉的例子。大多數人一輩子難得幾天清靜，聽不見動物的聲音。科學家研究動物的聲音，也有幾百年了。儘管有這麼長的親密接觸的歷史，我們對這些處處可聞的熟悉聲音，最近才有比較深入的了解，而且知識累積得非常快，因為學者應用了新穎的技術研究：使用現代錄音機記錄動物呼叫；利用電腦分析動物呼叫，偵察人耳無法知覺的細微變化；將錄下的動物呼叫播放給野外的動物聽，觀察牠們的反應；播放剪接過的呼叫聲，測試動物的反應。這些方法透露出：動物的聲音通訊，和語言相似的程度，三十年前的學者根本難以想像。

目前最精密的「動物語言」研究，是針對非洲綠猴（vervets）的呼叫做的。這種猴子身材與貓差不多大，無論樹上還是地面、草原或雨林，牠們都能生活，是東非野生動物公園中最容易碰上的猴子。幾十萬年來，非洲的智人必然對牠們非常熟悉。牠們大約三千年前在歐洲出現，可能被當作寵物；十九世紀進入非洲的歐洲生物學者，對牠們一定不陌生。一般大眾即使沒到過非洲，也能在動物園中看見綠猴。

綠猴與其他的動物一樣，日常生活中經常遇上一些狀況，需要有效的通訊方式與通訊符號，才能順利存活。綠猴的死亡事故中，大約四分之三是獵食動物造成的。如果你是一頭綠猴，分辨武鷹（主要的綠猴殺手）與白背禿鷹（以腐肉維生）的差別，是攸關生死的大事。要是武鷹出現天際，你得採取適當的行動，並通知親人。如果沒認出武鷹，你死定了；如果沒及時通知親人，牠們死定了，而牠們的身體裡帶著一部分你的基因；如果你錯把禿鷹當武鷹，你就會浪費寶貴的時間、精力防禦，而其他的綠猴則放心採集食物，大快朵頤。

除了獵食動物造成的問題，綠猴的社會關係非常複雜。牠們成群生活，與其他的隊群競爭地盤。因此有必要分辨自己人（有親緣關係，而且在危急時可以依賴的）與其他隊群的入侵者（沒有親緣關係，而且會偷走你的食物）。遭遇麻煩的綠猴，必須能夠通知親人，而且讓親人能夠分辨陷入麻煩的是誰。關於食物的知識，是重要的生存資源：棲境中的動植物不下千百種，哪些可以吃，哪些有毒？食物的時空分布又是如何？這些知識也必須能夠傳達給親人。總之，關於世界的知識，若能透過有效的符號進行有效的傳播，必然對綠猴有利。

儘管有這些合理的理由，儘管我們與綠猴有長期而親近的接觸，直到一九六〇年代中期，學者才開始研究綠猴對於世界的複雜知識，以及牠們的呼叫聲。從那時起，學者到野地觀察綠猴，已經發現牠們能夠分辨不同類型的獵食動物，也能分辨彼此。牠們受到豹、鷹與蛇的威脅時，會採取不同的防禦策略。牠們對於自己人，可區別階級高下；也能分辨敵對隊群不同階級的成員；還能分辨不同敵對隊群的成員。對自己人，牠們能分別母親、外祖母、手足，以及沒有親緣關係的成員。牠們知道誰是誰的親人：要是一個嬰兒呼叫起來，牠的母親會轉向牠；可是同一群中的其他母親，會轉向那位母親，看牠會怎麼做。綠猴似乎能為不同的獵食天敵，取不同的名字，不同的成員，也有不同的名字。

綠猴傳達這種資訊的方式，第一個線索來自生物學家史都賽克（Thomas Struhsaker）在肯亞安柏賽立（Amboseli）國家公園的觀察資料。他注意到：三種不同的獵食動物，會使綠猴採取三種不同的防禦措施，而且綠猴會發出三種不同的警告呼叫，那三種呼叫各有特色，不需要任何電子分析，人耳就能分辨。要是綠猴遇上的是豹子或其他的大型貓科動物，雄綠猴會發出一連串響亮的吠叫聲，雌性則是高亢的喳喳聲，其他的綠猴一聽到警告聲，可能會立即爬上樹。看見武鷹或冠鷹盤旋在頭頂上，綠猴會發出兩個音節的短暫咳聲，聽見的猴子就會抬頭仰望天空，或跑向矮樹叢。綠猴一發現蟒蛇或其他危險的蛇類，就會發出另一種特別的叫聲，附近的綠猴一聽到就以後腿直起身子，四下張望（看蛇在哪裡）。

一九七七年起，科學家夫婦錢妮（Dorothy Cheney）與賽法斯（Robert Seyfarth）以實驗證明：這些呼叫聲的確有不同的功能，符合史都賽克的觀察。他們的實驗是這麼做的：首先，綠猴發出史都賽克描述過的特定呼叫時（例如「豹子呼叫」），他們以錄音機錄下。接下來，過了一天後，他們找到同一個綠猴隊群，一人將錄音機與擴音器藏在附近的樹叢裡，另一人將猴群的活動攝錄下來。大約十五秒後，錄音帶開始播放，並繼續攝錄猴群的活動達一分鐘，以記錄猴群對錄音的反應。結果，要是播放的是「豹子呼叫」，群猴聽見了就會爬上樹；同樣地，換了「武鷹呼叫」或「蟒蛇呼叫」，猴子也會有「自然的」反應，與史都賽克的觀察若合符節。因此，猴子的反應與呼叫之間的連繫，不是偶然的；那些呼叫的功能，確如觀察資料暗示的。

前面提過的三種呼叫聲，並不是綠猴僅有的「字彙」。除了那些響亮而常聽到的警告呼叫，至少還有三種警告呼叫，不過比較不那麼響亮，也不常聽見。一種是狒狒出現時的呼叫，附近的綠猴聽見了，就會保持高度警戒。第二種針對土狼、鬣狗之類的哺乳動物，綠猴聽見了，就會密切注視那些獵食獸，也許還會緩緩向一棵樹走去，因為那些獵食獸偶爾會捕殺綠猴。最後一種微弱的警告呼叫，針對的是不熟悉的人類，牠們會朝向樹叢或樹頂移動。不過，這三種警告呼叫的功能，還沒有經過實驗證實。

綠猴互動的時候，也會發出類似咕嚕聲的呼叫。那些呼叫，即使研究綠猴許多年的科學家，也聽不出玄機。將那些呼叫錄下來，以頻譜儀分析，也看不出差別。可是以更精細的方式分析之後，錢妮與賽法斯有時可以分辨出對應的四種不同社會脈絡：接近占支配地位的同夥；接近地位低下的同夥；觀察同夥；看見敵對隊群。

這四種脈絡中的咕嚕聲，錄下來重播之後，綠猴的反應有些微細的差別。舉例來說，要是播放的是「接近頭領」的咕嚕聲，牠們會向擴音器的方向張望；要是「看見敵對隊群」的咕嚕聲，牠們會向擴音器播音的方向張望。後來在自然狀態下，學者觀察到：那些自然的呼叫，也會引起同樣的反應。

很明顯地，綠猴對自己的呼叫，比我們敏感多了。只是聽與看，我們對牠們的呼叫摸不著一絲頭緒，必須錄音、分析，再實驗，才能發現四種不同的咕嚕聲——說不定還有更多。賽法斯說：「觀察綠猴彼此咕嚕，就像觀察幾個人正在談話，可是我們聽不到他們說什麼。我們觀察不到對於咕嚕聲的明顯反應或回答，因此整個系統顯得非常神祕——我是說，直到你重播那些咕嚕聲之前。」這些發現顯示：我們很容易低估動物的呼叫聲負載的訊息量。

所以，安柏賽立國家公園的綠猴至少有十個——暫且這麼說吧——「字」，用來表達：「豹子」、「鷹」、「蛇」、「狒狒」、「其他獵食獸」、「陌生的『人』」、「居高位的同伴」、「低階同伴」、「觀察其他的同伴」，以及「看見敵對隊群」。不過，任何學者只要宣布：觀察到動物某些行為似乎表現出人類語言的某些元素，就會遭到懷疑的質問，因為許多學者都相信人類與動物之間，有一語言鴻溝。他們認為比較簡單的假設是：人類是世上唯一擁有語言的物種，不信的人有舉證義務。對他們來說，「動物有類似人類語言的溝通能力」是比較複雜的假設，除非有積極證據，否則不應考慮。不過，那些學者用來解釋相關現象的假說，經常讓我覺得過於複雜牽強，倒不如主張「人類不是世上唯一以語言溝通的物種」，還比較簡單、可信。

「綠猴針對豹子、武鷹與蛇發出的呼叫，就是指涉那些動物，或目的是讓同伴知道牠看見了什麼」，這個觀點在我看來，卑之無甚高論。可是批評者比較相信：只有人類才能有意識地發出訊號，指涉外界的物與事。懷疑者認為綠猴的警告呼叫，是不由自主地內心情緒宣洩（「可把我嚇死了！」），或不由自主地意向表示（「我要爬上樹了！」）。我們人類也會有這樣的表現，不是嗎？要是我看見一頭豹子朝我跑來，即使我身邊沒有其他的人，我也可能尖叫起來。我們在進行某些體力活動的時候，也會發出咕嚕聲，例如舉起重物。

假設從外太空先進文明來了一位動物學家，他觀察到：我一看見豹子，就發出「啊！豹子！」這兩個音節的尖叫，然後爬上一棵樹。這位動物學家很可能也不相信我們人類除了情緒與意向之外，還能表達什麼——更不用說什麼象徵通訊了。為了測驗這個假說，那位動物學家必須做實驗，以及詳細的觀察。要是不管身邊有沒有人，我總會尖叫，那就支持「情緒／意向表達說」。要是我只在身邊有人的時候尖叫，而且只有豹子（而不是獅子）逼近時才發出那種尖叫，那就表示「我尖叫」是指涉外界特定事物的通訊行為。要是那頭豹子出現時，我會對我兒子尖叫，可是豹子潛近一個常與我鬥爭的人，我卻保持緘默，那麼那位動物學家就會非常肯定：「我尖叫」是一種有目的的通訊行為。

同樣的觀察，也讓地球上的動物學家相信：綠猴的警告呼叫，具有通訊功能。一隻綠猴落了單，給豹子追了將近一小時，在整個痛苦的歷程中，一直保持沉默。綠猴母親要是身邊有子女，發出警告呼叫的次數比較多，要是身邊都沒有親人，比較少發出警告呼叫。偶爾綠猴會在沒有豹子的情況下，發出「豹子呼叫」，那是在和其他隊群打架、打輸了的時候。假警報讓雙方立刻停手，向最近的樹木奔去——功能等於「暫停！」訊號，只不過是假的。因此，那呼叫是明顯的通訊行為，而不是看見豹子，由於害怕而不由自主地叫出來。那呼叫也不是爬樹的反射反應，因為呼叫的綠猴也許正在爬樹，也許正從樹上跳下，也許什麼事也沒做，不可一概而論，視情況而定。

至於「綠猴的每種警告呼叫都有特定的外在指涉」，「老鷹呼叫」最能證明這一點。綠猴一看見天空展翅盤旋的老鷹，如果那是武鷹或冠鷹，就會發出「老鷹呼叫」，因為綠猴常遭武鷹與冠鷹獵食。如果是褐鷹，通常不理會；黑胸蛇鷹或白背禿鷹，幾乎從不理會，因牠們並不獵殺綠猴。在地面上朝天空看，黑胸蛇鷹與武鷹非常相似，都是腹面蒼白、束尾、頭胸黑色。綠猴必然是「賞鳥玩家」，否則很容易送命。

這些例子證明：綠猴的警告呼叫，並不是「恐懼或意向的『非自主性』表現」（自然流露）。它們有外界的指涉，而且可能相當精確。它們都是對象明確的通訊行為。如果發聲者關心聽眾的安危，牠發出的訊息比較可能是誠實的，針對敵人牠也可能「謊報」。

關於動物發聲與人類說話之間的比擬，懷疑者還會指出：人類必須學習「母語」，而動物發出的聲音，都是天生的，不假學習。不過，綠猴自幼年起，似乎必須學習適當的呼叫模式，以及適當的反應，與人類的嬰兒一樣。嬰兒綠猴的咕嚕聲與成年綠猴不同。牠們的「發音」逐漸改進，人約到了兩歲，就與成猴無異（再過兩年多，牠們才進入青春期）。人類兒童大約要到五歲，語音才能與成人無異；我的孩子四歲的時候，說話仍然不易聽懂。可見綠猴與人類的語音發展模式是一樣的。嬰兒綠猴對於成猴的呼叫，要到六七個月大才能正確地反應。在那之前，嬰兒綠猴聽見成猴的「蛇呼叫」，可能會跳起來向樹上爬——那是聽見「鷹呼叫」的正確反應，可是對於「蛇呼叫」，卻是自殺反應。直到兩歲，綠猴才會正確地判斷情況、發出適當的警告呼叫。在兩歲之前，幼年綠猴不僅見到武鷹或冠鷹臨頭盤旋，會發出「鷹呼叫」，任何鳥飛過頭頂、甚至樹葉飄落，都可能讓牠們鬼叫起來。人類兒童也有同樣的表現，例如孩子見著了狗，會學著「汪汪」地叫，可是見到了貓或鴿子也那麼叫，兒童心理學家認為那是「過度推廣」——舉一反三過了頭。

到目前為止，我討論綠猴的呼叫，粗略地應用了人類的概念，例如「字」與「語言」。現在讓我們進一步比較人類與其他靈長類的聲音通訊。具體地說，我們要回答三個問題。綠猴的呼叫可以當作「字」嗎？動物的「字彙」有多少呢？哪一種動物的呼叫有「文法」（因此可以算是「語言」）？

首先，關於「字」的問題，至少我們很清楚：綠猴每一種呼叫，都指涉一類特定的外在危險。當然，那並不是說：綠猴的「豹子呼叫」傳達給同伴的訊息，與「豹子」傳達給動物學家的一樣（某一個特定生物種的成員）。科學家已經知道，綠猴不只看見豹子會發出「豹子呼叫」，其他兩種常見的肉食貓科動物——野貓與山貓——也會讓牠們發出「豹子呼叫」。因此，「豹子呼叫」即便是一個「字」，它的意思也不是「豹」，而是「中等體型的貓科動物，牠們可能會攻擊我們，攻擊的手法相同，躲避牠們最好的辦法，是爬上樹去」。然而，許多人類的「字」，也是這麼使用的——有同樣的意義。舉例來說，我們大多數人都不是魚類學家或狂熱的漁人，因此「魚」這個字，是把它當總名來用的——凡是在水中游泳的動物，只要冷血、有鰭、有脊柱，而且說不準可以吃的，我們都叫做「魚」。

其實，真正的問題是：綠猴的「豹子呼叫」，究竟是一個「字」（「中等體型的貓科動物，牠們……」）？一個「敘述句」（「來了一頭中等體型的貓科動物。」）？一個「驚嘆句」（「注意！一頭中等體型的貓科動物來了！」）？一個「動議」（「大夥爬上樹，或採取必要措施，以避免那頭中等體型的貓科動物。」）？目前，我們還沒有清楚的答案，也許是其中之一，也許包含上述的幾種功能。同樣地，我的兒子一歲時說出「juice」（果汁）的時候，我感到非常興奮，我非常驕傲，認為那是他最早說出的字。不過，對於麥克斯（我兒子），那個單音節的juice（果汁），不只表示他正確地指出了某種具有特定性質的外界事物，而是用來提出「動議」的：「我要果汁！」等到他再長大一些，才會加上更多音節（給我果汁！），分別「字」與「動議」。沒有證據顯示綠猴到達那一階段。

至於第二個問題，字彙的數量：據我們目前所知，即使是「最先進的」動物種，字彙的數量也很小，與我們根本不能比。在英語國家，一般人在日常生活中，需要一千個單字。我書桌上的簡明英文字典，蒐羅了十四多萬字。但是綠猴只有十種不同的呼叫——我得提醒讀者，綠猴可是經過仔細研究的哺乳動物。動物與人類的字彙數量，的確有很大的差異，可是數量不見得準確地反映了差異的程度。還記得學者花了多少時間才分別出綠猴的「警告呼叫」嗎？直到一九六七年，學者還不知道這些尋常的動物有什麼具有特定意義的呼叫聲。要不是藉助機器分析，最有經驗的綠猴觀察者也分別不出好幾種呼叫聲；即使藉助機器分析，那十種呼叫中仍有幾種還有待證實。很明顯地，綠猴（以及其他動物）可能還有許多呼叫，只是我們分辨不出罷了。

我們很難分辨動物的聲音，其實沒有什麼好奇怪的，只要想想我們也很難分辨人類的語音，就明白了。嬰兒呱呱墜地，頭幾年大部分時間，都在學習、模仿身邊大人的語音。長大後，我們對不熟悉的語音，仍感到難以分辨。我中學學過四年法文，可是我聽懂法語的本領，比起巴黎長大的四歲小孩，差得遠了，簡直令人羞慚。但比起紐幾內亞大湖平原的依瑤語，法文容易多了，依瑤語中一個母音可能有八個不同的意義，視聲調而定。聲調微小的變化，可以讓一個依瑤字，意義從「岳母」變成「蛇」。不用說，要是你把自己的岳母叫成蛇，無異找死，那裡的孩子從小就學會分辨聲調的變化，並視語脈發出適當的音——即使一個職業語言學家，全心全意學習依瑤語，幾年之後，仍然不易掌握他們的語調變化。我們學習不熟悉的人類語言都有那麼大的困難，別說辨認其他動物的呼叫字彙了。

不過，研究綠猴大概不可能發現動物聲音傳訊的極限，因為可能表現出那些極限的，是猿類，而不是猴類。雖然黑猩猩與大猩猩發出的聲音，聽在我們耳裡，不過是咕嚕聲與尖叫聲，沒有什麼特別的，別忘了綠猴的警告呼叫，是經過仔細研究之後才分辨出來的。即使是人類的語音，不熟悉的人聽來，也像是含糊的聲音漿糊。

不幸地，野地黑猩猩或其他猿類的聲音傳訊，從來沒有人運用研究綠猴的方法研究過，因為有實際的困難。綠猴隊群的地盤，通常直徑不過六百公尺，可是黑猩猩就有幾公里了，在野外搬運、安排各種器材，非常困難。研究動物園中的黑猩猩，也無法克服那些實際的困難，因為動物園裡的黑猩猩，不是自然的族群──每一頭可能都從不同地點抓來的。本章後面我會討論到，從非洲不同地點抓來的「黑人」，本來說不同的語言，把他們集中一起當奴隸，最後他們也能相互溝通，使用的媒介是一種極為粗糙的「語言」，沒有文法可言──只是形似人類語言罷了。同樣地，動物園裡的黑猩猩，必然也不能完整表現野地黑猩猩以聲音溝通的本領。總之，錢妮與賽法斯夫婦研究野地綠猴的方法，還沒人用來研究野地黑猩猩，因此我們對於黑猩猩以聲音溝通的本領，所知極為有限。

但有好幾組科學團隊，使用人工語言，花許多年時間訓練捕獲的大猩猩、黑猩猩與巴諾布猿，例如塑膠片（不同形狀、尺寸、顏色的塑膠片代表不同的字），或聾人用的手語，或打字機鍵盤（每個鍵上有一個不同的符號）。這些動物都學會了上百個（甚至幾百個）符號的意義，而且有一頭巴諾布猿，學者最近觀察到牠似乎懂得許多英語口語（儘管不會說）。研究那些受過訓練的猿，至少透露了牠們具有的智力足以掌握大量語彙，因此我們難免懷疑牠們在自然棲境中，已經演化出那樣龐大的語彙。

靈長類行為學家在田野觀察過大猩猩的隊群行為：牠們可能會停留在一個地點很長的時間，只是坐在一起，彼此以難以分辨的模糊聲音咕嚕來、咕嚕去，直到突然間，所有大猩猩同時站起身來，朝向同一個方向行進。看過這一幕的人，不免會在心中嘀咕：或許在那一團模糊聲音中，隱藏著溝通的細節。猿類受到發聲道解剖構造的限制，無法像人類一樣發出那麼多子音、母音，因此猿類的語彙不可能像我們那麼多。不過，我相信非洲大猿的語彙，一定比綠猴多得多，可能包括幾十個「字」，也許還有隊群中每個成員的名字。這是一個令人興奮的研究領域，新知識正在迅速地累積，我們對於猿類與人類的語彙鴻溝，應抱持開放的態度。

現在讓我們面對最後一個還沒回答的問題：動物的聲音通訊，究竟有沒有文法或語法？人類不只是擁有一個包含幾千個意義不同的「字」的字彙。我們會根據文法規則，組合不同的字造句，必要時變化字的形式；句子的意義，也由文法規則規定。根據文法，我們可以利用數量有限的字彙，構造數量無限的句子。為了說明這一點，請看下列兩個句子，字都一樣，可是意義完全不同：

你那小狗咬了我老媽的腿

你那老媽咬了我小狗的腿

如果沒有文法規則，這兩個句子的意義就會完全一樣。大多數語言學家，不管動物的語彙有多大，除非有文法，不會承認動物也有「語言」。

研究綠猴的呼叫，至今沒有發現過文法。牠們大部分咕嚕聲與警告呼叫，都是「單聲」。要是綠猴發出一串（一個以上的）單聲，所有的分析都顯示：牠們只是重複同一單聲罷了。綠猴「回答」其他綠猴的發聲，也一樣，或只發單聲，或重複同一單聲。南美的卡布欽猴與東南亞的長臂猿，呼叫聲的確包括好幾個元素，而且似乎有固定的順序或組合，但是我們仍然不清楚這些組合的意義（我們人類弄不清楚，不代表牠們自己也不清楚）。

我不大相信人類以外的靈長類，會演化出什麼聲音通訊的語法，與人類語言的語法差堪比擬。不過，任何其他動物是否演化出語法？仍是個開放的問題，目前尚無定論。果真有動物演化出了語法，最有可能的，就是野外的兩種黑猩猩了，可是目前還沒有人針對牠們研究過這個問題。

簡言之，人類與動物的聲音通訊，誠然有很大的鴻溝，科學家對動物語言的研究，正在迅速地累積經驗與知識，使我們有機會窺見動物聲音通訊的極限。現在我們應該回到人境，觀察人類的語言究竟可以「原始」到什麼地步。我們已經發現了：動物有複雜的「語言」；那麼人類最原始的語言會是什麼樣子的？

原始的人類語言聽起來會是什麼樣子的？為了回答這個問題，比較人類說話與綠猴呼叫的差異，可以獲得有用的線索。其中一個差別是語法，我剛剛提到過。人類有語法，綠猴沒有。也就是說，人類說話，字的順序以及字的形式都關係到意義。第二個差異，是綠猴的呼叫——就算是「字」吧——僅僅指涉你可以用手指指出的東西或行動。你可以主張綠猴的呼叫包括名詞（武鷹）與動詞或動詞片語（「小心！老鷹來了！」）。我們的語彙中，很明顯地，包括名詞、動詞，還有形容詞。在我們的話語中，指涉特定的物（名詞）、行動（動詞）或性質（形容詞）的部分，合起來叫做「語

項」。但是典型的人類話語裡，還有將近一半的「字」，純粹是「文法項」，沒有可以用手指出的外界對應物。

英文中的文法字包括介詞、連接詞、冠詞與助動詞。了解「文法項」的演化，比了解「語項」的演化，難多了。對一個不懂英語的人，你可以指著自己的鼻子，解釋nose這個單字的意義。同樣地，猿類也可能彼此了解代表名詞、動詞與形容詞的咕嚕聲。但是你如何對不懂英語的人解釋屬於「文法項」的那些字呢？我們的祖先怎樣發明種種「文法項」的？

綠猴呼叫與人類說話之間，還有一個差異，那就是：人類的話語有階層結構，因此低層次的少數元素，能在上一個層次建構許多項目。我們的語言利用許多不同的音節，所有的音節都是由同一組聲音構成的。我們組合這些不同的音節，就能創造幾千個字。這些字並不是雜亂地連成一串，而是先組織成片語，再以片語組成句子，因此句子的數量可以是無限的（語音、音節、字、片語、句子，是語言的五個基本階層）。相對而言，綠猴的呼叫無法分解成更小的構成單位，事實上，綠猴呼叫連一個組織層級都沒有。

我們從小學習所有這些人類語言的複雜結構，從來沒有覺察其中的支配規則。除非我們到學校學習國文或學習外語，不然我們不會接觸「文法規則」。人類語言的結構非常複雜，職業語言學家找出的規則，許多是最近幾十年才提出來的。大多數語言學家，從不討論人類語言從動物界演化出來的可能，正是因為人類語言與動物呼叫的這個鴻溝。他們認為這個問題無法回答，甚至不值得去猜想答案。

最早的文字在五千年前出現，它們與現代文字一樣複雜，因此人類語言必然在更早的時候，就已經像今天的一樣複雜了。為了追溯語言演化的早期階段，我們能不能找到說原始語言的原始族群？今天世上還有些採集—狩獵族群，在不久之前，仍然生活在石器時代的水準，不是嗎？十九世紀許多記載異域風情的書裡，充滿了關於落後族群的故事，說他們只有幾百個語彙，或根本發不出適當的語音，只會發「啊！」的音，依賴手勢溝通。那是達爾文對火地島（位於南美洲南端）土著語言的第一印象。但是所有那樣的故事，純屬虛構。達爾文與西方探險家，只是很難從不熟悉的土著話語中分析出容易辨識的語音罷了，非西方人聽西方人說話，也有同樣的困難，與動物學家「聽不懂」綠猴的呼叫聲、咕嚕聲，是同樣的經驗。

事實上，語言的複雜程度，與社會／工藝的複雜程度，毫無關係。工藝技術原始的族群，說的語言並不原始，我與紐幾內亞高地上的佛族人相處，第一天就發現了這一點。佛族語言文法複雜得有趣，有芬蘭語、斯拉夫語的特徵，動詞時態與動詞片語的規則，又與所有我知道的語言不同。我前面提過，紐幾內亞的依瑤語有八種母音聲調，職業語言學家即使學了好些年，有些語音的微細變化，仍然難以察覺。

因此，有些族群即使仍然使用原始的技術，他們的語言可不原始。另一方面，克羅馬儂人遺址出土了許多當年的器物，可是沒有留下當時的話語。既然找不到語言演化的缺環，我們就缺乏適當的證據，討論人類語言的起源。於是我們被迫嘗試比較間接的進路。

進路之一，是觀察那些沒有機會聽見人類說話的人，看他們會不會自然地發明一種原始的語言。

根據希臘史家希羅多德（Herodotus, ca. 484-25 BC），埃及法老普薩美提克斯（Psammeticus，西元前七世紀）做過這樣的實驗，目的在確認最早的人類語言是哪一個。法老將兩個新生嬰兒送交一位獨居的牧羊人撫養，命令他不得發出任何聲音、不得與嬰兒說話，並仔細聆聽孩子說的第一個字。牧羊人忠實盡責地回報法老：兩個孩子起先只會吐露無意義的含糊語音，可是到了兩歲，兩人會向他跑去，開始反覆地說「becos」。由於那個字當時在佛里幾亞語（土耳其中部）中是「麵包」的意思，據說薩美提克斯因此同意：佛里幾亞人是最古老的人類。

這個實驗確實嚴格遵循了法老的指示嗎？很不幸，希羅多德的簡短敘述，並不能使懷疑者信服。一些學者反而振振有辭，拿這個故事當證據，尊他為「謊言之父」，而不是「史學之父」。當然，我們都知道：嬰兒若在與世隔絕的情境中生長，長大後就一直不能說話，也不會發明或發現語言，例如著名的「狼孩」阿維洪（Aveyron, 十八世紀末法國發現的一個男孩）。但是，在現代世界，普薩美提克斯實驗的變體，卻已經發生過幾十次。參與實驗的人，是整個族群中的小孩，他們身邊的成人，說的語言極為簡化又不穩定，與正常孩子兩歲時說的話，頗為類似。那些孩子會無意識地繼續演化他們自己的語言，比綠猴的呼叫系統更為先進，但比正常的人類語言簡單。結果就是一種叫做「克里奧」（creole）的新語言。「克里奧」與它的前身「洋涇」（pidgin），也許可以提供有用的線索，讓我們建構人類語言演化過程中的缺環，有些根據。

我第一次接觸到的「克里奧」，是紐幾內亞的通用語，叫做新美拉尼西亞語，或者「洋涇英語」。(「洋涇英語」不是個正確的詞，會讓人產生不正確的觀念，因為新美拉尼西亞語並不是「洋涇」，而是從一種先進的「洋涇」發源、演變而成的「克里奧」——待會我會解釋兩者的區別——許多不同的「克里奧」都給誤以為是「洋涇英語」。)巴布亞紐幾內亞面積與瑞典差不多，可是有七百種土著語言，沒有一種語言的說話人，超過總人口的百分之三。在這種情況下，難怪會需要一種通用語言；於是在十八世紀初，英國商人與水手到達這兒之後，就出現通用語了。今天，新美拉尼西亞語在巴布亞紐幾內亞，不僅是會話用語，許多學校、報紙、廣播以及國會討論國是，都用到它。

我到達紐幾內亞，第一次聽到新美拉尼西亞語的時候，對它嗤之以鼻。它聽來像是孩子話，又臭又長、又不合文法。可是我以自以為是的孩子話說英語，卻發現當地人根本不知道我在說什麼。我假定新美拉尼西亞語中的字，與英語中的同源字意思相同，結果這個假定導致可怕的後果。例如我不小心推擠了一位婦人，於是當著她先生的面向她道歉。哪裡知道在新美拉尼西亞語中「pushim」的意思，並不是英語中的「push(推)」，而是「性交」。

新美拉尼西亞語像英語一樣，有嚴謹的文法規則。它是一種柔順的語言，你想說什麼都成，能用英語說的，也能以新語說出來。你甚至可以表達不容易用英語表達的意思。舉例來說，英語代名詞「we(我們)」，事實上有兩種不同的意思，一種包括聽者，一種不包括聽者。新美拉尼西亞語用兩個代名詞(yumi與mipela)，分別這兩種「我們」。我使用了幾個月新美拉尼西亞語之後，再與使用英語的人交談，每當他說到「we(我們)」，我就不由得想：他說的「we(我們)」究竟包不包括我？

新美拉尼西亞語看似簡單（其實不然），以及柔順的特性，有字彙的原因，也有文法的原因。它的字彙以一組數量不多的字當核心，核心字的意義隨語脈變化，並可做比喻性的衍義。例如「gras」，既是英語中的「grass（草）」，也可衍義成「頭髮」。

新美拉尼西亞語的文法看似簡單（其實不然），因為它缺乏某些規則，而以繞圈子的辦法表達意思。它缺的包括一些似乎不可或缺的文法項，如名詞的複數形與詞格、動詞的詞尾變化、動詞的被動態，以及大多數介詞與動詞時態。然而，在許多其他方面，新美拉尼西亞語先進的程度，孩子話與綠猴呼叫聲遠遠比不上，例如它有連接詞、助動詞與代名詞，它還有表達動詞情態與面向的各種方式。它的音素、音節與字構成井然的層級組織，與正常、複雜的語言一樣。它也容許以片語、句子建構層級組織，所以巴布亞紐幾內亞的政客，能以新美拉尼西亞語發表競選演說，其架構之複雜曲折，可與湯馬思．曼（Thomas Mann, 1875-1955，一九二九年諾貝爾文學獎得主）的德文散文比美。

起先，我以為新美拉尼西亞語是人類語言中的怪胎，儘管是個可愛的怪胎。由於英國船十八世紀初才經常停靠紐幾內亞，因此新美拉尼西亞語問世還不到兩百年。但是我假定這種語言是從「孩子話」發展出來的——當年到紐幾內亞殖民的人認為土著無法學會英語，就以「孩子話」和土著說話，我這麼猜想。結果我發現，與新美拉尼西亞語結構相似的語言，世界上有幾十種。它們在全球各地分別獨立發展，語彙大部分借自英語、法語、荷蘭語、西班牙語、葡萄牙語、馬來語或阿拉伯語。它們出現的情境，主要與大農場、市集、貿易站有關，因為在那些地方，操不同語言的人會聚一堂，溝通

的問題亟需解決，可是當地的社會環境又不容許大家學習對方的語言。許多例子可以在赤道美洲、澳洲，赤道上的加勒比海島嶼、太平洋島嶼、印度洋島嶼上發現——歐洲拓墾者在當地移入了遠地來的工人，他們說不同的語言。其他的歐洲殖民者，在中國、印尼或非洲人煙稠密的地方，建立了市集或貿易站。

占支配地位的殖民者與輸入的工人或當地土著之間，有強固的社會藩籬，使前者不願、後者不能學習對方的語言。即使沒有那些社會藩籬，工人也沒有多少機會學習殖民者的語言，因為工人的數量比殖民者多得多。另一方面，殖民者也發現學習工人的語言非常困難，因為工人來自不同部族，語言也不同。

大農場或市集成立後，簡化的、穩定的新語言於是從混亂的語言情境裡產生了。就以新美拉尼西亞語為例吧。大約在一八二〇年，英國船開始造訪紐幾內亞東方的美拉尼西亞諸島，擄島民到（澳洲）昆士蘭與薩摩亞的甘蔗農場做工，那裡說不同語言的工人在一起勞動。在這一巴別塔情境中，不知怎地就出現了新美拉尼西亞語，它的語彙有八成源自英語，百分之十五源自凸賴語（Tolai，一種美拉尼西亞語，在工人中，說這種語言的人占的比例頗高），其餘的是馬來語及其他語言。

在新語言形成的過程中，語言學家區分出兩個階段：剛形成的粗糙語言，叫做「洋涇」，後來比較複雜的語言，叫做「克里奧」。殖民者與工人說不同的語言（第一語言），可是因為溝通的需要，學習「洋涇」當作第二語言。雙方都繼續說第一語言，與自己人溝通；雙方透過第二語言彼此溝通，

此外，農場上說不同語言的工人，也可以用「洋涇」溝通。

與正常的語言比較起來，「洋涇」的語音、語彙及語法都貧乏得很。「洋涇」的語音，通常只保留幾個語言的交集部分。例如許多紐幾內亞人覺得英語中的f與v音很難發，而我與許多以英語為母語的人，覺得許多紐幾內亞語裡帶聲調的母音與鼻化音很難發。這些音「洋涇」丟掉了大部分，後來發展出的新美拉尼西亞語也不使用。「洋涇」的語彙，主要是名詞、動詞與形容詞，至於冠詞、助動詞、連接詞或介詞，不是很少就是沒有。語法嘛，早期的「洋涇」主要只有短字串，很少片語，字的順序並無規律，沒有附屬子句，沒有字尾變化。除了上面談的貧乏，個別差異是早期「洋涇」的特色，同一個人說的話，不同的人說的話，都富有變異性，簡直是語言的無政府狀態，「只要我喜歡，沒什麼不可以」。

「洋涇」要是只有成人說，而且不必很正式地說，就會停留在原始的階段，不會進一步演化。例如有一個叫做盧梭諾克的「洋涇」，讓俄國漁民與挪威漁民可以在北極圈內進行以物易物的交易。那個通用語整個十九世紀都在流通，從未進一步演化，因為它只用在單純交易的短暫過程中。雙方大部分時間都與自己的同胞在一起。另一方面，在紐幾內亞「洋涇」一個世代又一個世代流傳下去，逐漸變得越來越規律、越來越複雜，因為越來越多人在日常生活中使用它。但是紐幾內亞大多數孩子，繼續跟父母親學習母語作為第一語言，直到第二次世界大戰之後，情勢才改變。

不過，要是有一個世代開始以「洋涇」做母語（第一語言），「洋涇」就會很快地演化成「克里奧」。（後面我會討論那個世代中哪些成員會以「洋涇」做母語，以及那麼做的原因。）那個世代就會以「洋涇」達成所有社會目的，不再只以「洋涇」討論農場事務，或從事以物易物的交易。與「洋涇」比較，「克里奧」的語彙多得多，語法複雜得多，同一個人說的話，不同的人說的話，也一致得多。「克里奧」可以表達正常語言所能表達的思緒，可是以「洋涇」表達稍微複雜的意念，都得奮鬥個老半天。也不知怎地，雖然沒有語言學院的專家創制明確的規則，一個「洋涇」就擴張並穩定下來，演化成一個嚴整而完全的語言。

這個形成「克里奧」的過程，是語言演化的自然實驗，在現代世界中開展過幾十次，各不相干。實驗場所分布在南美大陸，經非洲，到太平洋諸島；參與實驗的勞工，有非洲土著、葡萄牙人與中國人，以及紐幾內亞土著；殖民主人有英國人、西班牙人、其他的非洲人與葡萄牙人；時間範圍，至少從十七世紀起，直到二十世紀。引人注目的是，所有這些實驗的語言產品，無論有與不足的面向，都有那麼多相似之處。在不足這一面，所有「克里奧」都比正常語言簡單，大部分缺乏動詞時態與人稱的連動變化、名詞詞格與單複數的變化、大多數介詞，以及與性別有關的變化。在有的這一面，「克里奧」比「洋涇」在許多方面進步得多：字的次序統一；人稱代名詞的單複數區別、關係子句、相對的前一時態；表達否定、時態、假設、連續動作的助動詞。此外，大多數「克里奧」都採取「主詞、動詞、受詞」的順序，而且助動詞位於主動詞的前面。

「克里奧」顯得出奇地一致，是哪些因素造成的？語言學家仍然沒有定論。那就好像從一副砌好的牌裡抽出十二張牌，連續五十次沒有抽中紅心或鑽石的牌，反而每次都有一張皇后、一張小丑、兩張ACE。我覺得最可信的解釋，是語言學家畢克頓（Derek Bickerton）提出的，他認為「克里奧」

有許多相似處，因為我們控制語言發展的遺傳藍圖，是相同的。

畢克頓的觀點，源自他在夏威夷做的「克里奧」形成研究。十九世紀晚期，夏威夷的甘蔗農場雇用過大批外地工人，有中國人、菲律賓人、日本人、韓國人、葡萄牙人與波多黎各人。一八九八年夏威夷給美國兼併後，在那個語言渾沌中，一個以英語為基礎的「洋涇」，發展成成熟的「克里奧」。移民工人仍然保存自己的母語；他們會說「洋涇」，但是並沒有發展、改進它，儘管那個「洋涇」要當作主要溝通工具的話，有許多改進的餘地。不過，對於移民的第一代子女，用什麼當溝通工具，卻是個大問題。即使孩子的父母來自同一族群，他們可以跟著父母學習正常的語言，可是與其他族群的孩子或成人溝通，他們在家裡學會的正常語言就毫無用處了。要是父母親不屬於同一個族群，他們即使在家裡也只會聽說「洋涇」。孩子也沒有適當機會學習英語，因為社會藩籬將他們與說英語的農場主人隔離開來。夏威夷的外籍工人子女，只有「洋涇」這種貧乏的、不一致的語言模型可憑藉，卻能在一代之內，將「洋涇」自然地擴張成一個嚴整、複雜的「克里奧」。

到了一九七〇年代中期，畢克頓訪問一九〇〇年到一九二〇年在夏威夷出生的工人階級，仍然能夠追溯這個「克里奧」的形成歷史。那些人與我們一樣，在早年吸收的語言技巧，終其一生都不會改變，因此他們年紀大了之後，說的話仍然能反映他們年輕時聽見的別人說的話。畢克頓在一九七〇年代訪問的老人，由於年紀不同，所以可以代表那個「洋涇」轉變成「克里奧」過程中的不同切片。因此，畢克頓能夠做出結論：整個過程大約在一九〇〇年開始，一九二〇年完成，創造新語言的人，是當年正在牙牙學語的兒童。

實質上，那些夏威夷兒童實現了普薩美提克斯實驗，只是實驗設計修改過了。與普薩美提克斯實驗的兒童不同，夏威夷兒童可以聽見身邊成年人說的話，也能學習他們聽見的字。但是與正常的兒童不同，夏威夷兒童聽見的語法不多，他們聽見的，既不一致，又很原始。所以，他們創造了自己的語法。他們成功地為自己創造了語法，而不是以聽來的語料東拉西扯、拼湊出來，從夏威夷「克里奧」的許多特徵可以看出，它們與英語或各種工人的語言都不相同。新美拉尼西亞語也有這個特徵，它的語彙大部分來自英語，可是許多語法特徵卻是英語沒有的。

我不想誇張「克里奧」在語法上的相似程度。「克里奧」的確有變異，與「克里奧」形成期的社會史有關，特別是當初農場主人與勞工的人數比例，那個比例變化的速度以及變化的幅度，還有早期的「洋涇」有多少世代可供利用（從既有語言逐漸採借更多複雜的特徵）。但是它們還是有許多相似的地方，尤其是那些迅速地從早期「洋涇」演化出來的「克里奧」，相似程度最高。每一個「克里奧」的兒童創作者，怎麼能那麼迅速地就語法達成共識？為什麼不同「克里奧」的兒童創作者，會一再地發明相同的語法特徵？

不是因為他們以最簡單的或唯一的方式設計語言。

這些「克里奧」的相似點，很可能源自大腦在童年用以學習語言的遺傳藍圖。語言學大師喬姆斯基（Noam Chomsky）早就指出：人類語言的結構非常複雜，小孩子不可能在短短幾年就學會，因此在兒童大腦中，必然有一內建的語言學習線路。在語言學界，這個主張流傳甚廣，可說是主流意見。舉例來說，我的一對雙胞胎兒子，兩歲才開始使用單字。我寫下這一段的時候，他們還不滿四歲，可是已經精通大部分英語語法規則；而母語不是英語的成年人，移民到英語國家幾十年後，往往還不能掌握那些規則。我的兒子甚至在兩歲以前，已經學會分辨大人對他們發出的語音（剛開始的時候，那些語音他們聽來也是含糊籠統、殊不可解），學會辨認構成字的音節，以及學會將音節組與字對應起來（雖然人在不同的時候，或不同的人，同一個字會有不同的發音）。

這類困難使喬姆斯基相信：正在學習第一種語言的兒童，面對的是一個不可能的任務，除非那種語言的大部分結構已經內建在他們的腦子裡了。於是喬姆斯基下結論：我們生來大腦中已內建了一套「通用語法」，那套語法容許我們建構各種可能的語法模型，以涵蓋真實語言的語法範圍。這個內建的通用語法，像是一組開關，每一個開關有好幾個可能的位置。所以開關的位置最後可以固定，以契合孩子聽到的語言的文法。

然而，畢克頓比喬姆斯基更進一步，主張：我們不僅生來已內建了一套通用語法——一組可調整的開關，而且這組開關已經預先設定過了——就是一再在「克里奧」語法中浮現的那些特徵。如果幼兒學習的第一個語言，與預置的內建語法設定有衝突，那預置的設定能夠給改過來。但是如果幼兒學習的第一個語言並不「正常」，是一種沒有結構的「洋涇」，那麼「克里奧」設定就會是幼兒長大後所說的語言的設定。換言之，「克里奧」的語法特徵，就是天生的「普遍語法」的預置設定。

根據畢克頓的看法，我們天生的語法設定，就是學者觀察到的「克里奧」的語法特徵。可是那些天生的設定會受幼兒第一種語言的影響。如果他是對的，那麼幼兒在學習語言的過程中，他聽到的語言的語法特徵，若與「克里奧」設定符合，就很容易學會，若與「克里奧」設定衝突，就很難（很慢）學會。以英語為例，普通的敘述句的「字序」是：主詞＋動詞＋受詞，可是疑問句必須將主詞與動詞顛倒。英美兒童學習疑問句的確有困難，可能是因為天生的語法設定規定敘述句與疑問句使用同樣的「字序」。

現在讓我們把本章討論過的證據綜合一下，試著對人類語言的演化作一個融貫的說明。綠猴呼叫可以代表早期的階段，我們有很好的研究結果可以參考。綠猴至少有十種不同呼叫，每一種呼叫都有具體的外界指涉，綠猴用來傳遞訊息，而所有呼叫聲都是有意地發出的，而不是體內的反射反應。那些呼叫的功能，也許是「字」，也許是「說明」，或者「動議」，或同時兼具幾個功能。科學家花了許多心力，才辨識出那十種呼叫，因此說不定還有許多有意識、有意義的呼叫沒有辨識出來，也未可知。我們還不知道其他動物在聲音通訊方面，會比綠猴高明到什麼程度，因為聲音通訊最可能比綠猴高明的物種，是非洲的兩種黑猩猩，而科學家還沒有仔細研究牠們在自然棲境中的通訊行為。至少在實驗室中，經過科學家耐心的教導，黑猩猩能學會幾百個符號的意義，顯示牠們至少有那種能力，牠們在自然棲境中會如何利用那種能力呢？

正在發育中的幼兒，說出「果汁」這個詞，代表超越動物呼叫的下一階段。孩子說出「果汁」，意思也許與綠猴的呼叫一樣，有多重功能，除了那是個有具體指涉的名詞，還包括「說明」，或者「動議」的意思。不過，幼兒會說「果汁」，已經比綠猴高明了不知多少倍，因為他說這個詞，必須先學會適當的子音與母音，再以那些音素組成大人聽得懂的語音「果汁」。幾十個音素（基本的發音單位），可以組成大量的字、詞，是人類聲音傳訊的關鍵特色。模組組織（基本音素組成語音，語音組成字、詞，最後字、詞組成句子）讓我們更能描述世界萬物，以及內心感受。舉例來說，綠猴只有六種動物名稱（每一個指涉的也許是一類，而不是一種），我們卻有近兩百種。

再進一步的例子，可以觀察人類兩歲的孩子，那時正是他們開始從單字（詞）進入二字（詞）或多字（詞）的階段。但是他們說的多字（詞）話語，仍只是將字詞串在一起，沒有複雜的語法，他們使用的字（詞）只有名詞、動詞與形容詞，都有具體指涉。正如畢克頓指出的，那些字詞串與「洋涇」類似，而「洋涇」是人類成人在必要時自然地發明的。那些字詞串與實驗室黑猩猩使用符號的表現，也很相似（當然，黑猩猩必須先受過訓練）。

從「洋涇」到「克里奧」，或從兩歲幼兒的單字（詞）話語，到四歲幼兒的完整句子，是邁向正常成人語言的另一大步。那一大步包括了：話語中出現缺乏外界指涉的字詞，它們只有文法功能；許多語法要素，例如字詞順序、字根變化等等；以及更為複雜的片語、句子，包括多重層級構造。也許本書第一部討論的「大躍進」，正是由那一步觸發的。不過，現代世界中各地獨立發明的「克里奧」，仍然可以提供線索，讓我們尋繹走出那一步的過程。

我承認「克里奧」與正常的語言，仍有很大的差異。可是從綠猴呼叫到莎士比亞，「克里奧」已走完全程的百分之九十九．九。「克里奧」已經是複雜的語言。舉例來說，印尼語就是從「克里奧」發展出來的，現在是當地會話與官方語言——請別忘了這個國家的人口居世界第五位，現在也有人以印尼語創作嚴肅的文學作品。

在動物通訊與人類語言之間，似乎有一不可跨越的鴻溝。過去我們就是這麼想的。現在我們在動物界與人界都發現了可供建造橋梁的材料。不錯，人類的語言是我們最獨特的特徵，使我們與其他動物活在不同的世界裡，可是我們已經開始了解：在動物界，可以找到人類語言的前驅物。

chapter 9

藝術的自然史

美國畫家喬治亞．歐基菲（Georgia O'Keeffe, 1887-1986）的作品，一開始並不受藝壇青睞，與西莉比較起來，遭遇有如雲泥。西莉的作品，甫問世就令博覽泛觀的藝術家傾倒。「它們天才洋溢，果決自信又富創意」——這是著名的抽象表現派畫家德枯寧（Willem de Kooning）的第一印象。抽象表現派的權威維金（Jerome Witkin，美國紐約雪城大學藝術教授），反應更熱情：「這些畫抒情奔放，美極了。它們看來自信、沉穩、又有力量，感情豐沛、卻收放得宜，太不可思議了……這些畫太優雅、纖細了……這些畫表現出畫家善於以畫筆喻情，信手捻來，皆有情致。」

維金稱讚西莉的畫筆，說是善於營造虛實對比，物象布局渾成。他只見其畫，未見其人，可是正確地猜出了畫家是位女性，而且對東亞書道頗有心得。但是維金沒想到那位畫家身高兩公尺四、體重四噸。她是一頭亞洲象，以象鼻握筆作畫。

德枯寧一聽說西莉是一頭象，就說：「牠可是一頭天才象！」事實上，西莉在象群中並不出眾。野地大象偶爾會以象鼻在沙塵上做出繪畫的動作，動物園中的象也有人觀察到：牠們在地上，以小棍子或石頭塗鴉。許多醫師、律師的辦公室，都掛著卡珞的畫——牠也是一頭母象，賣出過幾十幅畫，有的賣到五百美金。

許多人都認為：人類獨有的特質中，以藝術最高貴——它就像說話的能力一樣，將人超拔於動物之上，為人／獸之分立下了明確的境界；在最基本的層次上，藝術與語言都不是動物所能企及的。藝術甚至比語言還高貴，因為人類的說話通訊模式，說穿了「不過是」一種動物通訊系統，只是複雜得不得了罷了，而且說話的生物功能很明確——幫助我們生存，況且，其他的靈長類不是也會利用聲音傳訊嗎？相對地，藝術可沒什麼明白的生物功能，藝術的起源一向被認為是個崇高的神祕。但是我們也很清楚：大象的藝術作品，對我們也有意義。至少，創作的身體活動，人與大象相似，而創作出來的產品，連專家都分辨不出。當然，西莉的作品與我們的有很大的差別，例如西莉可沒想過以牠的作品對其他的象傳達些什麼訊息。可是我們無法對牠的創作視若無睹，認為只是一頭野獸的「瞎扯」。

在這一章，除了大象，我還會討論一些其他的動物，牠們都有類似人類藝術創作的活動。我相信以人類的藝術與與動物的作比較，能幫助我們了解人類藝術當初的功能。雖然常識中藝術是科學的「對立物」，可是真有一門「藝術的科學」，也未可知。

我們的藝術在動物界必然有「前驅物」。如果這個論點你難以消受，請別忘了，七百萬年前我們人類才與咱們的兄弟——黑猩猩——分家。人壽幾何？七百萬年當然長如萬古。可是以地球生命史來衡量，七百萬年曾不如一瞬——複雜的動物體制，在五億六千萬年左右出現。我們與黑猩猩，相同的

遺傳基因仍高達百分之九十八。因此，藝術與其他我們認為人類獨有的特徵，必然是我們基因組中一小撮基因的傑作。在演化時鐘上，那一小撮基因必然是瞬間之前出現的。

許多我們原先以為的人類特徵，最近的動物行為研究已經揭發了它們的前世今生。因此，人與其他動物之間，不再有不可跨越的鴻溝。人與其他動物的差異，只是程度上的，而不是本質上的。舉例來說，上一章我就描述過東非綠猴的初級語言。說起吸血蝙蝠，你也許不會認為牠們會有什麼高貴的德行，但是牠們能夠相濡以沫、互利共生，學者已經證實。至於人性的陰暗面，謀殺並非人類專利，許多動物種都有謀殺暴行：狐狸與黑猩猩進行滅族鬥爭，鴨子與紅毛猩猩的強姦犯行，螞蟻有組織地從事戰爭與奴役俘虜，全都鐵案如山、無可推諉。

人類與其他動物之間當然有差異，可是這些發現使我們再也不能自以為是「天地自我開生面」的物種——除了藝術。我們相信藝術是人類頂天立地、別開生面的發明，時間是四萬年前。也就是說，我們花了六百九十六萬年蛻化猿性，終於在四萬年前修成正果。也許最早的藝術是木刻或體繪，但是它們已經消失，我們無從查考。人類藝術最早的跡象，包括：保存在尼安德塔人骨架上的花；尼安德塔人營地遺址找到的帶刻痕的動物骨。不過，很難證實它們是有意創作的遺跡。直到四萬年前克羅馬儂人出現了，我們才有毫不含糊的證據，顯示他們從事藝術創作，例如著名的法國洞穴壁畫、人（神？）像、項鍊，以及笛子等樂器。

如果我們主張真正的藝術只有人類才能創作，那麼那些類似人類藝術創作的動物表現——如鳥鳴——與真正的藝術有什麼差別呢？論者通常從三個特徵下手論證：他們認為人類的藝術，是為藝術而藝術，沒有實用價值；人類的藝術創作衝動，受美感的支配，而美感是愉悅的泉源；人類的創作天賦，須受藝術傳統的薰染浸潤，而不是鏤刻在基因中的機械操作。讓我們逐一討論這幾個特徵吧。

首先，正如王爾德（Oscar Wilde, 1854-1900）所說：「藝術無用。」生物學家對這句話的理解，就是：藝術並不「實用」，所謂「實用」，是從動物行為與演化生物學的角度來說的。換言之，人類的藝術不能協助創作者取得生活資源，以及傳遞基因——大多數動物行為，最容易察覺的功能，也不過生存與生殖二事。當然，人類的藝術創作者，以作品對同胞訴說他們的感受與想法，從這個角度來觀察，人類的藝術品有溝通的功能，可是那到底與傳遞基因不同。相對來說，鳥兒歌唱有明顯的功能——吸引異性前來交配、守禦地盤，以達成傳遞基因的目的。

至於第二個特徵——人類透過藝術，追求美感的愉悅經驗。根據辭典的定義，藝術是「創作具有形式與美感的活動」。雖然我們無法問嘲鶇與夜鶯：能不能欣賞自己鳴唱的形式與美感？但是牠們只在繁殖季節鳴唱，這個事實已經令人懷疑答案是否定的。因此，牠們大概不是為了美感經驗而鳴唱的。

人類藝術的第三個特徵：每個人類族群都有獨特的藝術風格，創作與欣賞那種風格的知識，是學會的，而不是遺傳的。例如今天在東京與巴黎流行的歌曲，很容易分別。但是那些風格上的差異，不是遺傳密碼決定的，東京街頭的人，眼珠的顏色與巴黎街頭的人不同，那才是遺傳的結果。巴黎人與日本人可以互相訪問與交流關於流行音樂的點子。可是許多鳥類的鳴唱，以及對於鳴唱的反應，都由遺傳決定。那些鳥類，即使從未聽見過同類的鳴唱，或只聽過異類鳥種的鳴唱，也能正確地鳴唱出自己的鳥歌。那就好像一個法國父母生下的嬰兒，給日本人收養了之後，在東京長大、受教育，可是他仍然說的是法語，自然地唱出《馬賽進行曲》。

於是，我們與大象藝術之間，似乎有個巨大的鴻溝，相去不可以道里計。大象與我們，甚至還沒有親近的演化關係。與我們有關的，應該是兩頭黑猩猩（剛果與貝慈）、一頭大猩猩（蘇菲）、一頭紅毛猩猩（亞歷山大），以及一隻猴子（巴布羅）的畫作。這些靈長類分別精通不同的繪畫媒介，包括畫筆、手指、鉛筆、粉筆、蠟筆。剛果一天畫過三十三幅畫，看來只為了愉悅自己——從未見牠拿畫給其他的黑猩猩看，要是你沒收牠的鉛筆，牠可不依，準鬧個天翻地覆。對人類藝術家來說，開個人展是地位的象徵——證明自己的成功。剛果與貝慈開過一次「雙猿展」，那是在一九五七年，倫敦現代藝術館。第二年，剛果也在倫敦開了一次「個展」。還有呢，牠們的畫全都賣出去了（買主是人類，廢話）。許多人類藝術家都沒有那麼成功。還有許多猿類的畫，神祕地混入了人類藝術家的展覽中，讓許多不明就裡的評論家驚豔不已，他們盛讚那些畫的張力、韻律與平衡感。

同樣不明就裡的兒童心理學家，受邀欣賞巴提摩爾動物園黑猩猩畫的畫，並請他們據以診斷畫家的（心理）問題。一幅三歲雄性黑猩猩畫的畫，心理學家認為是一名七、八歲的男童畫的，而且反映男孩有偏執傾向。兩幅同一頭一歲雌性黑猩猩畫的畫，心理學家認為是兩名十歲女孩畫的，一幅反映女孩是精神分裂患者，極富暴力傾向；另一幅則反映女孩有偏執傾向，並強烈地認同父親。那些心理學家也真有兩下子，創作者的性別都搞對了，搞錯的只不過是物種而已。

那些咱們近親的畫作，看來的確泯滅了人類藝術與動物活動之間的界線。猩猩的畫，與人類的畫一樣，並沒有傳遞基因的實用功能，而是滿足自己的作品。猩猩畫畫，只是動物關在獸欄裡的「不自然」活動。你也許會說：正因為那些畫不是「自然的」作品，所以不能提供什麼線索，讓我們尋繹人類藝術的動物起源。因此，讓我們現在仔細研究一個毫無疑問的「自然」行為，也許能找到我們需要的線索：花亭鳥建造花亭——那是世界上構造最複雜、裝飾最華麗的動物作品，只有人類的作品足以媲美。

我第一次見到花亭鳥建造的花亭之前，已經聽說過它們，不然的話，我一定會與十九世紀到紐幾內亞探險的西方人一樣，以為那是人造的玩意。那天早晨，我從一個紐幾內亞村落出發，村落裡盡是圓形的茅屋，成排的花圃，人們戴著裝飾珠子，孩子帶著小弓小箭，模仿大人的行為。突然間，我在叢林裡看見了一間編織得異常美麗的小屋，它是圓形的，直徑兩公尺四，高一公尺二，有一扇門，足可供一個孩子穿過，坐在屋中。小屋前面有一小塊長滿了綠苔的地面，沒有雜物，可是有上百件五顏六色的自然物擺著，一看就知道是故意安排、用來裝飾的。其中主要是花、果、葉，但是也有蝶翼與真菌。顏色一樣的東西集中在一起，例如一堆紅果子旁邊擺著一堆紅葉子。裝飾品中最大的一件，是高高墳起的一堆黑色真菌，正對著門，一公尺外，有一堆橘色真菌。所有藍色的東西堆在屋裡，紅色的在外面，還有黃色的、紫色的、黑色的，以及幾個綠色的，在好幾個地點。

那間小屋不是兒童玩耍的地方，而是一種不怎麼惹眼的花亭鳥建造、裝飾的。花亭鳥是分布在澳洲、紐幾內亞的一群鳥，共有十八個物種。花亭是雄鳥建造的，唯一的目的，就是吸引雌鳥。築巢與撫育幼雛則是雌鳥的責任。雄鳥實行「多偶制」，吸引的雌鳥多多益善，牠們貢獻給雌鳥的，不過是精子罷了。雌鳥在花亭間穿梭，尋找中意的，牠們有時成群行動。一旦看中了，就與建造的雄鳥交配。

雌花亭鳥選擇性伴侶，以花亭的品質為準——花亭裝飾的數量以及契合當地風格的程度。不同的花亭鳥——不論是不同的種還是不同的族群——發展出不同的花亭風格。有些族群偏愛藍色，其他的或者紅色、綠色、灰色，有些不造圓屋，而造一或兩個塔，有的建一條兩邊有牆的小路，有的建四面有牆的盒子。有的族群還會以嚼碎的彩葉「粉刷」花亭，有的會分泌油來「漆」花亭。這些地方性的風格，似乎不是基因決定的。而是花亭鳥在漫長的成長過程中，從成鳥的作品學來的。雄性學習當地的花亭風格，雌鳥也要學習，以便知所抉擇。

起先，這個系統我們覺得荒謬。畢竟，雌鳥找的是配偶。在這場擇偶選秀大賽中，「存活子女的數量」是勝負的唯一判準，使雌鳥生養存活子女的能力，才是雌鳥應該弄清楚的，一個找來一堆藍色果子的傢伙，有啥好處？

所有動物，包括我們，擇偶時都面臨同樣的問題。有些物種，例如歐洲與北美的鳴鳥，雄性占據地盤，不令其他雄性侵入，然後吸引雌鳥飛來交配、產卵。雌鳥在雄鳥的地盤上產卵、孵卵，日後更以地盤上的資源撫育幼雛。因此，雌鳥得評估雄鳥地盤的品質。如果雄鳥會分擔餵養、防衛幼雛的責任，與雌鳥合作狩獵，那麼雌雄鳥都要評估對方的親職本領、獵食本領，以及雙方關係的品質。所有這些需要評估的事，對雌鳥來說已經夠難的了，要是雄鳥除了交配什麼都不做的話，那就更難了。花亭鳥就是這麼一種鳥。如何評估可能的炮友的基因呢？藍色果子與基因的品質又有什麼關係呢？

動物沒有時間與許多炮友各生十個孩子，然後看誰的孩子長得又快又好，將來生養得最多（存活的成年子女數量，是唯一的判準）。動物必須依賴交配訊號（例如歌唱或儀式化的表演）作為評估的方便準據。現在動物行為學家正在熱烈辯論：為什麼那些交配訊號是優良基因的指標，甚至有人懷疑它們是優良基因的指標？只要想想我們自己挑選配偶時遭遇的困難，大概思過半矣，怎樣評估可能對象的真實財富、親職技巧與遺傳品質呢？

從這個角度切入，想一想雌花亭鳥發現了一個牠喜歡的花亭，那個花亭代表了什麼？牠立刻可以斷定的，是「那是隻很強壯的雄鳥」，因為那個花亭的重量，是雄鳥體重的幾百倍，而且有些裝飾品重達牠體重的一半，必須從十幾二十公尺外拾回來。牠知道雄鳥非常靈巧，因為把幾百根樹枝編成小屋、塔或牆，並不容易。雄鳥必然很聰明，不然無法依據複雜的設計建造成品。雄鳥的視力、記憶力都不錯，不然無法在叢林中找到適當的建材、裝飾品。雄鳥必然懂得生存之道，不然無法活得長久、學會足夠的技巧，建造吸引雌鳥的花亭。還有，那隻雄鳥必然社會地位很高，因為雄鳥沒事就較量高低，而且會互相偷取建材、裝飾品，甚至破壞他人的花亭。威震群雄的雄鳥，地位才高，建造的花亭才不受破壞。

因此，花亭全面地反映了雄鳥的基因品質。就好像女人讓她的追求者受一系列的考驗，先是舉重測驗，然後縫紉、下棋、視力、拳擊，最後的勝利者才有權成為入幕之賓，一晌貪歡。與花亭鳥比較起來，我們人類為了挑選配偶爾設計的基因品質測驗，簡直莫名其妙。我們太看重外表的枝微末節，例如臉蛋和耳垂長度，或性感與名車，那些都不能反映基因的品質。美麗、性感的女人，或瀟灑、擁有保時捷的男人，往往體內有些糟糕的基因，表現出其他唬爛的品質，是個事實，儘管令人哀傷。請想一想，這個事實造成過多少人間悲劇。難怪那麼多婚姻以離婚收場，我們直到最近才覺悟：我們選擇的本領太差，而我們的標準太膚淺。

花亭鳥以藝術創作考驗配偶的真材實料，她們怎麼會那麼聰明？那是怎麼演化出來的？大多數雄鳥追求雌鳥，炫耀的是身上的彩羽、歌唱、肢體表演，或者供應食物，作為基因品質的保證。紐幾內亞的兩種天堂鳥則進了一步，雄鳥會在叢林地面清理出地盤，像花亭鳥一樣，加強牠們肢體表演的視覺效果，並炫耀身上的彩羽。其中一種，更進一步，雄鳥會在清理出的地面，擺放一些雌鳥築巢用得著的物件：小塊蛇皮，可以作為巢的襯裡；粉筆或哺乳類的乾糞便，可以當礦物質補充劑；以及可以當作食物的水果。最後，花亭鳥知道：有些用作裝飾的物品，本身沒什麼用處，可是由於它們難得或稀少，仍然可以當作優質基因的指標。

我們很容易理解這個概念。只要想想我們日常見到的廣告。例如英俊的男人拿著閃閃發光的鑽戒，送給似乎有生育能力的年輕女性。鑽戒有什麼用？又不能吃。但是任何一個頭腦清楚的女性都知道：鑽戒代表這個男人動員資源的能力（以及他供應子女和她的資源的數量）。要是他拿出來的是一盒巧克力，即使可以吃，也遜多了。對的，巧克力含有有用的熱量，那又怎樣？什麼阿狗阿貓都買得起巧克力。另一方面，男人買得起不能吃的鑽戒，就有錢供應他的女人以及她生的孩子，而且他賺取那些金錢的能力，例如智慧、堅毅、精力等等，也能遺傳給孩子。

於是，在演化過程中，花亭鳥的雌性就把注意力從雄性身體的天生裝飾，轉移到雄性建造的裝飾。雖然大多數動物種中，性擇的作用都是強化兩性身體裝飾的差異，在花亭鳥中，性擇卻讓雄鳥強調「身外物」，而不是身體上的裝飾。從這個角度來觀察，花亭鳥與人非常相似。我們也一樣，很少裸露身體、不假裝飾地追求異性，或者至少可以這麼說：很少以裸體展開追求異性的。我們以衣服遮蓋身體，非常講究顏色，還以香水、各種塗料（化妝品）裝飾，並以珠寶甚至跑車強化「美色」。我有一位開跑車的朋友，他一定要我相信：平庸的年輕男人，總想弄台花俏的跑車打點自己，如果那是真的，花亭鳥與人類就更相像了。

談過了花亭鳥的例子之後，讓我們再回顧那三個人類藝術的特徵，看看它們是否仍然能夠分別人類的藝術與動物的作品。花亭的風格與人類藝術的風格，都是後天學來的，而不是天賦遺傳的。因此第三個特徵就算不上特徵了。至於第二個特徵（美感愉悅），沒有法子得到答案。我們無法問花亭鳥：觀賞自己的作品，可覺得賞心悅目？我懷疑：許多人說他們欣賞藝術，不過是附庸風雅、裝腔作勢罷了。現在只剩下第一個判準了：王爾德說藝術無用，那是以狹隘的生物學觀點來看藝術。以花亭鳥的花亭來說，他的論斷絕對不能適用，因為花亭有吸引雌性的功能，那可是生殖大業，沒有什麼事更重要了。但是假裝我們的藝術品沒有生物功能，也是荒謬的。藝術品能協助我們生存，以及傳遞基因，辦法不少。

第一、擁有藝術品的人經常能享受直接的「性利益」。想要勾引女人，不妨邀請她來觀賞你收藏的蝕刻畫。這可不是個笑話。在真實世界裡，跳舞、音樂與詩，都是性的前奏。

第二（更重要的）、擁有藝術品的人享受很多間接利益。藝術品是地位的方便指標，無論在人類社會還是動物社會，地位都是取得食物、土地與性伴侶的鑰匙。「身外物」比「身上物」更能可靠地反映地位。沒錯，花亭鳥發現了這個原則。但是將這個原則發揮得淋漓盡致的，是我們人類。克羅馬儂人以手鐲、墜子，以及（赭石磨成的黃、褐、紅）顏料裝飾身體；今日的紐幾內亞土著，用的是貝殼、毛皮，以及天堂鳥羽毛。除了裝飾身體的藝術品，克羅馬儂人與紐幾內亞土著都會創作世界級的大型藝術品（如洞穴壁畫與繪畫）。我們知道：在紐幾內亞藝術品代表卓越與財富，因為天堂鳥不容易捕捉，美麗的雕像非有天賦做不出來，兩者都非常昂貴。在紐幾內亞，娶老婆非要有這些象徵特異品質的玩意不可：那裡老婆是買來的，代價的一部分是昂貴的藝術品。在其他地方也一樣，藝術品通常代表天賦、金錢，或兼具兩者。

在一個藝術品可以交換「性」的世界裡，藝術家能夠以創作餬口，就不稀奇了。有些社會就以製作藝術品維生，以藝術品與生產食物的族群交換食物。例如西亞西島民居住的小島（紐幾內亞附近），根本沒有耕種的土地，可是他們能夠雕刻美麗的木碗，其他部落的人以食物換去，當作娶新娘的綵禮。

在現代社會中，這些原則更為根深柢固。在紐幾內亞，身體上裝飾的鳥羽，以及住屋上掛著的巨大貝殼，是表示地位的象徵；在我們的社會，換成了鑽戒與畢卡索的畫。西亞西島民出售木刻碗，換取相當於二十塊美金的食物；理查·史特勞斯（1864-1949）以歌劇《莎羅美》（1905首演）賺來的錢，蓋了一棟別墅，一九一一年首演的《玫瑰武士》更讓他賺翻了。現在，我們經常讀到藝術品的消息，越來越多藝術品以天價賣出，動輒千萬美金，藝術品竊案也層出不窮。簡言之，正因為藝術品象徵優質基因與大量資源，所以藝術品可以換得更多優質基因與資源。

到目前為止，我只討論了藝術品為個人帶來的好處。但是藝術品也可以成為族群標誌。人類總是分成互相鬥爭的群體，任何一個群體失敗了，組成分子傳遞基因的機會就渺茫了。人類歷史充滿了族群間殺戮、奴役與驅趕的細節。勝者奪取敗者的土地，有時敗者的女人——也就是敗者傳遞基因的機會。但是族群的凝聚力，有賴於族群獨有的文化特質，尤其是語言、宗教與藝術（包括神話、傳說與舞蹈）。因此藝術是支持族群生存的重要力量。沒有族，哪來個人？猶如皮之不存，毛將焉附？即使你的基因比同胞的都好，族要是給異族滅了，那就玩完了。

現在，也許你會向我抗議了，說我硬給藝術添上用途，太過分了。你說，我們欣賞藝術，追求的是美感、是純粹的美學經驗，壓根兒沒想到什麼地位、女色。況且，有些藝術家一輩子獨身，沒近過女色。學鋼琴得花工夫，誰會練十年鋼琴，只為了追女人，難道沒有更容易的法子？難道滿足自己不是創作的主要理由，甚至唯一的理由，就像大象西莉與黑猩猩剛果一樣？

當然。能夠有效覓食的動物，由於生活不虞匱乏，「閒暇」不少，所以將許多行為模式推廣到極致，超越了原先的目的，是常見的（昇華）現象，人類面對藝術品的態度，就是一個例子。花亭鳥與天堂鳥悠閒得很，因為牠們體型大，以野果維生，體型小的鳥不敢上前爭食。我們人類也很悠閒，因為我們以工具取食（無論採集、狩獵、耕種）。有閒的動物，就有餘裕爭奇鬥豔。為了生殖競爭，鬥倒自己人、哥兒們，只有對不起了。那些行為可能後來會衍生其他的目的，例如保存資訊（克羅馬儂人的洞穴壁畫，畫的是狩獵的對象，有人推測功能之一，是保留資訊）；打發時間（動物園裡的猿與大象就有這個問題）；解除心理壓力（我們與動物園裡的動物，都有這個需要）；或者娛樂自己。我主張藝術有用，並不等於否定藝術的娛樂價值。也真是的，要是我們沒有欣賞藝術的天分，藝術也不會有那麼多有用的功能了。

為什麼藝術是人類的特徵，而不是其他動物的？這個問題也許我們現在可以回答了。既然人類飼養的黑猩猩會作畫，牠們在野地裡為什麼不作畫呢？我認為：野地裡的黑猩猩沒有閒暇作畫，牠們得解決許多生活的問題，找食物、生存，以及打退敵對隊群。要是野地的黑猩猩行有餘力，又有工具，牠們會作畫的。我的理論是有根據的：別忘了我們的基因組裡，百分之九十八還是黑猩猩的。

chapter 10 農業：福兮禍之倚

我們自命萬物之靈，妄自尊大、目空一切，這等膨風，卻禁不起科學戳穿。天文學讓我們知道：地球不是宇宙的中心，不過是太陽系中的一顆行星，而咱們仰之彌高的太陽呢，又不過是幾十億顆恆星中的一顆，沒啥出奇之處。生物學讓我們面對自己的自然史——我們與千萬種生物一樣，是演化而來的，而不是上帝特意創造的。現在考古學拆穿了另一個神聖的信仰：過去一百萬年的人類歷史，是個進步的故事。

特別是，最近的發現顯示：農業興起（包括畜養家畜）的確是個里程碑，可是農業給人類帶來的，不只是傳統教科書中大書特書的那些好處，更多的苦難也隨之而來。不錯，務農社會的食物生產量與儲糧，都大大地增加了，但是社會、性別的不平等，以及疾病與獨裁暴政，也隨農業出現在人類史上，至今我們還難以擺脫它們的詛咒。所以，在這一部（第八到十二章）討論的人類文化特徵中，農業功過相參，位於兩極之間，一邊是代表我們高貴品質的語言與藝術（前兩章討論過了），另一邊是不能原諒的惡癖（本書後面幾章將會討論的嗑藥、大屠殺與破壞環境）。

一開始，支持進步史觀的證據（也就是反對我這種「修正派」觀點的證據），對生活在二十世紀的美國人與歐洲人來說，簡直鐵案如山、不容置疑。我們的生活，幾乎在任何一方面，都比中世紀的人過得好。中世紀的人，又比冰河期的洞穴人過得好。洞穴人比猩猩過得好。要是你有點兒憤世嫉俗，請想想我們的優勢吧。我們的食物，數量豐盛、種類繁多，我們有最精良的工具、物質貨品，我們享受的壽命與健康，人類歷史上是空前的。我們大多數人，都沒有凍餒之憂，也不受猛獸的威脅。我們主要以石油與機器的能量做工，而不依賴肌肉與汗水。我們真有人寧願放棄這樣的生活方式，回到中世紀、冰河期，甚至到叢林中與猩猩同棲嗎？

在我們的歷史中，我們大部分時間過的都是一種原始的生活模式——「狩獵—採集」——以野生動、植物維生。過去人類學家常引用英國政治哲學家霍布斯的話，來描述那種「狩獵—採集」生活：惡劣、野蠻、短命。由於那時食物都得到野外去找，儲糧不可能多，於是（根據這種看法）每天時間都花費在覓食上，根本沒有餘裕搞其他的玩意。我們直到上一個冰期結束後，才從這種悲慘的境地中解放出來——分別在世界上幾個不同的地點，獨立地發明農耕與養殖動物的技術。農業革命逐漸擴散、分布全球，今天世上只有少數幾個族群，仍然過著狩獵—採集的日子。

我從小耳濡目染的就是進步史觀，因此乍聽有人問——「為什麼幾乎我們所有的狩獵—採集祖先都採納了農業？」——不免覺得他們天真得可以。他們當然會採納農業，因為農業比較有效率，花較少的精力就能獲得大量的食物。我們的農作物，以單位面積產量而論，比根莖類或野果大多了。只要想像一下，當年奔馳於原野叢林的野蠻獵人，整日忙著採集堅果、追逐野獸，無暇喘息，突然間闖進了一片結實纍纍的果園，或發現一大群馴良的綿羊倘佯在綠油油的草地上。試問：那些獵人得想多久，才會領悟農業的好處？千分之一秒？

信仰進步史觀的人，並不就此打住，他們更進一步，認為農業是藝術的溫床，而藝術是人類精神的瑰麗綻放。由於農作物收成後可以儲藏，而且耕作所得比到叢林裡狩獵還好，所以農業讓人類享受的閒暇，狩獵－採集時代的人是難以想像的。閒暇是創作藝術與欣賞藝術的先決條件。沒有閒暇，一切免談。因此，說到底，雅典的巴特儂神殿、巴哈的《B小調彌撒曲》，是農業給人類的最佳獻禮。農業使我們有閒暇創作與欣賞藝術。

在我們主要的文化特徵中，農業出現得特別晚，大約不到一萬年。我們的靈長類親戚，沒有一種從事過類似農業的活動，即使只是形似的都沒有。最類似人類農業的生產活動，動物界中必須到螞蟻群裡去找。螞蟻不只發明了農業，也發明了牧業。

美洲有一群螞蟻，不下幾十種，除了彼此有親緣關係之外，牠們的共同點還有：務農。那些螞蟻都會在巢裡種植特定品種的酵母菌或真菌。牠們不使用自然的泥土，而是調製特別的堆肥：有的螞蟻收集毛蟲糞，有的找昆蟲屍體或死亡的植物，還有的利用新鮮樹葉、樹枝以及花朵。舉個例子好了，切葉蟻會切下樹葉，把葉片切碎，除去不需要的真菌與細菌，再將碎葉片搬到地下蟻穴中。在那裡，葉片再進一步切碎，形成均勻的葉糊，摻以螞蟻的唾液與糞便，最後種植螞蟻喜愛的真菌種，那種真菌就是牠們的主食。切葉蟻也會在牠們的「田」裡「除草」——清除異類真菌孢子。新蟻后離巢另建新巢的時候，會帶著牠們辛苦培育的菌種，就像離鄉尋找新殖民地的人，帶著家鄉農作物的種子一樣。

至於養殖動物，許多昆蟲會分泌含糖量很高的蜜露，螞蟻可以當作食物。牠們常發展出互利共生的關係，例如有些蚜蟲演化成螞蟻的「乳牛」：牠們身上沒有防身裝備，全靠螞蟻保護；牠們從肛門分泌蜜露，而且肛門經過特殊的解剖學設計，方便螞蟻汲飲。螞蟻需要的時候，只消撫弄蚜蟲的觸角，蚜蟲就會分泌蜜露了。有些螞蟻會將蚜蟲卵搬進巢裡過冬，春天來了就帶孵化的蚜蟲外出「放牧」——讓蚜蟲到牠們喜愛的植物上進食。最後蚜蟲長出翅膀，四散找尋新的棲境，幸運的會讓螞蟻發現、「收養」。

無庸置疑，我們農耕、畜牧的本領，不是從螞蟻遺傳來的，而是自己發明的。事實上，「發明」這個詞太言重了點，因為人類務農、畜牧，在早期階段並沒有明確的目標——一言以蔽之，不是有意的發明。農牧業的發生，涉及人類的行為，以及動、植物的反應與變化——最後導致動、植物的「馴化」。舉例來說，動物馴化部分源自人類以野生動物當寵物的習慣，同時動物也學會利用與人類接近的好處（例如狐狸跟隨獵人捕捉受傷的獵物）。同樣地，馴化植物的早期階段，包括人類利用野生植物、丟棄種子——因而意外地「播種」了。不可避免地，那些植物、動物，無論物種、品系、個體，只要對人類有用，就會給「選擇」了，整個過程無須涉及「意識」或「計畫」。最後，有意識的選擇與計畫終於出現了。

現在讓我們回頭討論抱持進步史觀的人看待「農業革命」的眼光。本章一開頭我就解釋過，我們往往不假思索地就認為：從狩獵—採集生活形態轉變成農業聚落，隨之而來的是健康、長壽、安全、閒暇、與偉大的藝術。雖然這種觀點似乎鐵案如山，卻難以證實。一萬年前，放棄狩獵—採集生活而務農的社群生活真的變好了嗎？你怎麼知道？直到最近，考古學家都無法直接驗證這個問題。他們只好採取間接證據，令人驚訝的是，他們沒有得到「農業純然代表進步」的結論。

讓我舉個例子，說明他們使用的間接驗證方法。假如務農果真是個絕妙的點子，那麼農業一旦興起，就應該會迅速傳播開來。事實上，考古紀錄顯示：農業在歐洲的「進展」簡直猶如蝸牛爬行，一年勉強可達三百公尺。大約一萬年前，農業自中東興起，兩千年後，向西北到達希臘，再過了三千五百年，才進入英倫三島與北歐。那完全說不上「熱烈響應」。直到十九世紀，美國加州的印第安人仍過著狩獵—採集生涯，他們並不是不知道農業這回事，因為他們會與務農族群交換貨品。然而加州現在是美國的果園，難道那些印第安人都不知道為自己謀福利？或者，他們太聰明了，看穿了農業虛有其表、包藏禍心，大部分人類陷溺其中，脫身不得？

另一個間接驗證進步史觀的的例子，是研究現代的狩獵—採集族群，看看他們是否過得比農耕族群差。目前世上還有幾十個所謂的「原始民族」，主要居住在不適合農耕的地區，像南非卡拉哈里沙漠中的布須曼人（比較正式一點的名稱是「郭依族」），直到最近仍過著狩獵—採集生活。令人驚訝的是：這些族群過的生活非常愜意，閒暇的時間很多，睡眠的時間不少，為了果腹也不比鄰近的農民辛苦勞動。舉例來說，布須曼人每星期覓食所費的時間，平均不過十二、十三小時；請問讀者，你每星期要工作幾小時呢？有人問一位布須曼人，為什麼他不學鄰近族群去耕種？他的答案是：「幹嘛？四處不是有那麼多孟公果嗎？」

當然，找到食物並不代表肚子就能填飽；食物到手後，還得處理、調理，像孟公果那種食物，處理起來得花不少時間呢。因此，放棄進步史觀，認為過狩獵—採集的生活才能閒適愜意，大可不必（有些人類學家就那麼浪漫）。不過，認為布須曼人比農人還辛勞，必然是錯的。與今日我的醫生、律師朋友比較起來，或我開店鋪的祖父母，布須曼人的確悠閒得多。

農人集中精力生產高醣分農作物，如稻米與地瓜，可是今日的狩獵—採集族群，食物包括各種野生動、植物，含有更多蛋白質，營養也比較平衡。布須曼人平均每日攝取兩千一百四十卡路里的熱量，蛋白質九十三公克，以他們嬌小的身材與劇烈的活動量而言，遠高於美國食物藥品管理局推薦的量。狩獵—採集族群，身體健康，疾病少，食物內容豐富，也不會像農人一樣，每隔一段時間就遭到飢荒——因為農人依賴少數農作物維生。布須曼人能利用八十五種可食用的野生植物，他們難以想像餓死是怎麼回事，而一八四〇年代愛爾蘭因為馬鈴薯傳染病導致歉收，死亡人數達百萬以上。

因此，現代殘存的狩獵—採集族群，生活絕不是「惡劣、野蠻、短命」的，別忘了，他們是給農業族群逼進世界上最糟糕的角落裡的。過去的獵人，仍然居住在肥沃的土地上，決不可能過得比現代的獵人還差。但是，所有那些現代狩獵—採集社群，已經受農耕族群的影響，不知幾千年了，對於農業興起之前的生活形態，他們所能提供的線索大概不多。進步史觀實際上對遠古時代的生活品質，做出了一個判斷，那就是：世界各地的人，都因為採納了農業而改善了生活。考古學家在史前垃圾堆中，經常發現動植物的遺留，只要鑑定它們是野生種，還是家生種，就可以判斷農業興起的時間。當年那些製造垃圾的人，健康狀況是怎麼樣的？我們可以判斷嗎？如果農業興起後，他們的健康狀況明顯的改善了，不就是支持進步史觀的直接證據嗎？

那個問題直到最近才有了答案，多虧了新近成立的「古病理學」：在古代人遺骨上偵察病徵的學問。在一些幸運的情況裡，古病理學家可以找到足夠的材料，研究古人的病理，就像病理學家研究現代人一樣。舉例來說，考古學家在智利沙漠中發現了保存良好的木乃伊，經過病理解剖，我們可以了解那些人臨死前的身體狀況，就像今天在醫院裡檢驗新鮮的屍體一樣。美國內華達州一些乾燥洞穴中，過去有印第安人居住過，他們留下的糞便，保存得十分理想，因此我們還能在其中找到鉤蟲與其他的寄生蟲。

不過，古人的遺骸通常只剩下骨骼供古病理學家研究，但是他們仍然能從骨骼中找到許多線索，推斷他們生前的健康狀況。首先，骨骼能透露性別，以及身高、體重與死亡年齡。因此，要是能夠找到足夠的骨架，就能製作那個社群的「生命表」——就是保險公司用「生命表」計算各個年齡的平均餘命與死亡風險。古病理學家測量不同年齡的骨架，可以計算生長率；檢驗蛀牙（高醣食物的指標）與琺瑯質缺陷（表示童年的食物品質粗劣）；還能辨認許多疾病在骨骼上留下的痕跡，例如貧血、結核病、痲瘋與關節炎等。

古病理學家從骨架上發現了什麼？先舉個直截了當的例子，談談身高的歷史變化吧。在許多現代社群中，我們都觀察到：改善童年的營養，成年後身材就會增高。我們到歐洲的中世紀古堡觀光，得弓著身子穿過裡面的房門，可見那些古堡是為了身材矮小、營養不良的族群建造的。古病理學家研究希臘、土耳其出土的古代人骨，發現了一個平行的現象，令人驚訝。冰河期結束之前，在那裡生活的狩獵—採集族群，平均身高男性是一七七．八公分，女性是一六七．六公分。農業興起後，身高急遽降低，大約六千年前，男性是一六〇公分，女性是一五五公分。到了古典時代（上古史），身高又開始緩慢上升，但是現代希臘人與土耳其人，還沒有「恢復」到祖先的水準。

另一例，是美國依利諾河谷與俄亥俄河谷印第安人塚的人骨。玉米是幾千年前在中美洲馴化的農作物，大約在西元一千年，成為那兩個河谷的主要農作物。在那以前，印第安人遺留的骨骼，「看來非常健康，簡直沒什麼好研究的。」一位古病理學家這麼抱怨過。玉米傳入了之後，印第安人的骨骼突然變得「有意思」了。成年人嘴裡的牙齒，蛀洞的數目，從平均不到一個，躍升到近七個；牙齒脫落與牙周病極為猖獗。兒童乳牙的琺瑯質缺陷，表示在懷孕期與哺乳期間母親嚴重的營養不良。貧血病例增加了四倍；結核病已經是風土病；人口中有一半患螺旋菌感染或梅毒；三分之二有風濕性關節炎或其他退化性疾病。每一個年齡的死亡率都增加了，活過五十歲的人，只占人口數量的百分之一——玉米傳入前的黃金年代，卻有百分之五。全體人口中，五分之一在一歲到四歲之間就夭折了，也許是因為幼兒斷奶後營養不良，再加上傳染病。這樣看來，一向認為給新世界帶來福祉的玉米，實際上卻是公眾健康的災禍。世界其他地區，農業興起之後，也在骨架上留下了相同的痕跡。

農業對人類健康有害，至少有三組原因可以解釋。首先，狩獵—採集族群的食物，種類繁多，蛋白質、維他命以及礦物質的含量適當，而農人的食物大部分是富含澱粉的農作物。結果，農人得到的是廉價的熱量，付出的代價是營養不良。今天，人類消費的熱量中，單單是三種高醣植物（小麥、稻米、玉米）供應的，就超過百分之五十。

第二、由於農人依賴一種或幾種作物維生，要是莊稼歉收，餓死的風險比獵人大得多。愛爾蘭大饑荒就是個例子。

最後，大多數今天主要的人類傳染病與寄生蟲，要不是農業興起，根本不會在人類社會中生根。那些人口殺手，只有在擁擠、營養不良與定居的社群中，才能長存，因為在那樣的社群中，很容易反覆傳染，或者是人與人之間相互傳染，或者是透過排泄物與汙水傳染。例如霍亂菌在人體外不能長期存活。它的散播方式，是病人的糞便滲入飲水。麻疹在小族群中會自然消失，因為沒有抵抗力的人都給殺死了，而剩下的人又有了免疫力；只有在人口至少幾十萬的社群中，它才能永遠蔓延下去。規模小又散居的獵人隊群，經常變換營地，各種「擁擠人口傳染病」，無法持續蔓延。結核病、痲瘋與霍亂必須等到農業興起才能「出頭」，而天花、黑死病與麻疹直到最近幾千年才出現在人間，因為擁擠的城市才是它們大顯身手的地方。

除了營養不良、飢荒與傳染病，農業還給人類帶來了另一個天譴：階級分化。狩獵—採集族群幾乎沒有餘糧，談不上儲蓄，也沒有集中的食物資源，像是果園、乳牛群。他們以野生動植物維生，每天都得出門覓食。除了老弱病孺，人人都得自助天助。所以他們沒有君長、沒有全時專業人員、沒有社會寄生蟲階級──專門奪取他人找來的食物，吃得腦滿腸肥。

只有在農耕社群中，才會分化出為疾病所困的普羅大眾，以及健康、坐享其成的菁英階級。邁錫尼島上三千五百年前的希臘古墳，出土骨架顯示：皇族的飲食比平民來得好，因為他們的身高高出五到七．五公分，而且牙齒狀況比較好（平均每人口中只有一個蛀洞或脫齒，平民有六個）。在智利，西元一千年的墳場出土的木乃伊，發現菁英階級不只擁有裝飾品與金髮夾，傳染病造成的骨損傷，也只有平民的四分之一。

這些健康分化的跡象，不僅在地域社群中可以發現，在現代世界中，也是個全球現象。對大部分美國人與歐洲人來說，「狩獵─採集的生活，平均而言，比我們的現代生活好一些」，這樣的論調聽來荒唐得很，因為今天在工業化社會中，大多數人都比狩獵─採集社群的人健康。不過，美國人與歐洲人是今日世界的菁英階級，依賴石油與其他物質，必須從其他國家進口，那些國家的人民主要是農民，健康水準很低。如果有機會選擇，你願意當哪一種人？中產階級的美國人、南非布須曼人，或東非衣索比亞的農民。無疑地，中產階級的美國人健康狀況最好，但是東非的農民健康可能是最差的。

階級分化是農業的結果，但是性別不平等卻可能由來已久，農業只是進一步地加深了不平等的鴻溝。農業興起後，女人往往淪為役畜，又因為更頻繁的懷孕、生產而透支體力（詳後），健康日益惡化。例如，西元一千年的智利木乃伊，風濕性關節炎的病例女性比較多，傳染病導致的骨損傷，也是女性骨架上比較多。在今日紐幾內亞的農業聚落中，我經常看見婦女背負沉重的蔬菜與柴火，步履蹣跚，而他們的男人卻空著雙手。有一次，我出錢招募村民，將我的補給物資從簡易機場搬運到山上的營地，男人、婦女與孩子都願意幹這差事。最重的一件是一包近五十公斤的米，我把它捆在一根棍子上，指定了四個男人一起抬。後來我趕上了村民，發現男人只拿著比較輕的行李，可是一位體重不滿五十公斤的小婦人，卻背負著那包米，藉著一條繩子以額頭撐著，可是腰仍彎得像蝦米似的。

至於「農業創造了餘暇，奠定了藝術的基礎」這種說法，事實上現代狩獵－採集族群，平均說來，餘暇至少不比農民少。我同意：工業社會與農耕社會中有些人擁有的餘暇，任何狩獵－採集人都比不上，可是那是因為他們有其他的人供養，而那些人的閒暇，就少得多了。農業無疑創造了專職匠人與藝術家的生存空間，要是沒有他們，大規模的藝術創作不可能完成的，例如梵蒂岡的西斯丁教堂、德國的科隆大教堂。然而，過分強調「閒暇」是關鍵因素，解釋不同類型的人類社會在藝術表現上的差異，我覺得並不明智。我們今天沒有創造出超越巴特儂神殿的藝術品，並不是沒有時間。農業興起後，技術的進步的確促成新的藝術形式，並使藝術品易於保存，可是克羅馬儂人早在農業出現之前一萬五千年，就創作了精美的壁畫與雕塑，只是形制沒有科隆大教堂那麼大罷了。現代的狩獵－採集族群，也創作了傳世的精美藝術品，例如愛斯基摩人與美國西北太平洋岸的印第安人。此外，我們計算農業興起後社會所能支持的專門職業，不但要將米開朗基羅、莎士比亞算上，還應算上逐漸成軍的「職業殺手」。

農業興起後，菁英階層變得更健康，但是許多人的健康惡化了。即使我們將進步史觀拋開，不再相信「我們選擇農業是因為務農對我們好」，一位憤世嫉俗的人可能會追問我們：如果農業給人類帶來的，是禍福相倚，那麼我們怎麼會陷溺於農業呢？

答案可以歸結為一句格言：強權就是公理。農業能供養的人口，比狩獵多得多，至於平均說來是否每一張口都分配到更多的糧食，是另一個問題（狩獵—採集族群的人口密度，每二．五八平方公里不到一人，可是農耕族群的人口密度，至少高十倍）。部分原因在於：一畝種滿了莊稼的田地，比起一畝森林（其中可食用的野生植物並不集中）能生產更多噸的食物，因此可以餵養更多的人。另一部分原因在於：游牧的狩獵—採集族群必許採取殺嬰或其他手段，維持四年的生育間隔，因為母親必須照顧幼兒，直到他們長大，跟得上大人。定居的農耕社群就沒有那樣的問題，婦女可以兩年生育一次。也許我們難以擺脫傳統智慧（農業是人類歷史上的好事）的主要理由，是農業的單位面積生產量比較高。我們忘了農業也創造了更多人口，而健康與生活品質，與食物攝取量成正比。

狩獵—採集族群的人口，到了冰期結束時，已經逐漸增加。為了養活更多的人口，各個隊群都必須「選擇」——無論有意識地還是無意識地——是邁出發展農業的第一步呢？還是設法控制人口成長？有些隊群採取了前一個方案，可是他們無從預見農業帶來的負面作用，他們追逐眼前的近利，享受農業提供的豐饒，直到人口增長到既有的糧食生產系統無法負荷為止。於是他們就會驅逐、殺戮鄰近的狩獵—採集族群，以擴張農耕面積。他們通常能成功，因為農民占數量的優勢：十個營養不良的農民對付一個健康的獵人，應無問題。狩獵—採集族群並不是自願放棄傳統生活形態的，而是頭腦清明、不肯放棄傳統的狩獵—採集族群被迫放棄祖先遊憩的土地，移居到農民不要的土地上。現在世上仍有狩獵—採集族群，他們主要生活在零星的地區，農民根本不會想去開發，例如北極圈與沙漠。

討論到這裡，筆者想到世俗對於考古學的「評價」，說那是一門奢侈的學問，只關心遙遠的過去，對現代人毫無啟發，不禁覺得諷刺。人類採納農業，是影響歷史的關鍵決定，研究農業起源的考古學家，已經為我們重建了那個過程。想當年，我們的祖先，被迫在限制人口與增加糧食生產之間作一抉擇。他們選擇了後者，結果導致飢饉、戰爭與暴政。今天我們也面臨了同樣的抉擇，我們能從過去學習到什麼嗎？

在人類史上，「狩獵—採集」是最成功、最持久的生活形態。相對地，我們仍然身陷於農業興起以來所帶來的問題中，現在還不清楚我們是否能解決那些問題。要是一位從外太空來訪的考古學家，回去後向同胞解釋他的發現，他也許會用一個二十四小時的時鐘，說明人類在地球上最近十萬年經歷的滄桑。在那個時鐘上，人類歷史於午夜開展，現在的我們，正處於這一天結束的時刻。這一天裡，幾乎整天我們都是個狩獵—採集人，從午夜、清晨、中午、黃昏。最後，到了接近午夜的十一點五十四分，我們採納了農業。回顧起來，那個決定幾乎是不可避免的，現在也不可能走回頭路了。但是午夜就迫近了，現在非洲農民的淒慘狀況會不會逐漸擴散，最後將我們全都吞噬呢？或者，我們終會得著農業當年用以誘惑我們祖先的那些「福分」？迄今，農業眩人眼目的模樣，帶給我們的，只是禍福相倚，教人無計迴避。

chapter 11 為什麼麻醉自己：菸、酒與毒品

幾乎每個月都會聽說：我們或我們的孩子，會受到有毒的化學品侵害，那都是因為別人的疏忽。公眾的憤怒、無助的感覺，以及要求變革的呼號，逐漸發展、升高。然而，我們對自己，卻會做些不容許別人對我們做的事，為什麼？許多人故意地飲用、注射、吸食有毒的化學品，例如烈酒、古柯鹼，與菸草中的化學品，這怎麼解釋呢？這種任性自殘有各種形式，許多現代社會都不陌生，原始部落到高科技都會區都可以觀察到，向古代追溯的話，自有文字以來，史不絕書，問題是：為什麼？地球上的芸芸眾生，濫用毒品其實是人類獨有的特徵，怎麼回事？

我問的問題，不是：為什麼我們一旦開始服用有毒的化學品，就會繼續服用？部分原因是：那是因為服食毒品會上癮。更大的祕密是：為什麼我們會願意嘗試？烈酒、古柯鹼與菸草對身體有害，甚至致命，證據確鑿、不容推諉、人所共知。若不是有更強烈的動機，我們怎麼會願意服用毒品，甚至渴望服用？那就好像我們腦子裡有些程式——可是我們並不知道——會驅使我們去做一些我們知道對自己很危險的事。那會是什麼樣的程式？

自然啦，不會只有一個解釋：不同的人有不同的動機去做那些事，不同的社會也會有不同的動機系統。舉例來說，有些人喝酒是為了壯膽，或為了與朋友打成一片，其他的人則為了麻醉自己，或一醉解千愁，還有人貪杯是為了喜愛酒的味道。自然啦，不同的族群、不同的社會階級，對達成人生目的這件事，有不同的想法，因此在濫用化學品一事上，也表現出地理差異、階級差異，不足為奇。自毀的酗酒案例，在失業率高的愛爾蘭構成比較嚴重的社會問題，而英格蘭東南部（包括倫敦都會區）則不然，或者吸食古柯鹼與海洛英，在紐約哈林區比較猖獗，在富裕的城郊則否，都不令人驚訝。也許讀者會認為嗑藥有明顯的社會與文化肇因，不應當作人類的特徵，更沒有必要到動物界尋找先例。

不過，我剛剛提過的那些動機，沒有一個切中謎團的核心，這個謎團是：我們主動地做一些我們知道對自己有害的事，為什麼？我在本章將提出另一個動機，它會切中謎團的核心。那個動機將我們以化學品自毀的行為，和其他動物似乎也是自毀的特質連繫起來，那些行為總括起來，又可以用一個「動物發送訊號」的「一般理論」解釋。我要提出的那個動機，可以將我們文化中許多不同的現象整合在一起，從吸菸、酗酒，到嗑藥。它甚至可以用來作跨文化的研究，因為它也許不只能解釋西方的現象，也可以解釋世界其他各地的奇風異俗，例如印尼武術家喝煤油的「習俗」，不然，那些「奇風異俗」就真的費解了。我會回溯過去，以這個理論解釋古代馬雅文明的儀式性灌腸習俗，表面上看起來，那真是個怪異的風俗。

讓我先說說我是怎樣想出這個點子的。有一天，我突然面臨一個令我感到大惑不解的現象：生產有毒化學產品供人使用的公司，公開廣告它們產品的用途。這個做生意的策略似乎是條破產之路。然而，儘管我們不會容忍古柯鹼的廣告，菸、酒的廣告卻到處可見，以至於我們不再認為它們不可思議。菸、酒廣告讓我覺得大惑不解，只因為我先前在紐幾內亞，與土著獵人在叢林中待了幾個月，那裡是個沒有廣告的世界。

每一天，我的紐幾內亞朋友不斷地要我給他們說說西方的風俗，他們驚愕的反應讓我領悟到：我們的風俗有許多都沒啥道理。然後，那幾個月的田野工作，以迅速的「時空穿梭」做結——那是現代運輸業創造的奇蹟。六月二十五號，我在叢林中觀察一隻色彩斑爛的雄天堂鳥，牠拖著一束〇．九公尺長的尾巴，笨拙地撲拍著翅膀，飛過林中一小片空地。六月二十六號，我坐在波音七四七噴射客機上閱讀雜誌，企圖追上西方文明層出不窮的新奇事物。

我翻閱到手的第一本雜誌。我翻到一頁，上面有張男人的照片，他長相粗獷，騎在馬上，追逐牛群，照片下面是一種香菸的牌子，以大字印出。我是個美國人，我知道那張照片是做什麼的。但是我有一部分仍在叢林中，那個我正天真地看著那張照片。要是你對西方社會完全不熟悉，也是第一次看見那幅廣告，正在摸索騎馬追牛與吸香菸（或不吸菸）的關聯，你就不會覺得我的反應特別奇怪。

那個天真的我，腦子裡充塞的無非是叢林，是這麼想的：這真是個精彩的反菸廣告。我們都知道吸菸損害運動能力，導致癌症與早夭。大家都認為牛仔充滿運動細胞，人人仰慕。這個廣告頗有新意，必然受反菸團體垂青，它告訴我們：要是我們抽那個牌子的香菸，我們（的身體）就會不配做牛仔。對年輕人，那是多麼有效的訊息！

但是一會我就弄清楚了，那個廣告其實是香菸公司刊登的，香菸公司希望讀者從那則廣告讀到的訊息，與我先前的理解正相反。這是怎麼回事？香菸公司的公關部門，怎麼能夠說服公司採用那則廣告的？那真是個巨大的失算！任何人只要關心自己的身體與形象，就會讓那個廣告說服：遠離香菸。

我的人有一半仍在叢林中，把手中的雜誌翻過一頁。我看見一張照片，一瓶威士忌放在桌上，有個男人正以玻璃杯啜飲，酒杯中盛的，應當是從酒瓶中倒出來的。他身旁有個年輕女郎，顯然正值妙齡，宜室宜家。她正以欽慕的眼光望著男士，彷彿就要投懷送抱。那怎麼可能？我問自己。人人知道酒精會妨礙性功能，讓男人不舉，讓人容易摔跤，損害判斷力，導致肝硬化與其他使身體衰弱的狀況。對於酒，莎翁透過《馬克白》的一位門房，做出了不朽的論定：（酒）激發慾望，卻剝奪事功。遇見心儀的女性，任何心懷不軌的男人，要是擔心難以克竟全功，或有失態的顧慮，就應該設法藏拙，不計任何代價，全身而退，不可獻醜。為什麼照片中的男人卻故意自暴其短？這個人健康已受損害，威士忌酒商難道認為他的照片竟然能夠促銷他們的產品？你會以為「反對酒後駕車」的組織，是那則廣告的贊助人，而生產那瓶威士忌的酒商，應該出面控告，要求禁止刊出那則廣告。

一頁又一頁的廣告，招搖吸菸與喝酒，並暗示菸、酒帶來的利益。甚至還有年輕人在魅力四射的異性前抽菸的照片，似乎意味著吸菸可以招徠豔遇。然而，任何不抽菸的人，要是給菸客吻過，不論成功與否，都知道菸客口吻的刺鼻味道，足以令人清心寡慾。那些廣告實在令人不解，不僅暗示了豔遇的機會，還有柏拉圖式的友情、商機、活力、健康與幸福，而直接從廣告裡演繹出的結論，卻截然相反。

等到日子一天天過去，我又完全沉溺在西方文明裡了，才逐漸對那些明擺著自打嘴巴的廣告習以為常、視而不見。我專心分析田野資料，開始對另一個完全不同的謎團著迷起來，這會是鳥類的演化。但是那個謎團，最後引導我發現了菸、酒廣告背後的一個基本原理。

那個新謎團，六月二十五號我觀察的那隻雄性天堂鳥，可以當作例子來說明。那隻雄性天堂鳥拖著一束〇．九公尺長的尾巴，行動怪不方便的，為什麼牠要演化出妨礙活動的長尾巴？其他的天堂鳥種，雄性演化出了不同的妨礙活動的裝備，例如從眉毛上長出來的長羽飾，倒掛在樹上、炫耀尾羽的招式，以及亮麗的彩羽與嘹亮的叫聲——可能吸引老鷹的注意。所有那些特徵，必然會妨礙雄鳥的生存，可是它們也是雄鳥用來引誘雌鳥的廣告。我與許多其他的生物學家一樣，對於雄性天堂鳥那些裝配與招數，感到大惑不解：為什麼用累贅的裝飾、自陷絕境的招式當廣告呢？雌鳥又為什麼覺得那些殘障特徵有吸引力呢？

就在那時，我想起以色列生物學家札哈維（Amotz Zahavi）一九七五年發表的一篇精彩論文。在那篇論文中，札哈維提出了一個新穎的一般理論，討論昂貴或自毀訊號在動物行為中的角色，而生物學界目前仍在爭辯。舉個例子好了。他指出：有害的雄性特徵所以能夠吸引雌性，正是因為那些特徵使雄性無異殘障，他試圖解釋那是怎麼回事。經過仔細考慮，我決定以札哈維的假說解釋天堂鳥的殘障特徵。突然間，我覺悟到：也許他的理論也可以引申來解釋「我們利用有毒化學產品」的謎團，以及我們以有毒化學產品招徠的廣告。

扎哈維的理論，本意是探討動物通訊這個廣泛的問題。所有動物都必須設計傳遞迅速、容易了解的訊號，好傳遞訊息給性伴侶、可能的性伴侶、子女、父母、對手、以及可能的獵食者。舉例來說，要是一頭瞪羚注意到一頭獅子向牠潛行過來。瞪羚最好發出一個訊號，讓獅子一看就懂：「我是一頭跑得飛快的瞪羚！你休想抓著我，想也別想，免得浪費時間、精力。」即使那頭瞪羚真的跑得過獅子，發出清楚而明確的訊號，讓獅子知難而退，大家都節省時間、精力。

但是什麼訊號可以明確地告訴獅子：「想也別想？」瞪羚不能抽空在每一頭獅子面前表演一次百碼衝刺。也許瞪羚任意約定了一個訊號，那個訊號可以迅速傳達某個意思，而獅子學會了它的意義，例如以左後腳扒地，意思是：「我告訴你，我跑得很快。」不過，任意約定的訊號，易於用來欺騙：任何一頭瞪羚，都能使用那個訊號，不管牠是不是真的跑得很快。然後獅子就會了解，許多瞪羚雖然發出過那個訊號，可是跑得很慢，也就是說那些瞪羚撒謊。於是獅子就學習不理會那個訊號。所以，發展出可信的訊號，獅子與真正跑得快的瞪羚均蒙其利。而什麼樣的訊號獅子可以當真，認為瞪羚說的是實話？

在先前討論過的性擇與擇偶的問題上，也有同樣的困境。特別是雌性選擇雄性的問題，因為雌性在生殖大業上投資較多，若有閃失，損失較大，不可不慎。理想上，雌性挑選雄性，是為了他有優質基因，她的孩子遺傳了父親的優質基因，有較高的存活機會、較大的生殖成就，她的基因也蒙利。由於基因很難評估，雌性應該尋找一些方便辨認的指標，那些指標顯示雄性體內有優質基因，而優異的雄性，身上應帶有那些指標。實務上，指標通常都是雄性特徵，例如羽毛、歌唱，與求偶儀式行為。

為什麼雄性願意特別廣告那些特定的指標呢？為什麼雌性信任雄性，認為雄性身上的指標並無造假之虞，而且發現那些指標很性感呢？為什麼那些指標意味著優質基因呢？

我對這個問題的描述，好像一頭瞪羚或求愛的雄性，有意識地從眾多候選指標中選定一個，或者一頭獅子或雌性經過熟思之後，確定它是速度或優質基因的有效指標。實務上，那些「選擇」當然是演化的結果，由遺傳程式控制。選對了雄性（誠實指標／優質基因）的雌性，以及以明確指標招徠的雄性（誠實指標／優質基因），會留下最多子女，那些不浪費體力的瞪羚與獅子也一樣。

最後，許多動物演化出來的廣告訊號，讓人覺得一頭霧水，殊不可解，與香菸廣告一樣。動物的廣告指標，經常不像在炫耀速度或優質基因，反而構成累贅、浪費或風險。舉例來說，瞪羚見到獅子潛行過來後，對獅子釋放的訊號，包括一種奇異的行為，叫做「彈跳」。瞪羚不但不立即沒命似地逃走，還一面慢跑、一面不斷伸直四肢向空中彈跳。牠們在做什麼？「彈跳」看來頗有找死的味道，不但浪費時間、體力，還讓獅子有趕上的機會。或者你也可以想一想許多動物種的雄性，身上長著累贅的裝備，例如孔雀的尾巴，或天堂鳥的鳥羽，都妨礙運動。還有更多動物種的雄性，體色斑爛，歌聲嘹亮，或誇張的求偶儀式動作──可能將獵食者吸引了來。為什麼雄性要廣告牠們的累贅？為什麼雌性喜歡那些累贅？這些謎團在動物行為學中，今天仍是待解決的重要問題。

札哈維的理論，直指這一謎團的核心。根據他的理論，那些有害的身體構造與行為，構成了有效的指標，顯示發出訊號的個體是誠實的：正因為那些形質特徵或行為特徵令個體陷於殘障的境地，所以那個個體必然是優越的。不須花費成本就能發出的訊號，容易用來欺騙受訊的一方，因為跑得慢的、基因品質低劣的個體，都能發出那個訊號。只有高成本的、有害的訊號，才能保證誠實。舉例來說，一頭跑得慢的瞪羚，要是朝潛行過來的獅子表演彈跳，一定逃不出獅吻；而跑得快的瞪羚，表演過彈跳之後，仍然跑得過獅子。所以瞪羚以彈跳向獅子示威：我跑得很快，就算讓你先跑，我也跑得掉。因此獅子覺得有理由相信瞪羚是誠實的，沒吹牛。於是瞪羚與獅子雙贏，因為大家都節省了時間與精力。

同樣地，應用札哈維的理論解釋雄性對雌性的儀式性表演，思惟是這樣的：任何一個雄性，要是背負著那麼大的累贅裝備，如孔雀的尾巴，或冒著生命危險大聲唱情歌，居然還能活著，必然在其他方面有優異的基因。他已經證明了他必然特別優秀，不然無法逃脫獵食者、找尋食物，以及抵抗疾病。累贅越大，他受到的考驗越嚴苛。選擇這樣的雄性，雌性就像中世紀的未婚少女考驗她的武士追求者一樣，她得看他們屠龍的本領。如果一位武士憑獨臂就能屠龍，她立刻就知道他體內有優質基因。那位武士以獨臂招搖，其實在招搖自己的實力。

我覺得札哈維的理論，可以解釋許多昂貴的或危險的人類行為，那些行為的目的，一般而言是攫取社會地位，特別是追求豔遇。舉例來說，男人追求女人，或者贈以昂貴的禮物，或者以其他方式展示財富，事實上他說的是：我有很多錢可以供養妳和孩子，妳可以相信我不是吹牛，因為妳見過我一擲千金、面不改色。以昂貴珠寶、名牌跑車或藝術品炫耀的人，都會受人尊重，因為他發出的訊號不可能是假的；其他人都知道那些東西究竟值多少。美國西北太平洋岸的印第安人，會舉行「誇富宴」一拼家當，將累積的財富與親友一起吃光，剩下的讓親友拿光，其實他們競爭的是社會地位。在現代醫學興起之前，紋身不僅痛苦，也很危險，因為有感染之虞；因此紋身的人事實上在招搖他們的力量——抵抗感染與忍受痛苦。西南太平洋上的馬樂庫樂島（Malekula），島民發明了高空彈跳，用以賣弄勇氣。

札哈維理論也能用來解釋人類濫用有毒化學產品的行為。特別是在青春期與青年期——那是最可能開始嗑藥的年齡——我們花費大量精力維護自己的地位。我認為我們與一些鳥類一樣，有同樣的無意識本能，鳥類會耽溺於危險的儀式性表演，在一萬年前，我們以挑戰獅子或部落敵人的形式，表演自己的勇武。今天我們以其他的方式表演，例如開快車，或服用危險的藥物。

不過，我們想要傳遞的訊息，仍然一樣：我很強，我最優秀。即使只磕過一、兩次藥，我哈過一根菸，那燒灼、嗆人的感覺沒把我打倒，或者我熬過了第一次宿醉的痛苦，都是我強健過人的證據。長期那麼幹，仍然活著，而且身體健康，我必然是最棒的（至少我這麼想像）。那個訊息是傳送的對象，是我們的對手、同儕或可能的對象——或自己。菸客的吻可能氣味很糟，酗酒的人可能在床上不行，但是他（她）仍希望讓同儕印象深刻，或吸引異性，因為他（她）傳送出的訊息，字裡行間透露著：「我最棒。」

好吧，也許那個訊息對鳥來說是妥當的，但是對我們卻是假的。這個本能，與我們許多其他的動物本能一樣，已經與現代人類社會格格不入，並不適應。要是你灌下一瓶威士忌之後，仍然能夠走路，那也許證明你肝臟酒精脫氫酵素的含量比較高，但是並不意味著你在其他方面很優異。要是你是老菸槍，一天得抽好幾包菸，可是還沒得肺癌，你也許有一個抵抗肺癌的基因，但是那個基因與智力、商業眼光，或者創造家庭幸福的本事無關。

壽命與求偶過程比較短的動物，需要容易辨認的指標，因為可能的配偶之間，誰都沒有足夠的時間，仔細衡量對方的斤兩。但是我們人類壽命長，家庭夥伴與事業夥伴都是長期的，有足夠的時間把對方的底細摸清楚。我們無須依賴表面的、誤導的標記。許多本能當初都是有益於動物生活、生存的——例如依賴殘障訊號——可是後來情勢丕變，反而對動物有害，嗑藥就是個典型的例子。菸酒公司的廣告，高明而下流，它們訴求的真正對象，是我們的古老本能。如果我們讓古柯鹼成為合法藥物，販毒大盤商也會很快針對同一本能製作廣告。你很容易想像那會是一幅什麼樣的畫面：一張騎馬牛仔的照片，或者照片上是殷勤有禮的男人與美麗的妙齡女郎，照片下方，是一包白粉，它打開得恰到好處，不僅吸引人的視覺，還令人垂涎。

現在，讓我們從西方工業化社會躍到世界的另一邊，去驗證我的理論。嗑藥並不是工業革命的產品。菸草是美洲的土著作物，世界各地都有土產酒精飲料，古柯鹼與鴉片是從別的社會傳入美國的。世界上最早的成文法典——巴比倫的漢摩拉比（1792-50 BC）法典——已經有管理酒家的條文。因此，我的理論如果妥當，應該也適用於其他社會。為了表現它有跨文化的解釋力量，我現在要討論一個習俗，各位大概沒有聽說過：功夫武師飲煤油。

我是在印尼收集田野資料的時候，從卓越的年輕生物學家伊旺托（Andy Irwanto）那裡聽說這個習俗的。伊旺托與我是好朋友，我們彼此景仰，互相關心。有一天，我們到了一個不平靖的地區，我擔心會碰上危險份子，伊旺托向我保證沒事：「沒問題，好朋友。我是功夫八段。」他向我解釋：他練過東方武術，已經是個高手，一對八不成問題。為了證明所言不虛，伊旺托露出了背上的傷疤，說是一次受到八個流氓攻擊掛的彩──其中一人用刀刺中了他，可是伊旺托打斷了兩個人的手臂，打破了第三人的頭，其餘的就跑了。他說，和他在一起，什麼都不必擔心。

一天晚上在我們的營地上，伊旺托拿著杯子走向儲水桶。像往常一樣，我們有兩個桶子，藍色的裝水，紅色的裝煤油──我們點燈的油料。我看見他打開紅桶子的水龍頭，以杯子接了，端上嘴就要喝，我嚇了一跳。我還記得有一次登山，無意中喝了一口煤油，那滋味可真是沒齒難忘，第二天我咳了一整天才緩過氣。我高聲尖叫，要他停下。但是他抬起手，沉著地說：「沒問題，好朋友。」我是功夫八段。

伊旺托向我解釋：練功夫可以強身，他和他師父每個月都喝一杯煤油，考驗功力。當然，沒練過功夫的話，煤油會傷身，老天爺保佑，戴蒙你可別嘗試！但是煤油傷不了他，因為他有功夫。他沉著地走回他的帳篷，去細品煤油的滋味。第二天早晨起床後，他看來愉快而健康，一如往常。

我不相信煤油傷不了他。我希望他找到一個比較不傷身的方法，定期測驗自己的功力。但是對伊旺托以及他的師兄弟，喝煤油是功力與程度的標記；只有真正的高手才能通過那個考驗。喝煤油這個例子，證明了「使用有毒化學產品的殘障理論」，只不過我們覺得喝煤油太過離譜，可是伊旺托也認為我們的菸酒沒什麼道理。

現在我要舉最後一個例子，我用它顯示我的理論是普遍適用的，即使是過去的事例，仍然能夠解釋——我要討論的例子，出自馬雅文明，那是一或兩千年前在中美洲興盛起來的美洲土著文明。馬雅人成功地在熱帶雨林裡創造了一個先進的社會，一直令考古學家驚疑不置。許多馬雅人的成就，例如他們的曆法、書寫系統、天文知識、與農耕技術，我們都有不同程度的了解。但是考古學家在馬雅遺址中，不斷發現一些細長的管子，卻一直搞不清楚它們的用途。

那些管子的功能，最後搞清楚了，因為考古學家發現了一些彩瓶，上面畫著使用那些管子的場景，原來管子是用來灌腸的。彩瓶上畫著一個地位很高的人物，明顯地是一位僧侶或貴族，他正在接受灌腸儀式，旁邊有人圍觀。圖上灌腸管與一個盛滿泡沫汁液（像似啤酒）的袋子相連，也許那是酒或迷幻藥汁，或兩者兼有——其他的印第安族群就有類似的例子。許多中美洲與南美洲的印第安族群，過去曾經有過相似的灌腸儀式，那還是西方人剛到達美洲的時候，現在仍有一些族群保留了這種習俗。灌腸儀式使用的汁液，成分從酒精（以龍舌蘭汁或樹皮發酵製成）、菸草，到幾種含迷幻藥成分的調製品。因此，儀式性灌腸與我們口服麻醉品／興奮劑的行為相似，但是灌腸是比較有效而妥當的指標，顯示受得了灌腸的人有實力，我有四個理由。

第一、飲酒、嗑藥都可能獨自進行，因此失去了公開展示身分、地位的機會。不過，單獨一個人更難搞灌腸。灌腸儀式鼓勵大家徵召同志，因此自動地創造了自我宣傳的機會。第二、以酒精飲料而言，以酒灌腸比以嘴喝酒更能顯示一個人的實力，因為酒精可以從腸壁直接進入血管，喝酒的話，酒先進入胃，會給胃中的食物沖淡了。第三、以口攝取的迷幻藥，經過小腸吸收，首先進入肝臟，那裡有許多酵素可以分解一些毒品，因此最後影響大腦和其他敏感器官的藥物、毒品，就不多了。可是以灌腸方式灌入直腸的藥物，直腸吸收後不會先送到肝臟，而是直接經過循環系統影響全身。最後，以嘴喝酒或嗑藥，要是引起噁心、嘔吐，就不能繼續喝了，可是灌腸沒有這個問題。因此，以我之見，灌腸比我們的威士忌廣告更可信，更能表現人的實力。我會向比較積極進取的公關公司推薦灌腸的妙處，讓他們在競爭大酒廠企劃案的時候，提出新穎的點子。

現在讓我們退後一步，將我用來解釋濫用有毒化學產品的觀點綜合一下。雖然以有毒化學產品自毀的行為，在人類中常見，可能是人類獨有的特徵，我認為這種行為其實與許多動物的行為，是同一個普遍模式的表現，因此在動物界有無數的先例。所有動物都得演化出訊息明確、辨識容易的訊號，讓其他動物了解自己。如果採用的訊號任何個體都能學會、發送，那就容易被用來欺騙，最後喪失通訊功能。妥當、可信的訊號，必須發送者絕無欺騙的餘地；附加昂貴的代價、風險或負擔，使真正的優異者才能誠實地發送訊號，是動物界常見的例子。許多動物訊號乍見之下似乎違反個體的利益，例如瞪羚彈跳，或許多雄鳥累贅的身體構造或風險很高的求偶表演儀式，可是以殘障訊號／誠實訊號的觀點來看，就明白了。

我覺得這個思惟不僅促成了人類的藝術，還是人類濫用有毒化學產品的濫觴。藝術與嗑藥都是人類的特徵，大多數已知的人類社會，都可以發現。兩者都需要解釋，因為它們看來似乎不像是天擇的產物，也很難明白為什麼它們在性擇過程中能夠協助個體找到配偶。我早先曾經論證過：藝術往往用來當作妥當的指標——表現一個人的優越或地位，因為創作藝術品需要技巧，獲得藝術品需要地位或財富。但是擁有地位的人，可以利用已有的地位攫取更高的地位，或更有機會接近資源與配偶。現在我主張：除了藝術品，人類還透過許多其他昂貴的公開演示追求地位，那些公開演示，有一些非常危險，例如高空彈跳、開快車或嗑藥。昂貴的演示，廣告的是地位或財富；危險的演示，背後的理路是殘障原理——你們看，我很強，我很棒，只有我能玩那些危險的遊戲。

不過，我並沒有說：這個觀點可以全盤解釋藝術與嗑藥行為。在討論藝術的那一章，我提到過：複雜的行為有自己的生命史（內部邏輯），可以超越原始的目的（要是當初只有一個目的的話），而且複雜的行為可能當初就有多重功能。正如藝術現在早已不只是娛樂自己、娛樂他人的「玩意」，像廣告藝術就非常功能取向；嗑藥現在也不只是一種廣告。為了放鬆自己、排遣愁悶或「純吃味」等等，都可以飲酒、嗑藥。

即使從演化的觀點來看，我也不否認：人類濫用化學品與動物先例之間，有基本的差異。彈跳、長尾，以及所有我討論過的動物先例，都要花成本，但是那些行為或累贅裝備仍然存在，表示它們的利益大於成本。瞪羚彈跳，也許喪失了起跑的先機，但是卻降低了獅子進襲的動機。長尾雄鳥覓食與避敵都不方便，但是牠們在性擇過程中占的便宜，抵消了天擇的不利壓力。因此牠們有更多子女遺傳基因。這些動物特徵只是表面上看起來像是「自毀」工具，實質上它們可是「優生」得很。

不過，我們濫用化學品的行為，卻是代價高於利益。吸毒、貪杯的人，不僅壽命短，在異性眼中，也沒有魅力，而且往往喪失照顧子女的能力。這些行為繼續存在，不是因為它們有什麼潛在的利益，而是因為那些行為造成「上癮」的結果。總括而言，它們是自毀的行為，一點也不優生。雖然瞪羚也許偶爾會誤算，可是牠們遇見獅子會彈跳，可不是因為彈跳上了癮。就那一方面而言，我們的自毀行為（嗑藥），與動物先例就有很大的差別，成為真正的人類特徵。

chapter

12 深邃的寂寞

要是你在一個清朗的夜裡，出城到郊外，請記得抬頭仰望夜空，那兒有恆河沙數的星星閃爍著。然後，找一具雙筒望遠鏡，在夜空中朝銀河望去，這樣你才能明白：肉眼捕捉實相的能力有限，不知還有多少星星，在感官範圍之外。然後，再找一張以強力天文望遠鏡拍攝的仙女座星雲照片，你就會知道：即使是雙筒望遠鏡，也遺漏了太多星星。

一旦你對宇宙中的星球數字稍有概念，你就可以追問下面這個問題了：我們人類怎麼會是宇宙中獨一無二的生靈呢？宇宙中還有多少文明，是像我們一樣的生靈創造的？他們正在張望我們，也未可知。還要多久，我們才能與他們聯絡上？還要多久，我們才能訪問他們，或者接待他們？

在地球上，我們的確是獨一無二的。除了我們，其他的物種沒有一個有語言、藝術，或可與我們的農業媲美的複雜糧食生產系統。其他的物種也不嗑藥。但是，我們在前面四章討論過那些人類特徵的許多動物先例，甚至動物原型。同樣地，人類的智力直接源自黑猩猩的智力，黑猩猩的智力要是以其他動物的來衡量，顯得很突出，可是與我們比較起來，就瞠乎其後了。那麼，在一些其他的行星上，有些物種在藝術、語言與智力方面，已經發展出各種動物原型，其中有些已達到我們的水準，難道不可能嗎？

麻煩的是，大多數人類特徵，都無法留下什麼「效應」，大老遠地就可以偵察到，別忘了，我談的可是以「光年」為單位的距離。（按：一光年等於九兆四千六百億公里，地球距離太陽的平均距離是一億五千萬公里。）即使距離我們最近的恆星也有像地球一樣的行星，即使上面也有像我們一樣的生靈，會欣賞藝術、會嗑藥，我們也不會知道。好在至少還有兩個跡象，我們在地球上偵察得到，可以當作「其他地方也有智慧生靈存在」的證據：太空船與無線電訊號。我們人類都做得到了，其他的宇宙生靈當然也已經掌握了必要的技術。那麼，我們期望的飛碟究竟在哪裡呢？

對我來說，這是最大的科學之謎。宇宙中的星球何止億萬又億萬？我們能做什麼，我們又了解得最清楚，因此我們應該會發現飛碟，或者至少無線電波。宇宙的星星如恆河之沙，殆無疑問。那麼是我們人類有什麼毛病，所以至今沒有發現飛碟嘍？會不會我們真的不只是地球上獨一無二的物種，在宇宙中也是獨一無二的？本章我將帶大家觀察地球上一些獨特的生命，讓大家對所謂的「獨特性」產生新的眼光，然後大家對我們人類的「獨特性」就會有新的認識了。

亙古以來，人類就在追問那樣的問題。西元前第三、第四世紀，哲學家麥特多羅斯（Metrodorus）寫道：「在一個無限大的空間中，只有地球有人居住？那實在太荒謬了，好比說一塊田裡撒下小米種子後，只有一粒發芽。」然而，直到一九六〇年代，科學家才開始認真地為那些問題找答案，以巨型無線電接收器對準最接近地球的兩顆恆星。結果什麼都沒有發現。一九七四年雅拉西柏天文台（Arecibo，位於波多黎各）的巨型無線電望遠鏡（天線圓盤直徑三百公尺），向武仙座的M13星團（距地球兩萬五千光年，其中約有一百萬顆星）發射強力無線電訊號，訊號中的資訊，包括我們地球人的長相、人口數，以及地球在太陽系中的位置。兩年後，「維京」號登陸火星，這個探測計畫的主要動機，搜索地球以外的生靈是其中之一。「維京」計畫共花費十億美金，美國國科會成立以來，花在地球生物分類上的錢，全部加起來也沒那麼多。最近，美國政府決定再花幾億美金，偵察太陽系外生靈傳送過來的無線電訊號。好幾艘無人太空船已經升空，向太陽系以外的目標飛去，船上載有錄音帶與照片，作為人類文明的樣本，好讓外太空的生靈認識我們。

一般大眾與生物學家認為：果真找到了地球以外的生靈，會是科學史上最令人興奮的發現。這我們很容易理解。請想一想：要是宇宙中另有智慧生靈，他們像我們一樣，組成複雜的社會、有複雜的語言，形成文化傳統、人人都得長期浸潤，又能夠與我們溝通，那會對我們的自我形象有堆大的衝擊！對我們相信來世與道德神祇的同胞，大多數人會同意：只有人類有來世，甲蟲就別談了（甚至黑猩猩都沒有）。創造論者相信：上帝照祂的形象造人，其他的受造物享受不到那樣的恩寵。要是我們在另一顆行星上發現了一種有七條腿的生靈，他們比我們聰明、高尚，他們以無線電接收器與送話器與我們交談，卻沒有眼睛與嘴巴。我們會相信他們與我們共享來世，他們也是上帝創造的嗎？

許多科學家都計算過宇宙中另有智慧生靈的機率。那些計算孕育出一門嶄新的科學──外太空生物學（exobiology）。那是唯一連研究題材都還未證實的科學。現在讓我們看看那些外太空生物學家算出的數字——數字會說話，他們相信外太空有生物，就是因為那些數字說的話動聽。

外太空生物學家以「綠堤公式」（Green Bank formula；按，Green Bank在美國維吉尼亞州，當地有一天文台）計算宇宙中先進技術文明的總數；根據這條公式，將一串估計出來的數字相乘，就得到答案了。其中有些項目，可以估計出可信的值。宇宙中有幾十億個銀河系，每個銀河系有幾十億顆恆星。天文學家認為許多恆星都有一顆或幾顆行星，那些行星中可能有許多適於生物生存。生物學家認為只要有適於生物生存的環境，生命就可能演化。把所有那些可能性（機率）相乘，我們就能得到「億萬又億萬」這個數字——宇宙中適於生命生存的行星，有「億萬又億萬」個。

現在我們來估計：那些行星中有多少演化出擁有先進技術文明的智慧生靈？所謂先進技術文明，指的是有能力進行星際無線電通訊的文明。（這個定義比起「以飛碟在星際旅行」遜了點，因為從我們的歷史來看，星際通訊比星際旅行出現得早。）有些人認為：宇宙中那種行星可能不少，他們憑的是兩個論證。第一、我們確實知道有生命演化的唯一行星——就是地球——的確演化出了先進技術文明。我們發射過星際太空船。我們也發展出技術，可以冷凍／解凍生物，可以從DNA製造生命——在星際旅行中保存地球生命的技術。以近幾十年來技術發展的速度而論，最多幾個世紀之內我們一定可以發射載人太空船，進行星際探險，因為我們已經發射了一些無人太空船，正穿越各行星，朝太陽系以外的目標前進。

然而，這個論證並沒有懾人的力量。以統計學家的行話來說，這個論證有兩個致命缺陷，一是樣本數太少（只舉一個例子就想概括其餘？）；二是認知偏見（ascertainment bias）（我們選了地球當例子，正因為地球上演化出了先進技術文明）。

第二個——比較有力的——論證是說：地球上的生物有一個特徵，生物學家稱之為「趨同演化」。在地球生物圈，無論你指出什麼生態區位還是生理適應，都可以發現許多不同的生物群，獨立地演化出利用相同區位的辦法，或演化出相同的生理適應。鳥、蝙蝠、翼龍與昆蟲都獨立演化出飛行的本領，就是一個明顯的例子。其他精彩的例子，包括許多動物都獨立地演化出眼睛，甚至電擊獵物的裝備。在過去二十年中，生物化學家在分子層次上也發現了「趨同演化」的事例，例如同樣的蛋白質裂解酵素，在不同的生物群中反覆地獨立演化出來。因為解剖、生理、生化與行為模式「趨同演化」的事例實在太多了，生物學家每次觀察到兩個物種有非常相似的面向，第一個要問的問題就是：相似處是由共同祖先遺傳來的？還是「趨同演化」？

「趨同演化」看來無所不在，其實並不令人驚訝。如果幾百萬個物種在幾百萬年間受到同樣的天擇力量揀選，同樣的解決方案當然會一再地演化出來。我們知道「趨同演化」在地球生命史上扮演了重要角色，但是同理可證，地球上的生物與其他行星上的生物，也會「趨同演化」。因此，雖然目前知道的許多事物，只在本地演化過一次（無線電通訊不過是其中之一），「趨同演化原則」讓我們期望：他們也會在其他行星演化出來。正如《大英百科全書》所說：「要是生命在別的行星演化出來了，很難想像他們不會朝著智慧生靈的方向進展。」

但是那個結論又將我們帶回我早先提到過的謎團。如果許多（甚至大部分）恆星都有行星系統，如果許多行星系統中至少有一顆行星適合生物生存，如果只要環境適宜生物就會演化，如果有生命的行星中有百分之一包括一個擁有先進技術的文明——那麼光是我們的銀河系，應該就有一百萬顆行星，上面有技術先進的文明。但是地球周遭幾十光年的範圍內，就有幾百顆恆星，其中有些（或大多數？）當然有像我們一樣的行星，上面有生物。那麼，我們期待的那些飛碟在哪裡？應該會來訪問我們的智慧生靈（外星人）又在哪裡？至少，他們也該向我們發射無線電訊號啊。然而，無線電接收器傳出的，卻是無聲勝有聲——震耳欲聾。

天文學家的計算必然有錯。對於行星系統的數量，以及適合生物生存的行星占的比例，他們的估計都不離譜。我發現那些估計值都合理。問題可能出在根據「趨同演化」所作的論證：有很高比例的生物圈會演化出技術先進的文明。因此，我要更仔細地檢視「『趨同演化』不可避免」這個論證。

啄木鳥提供了一個適當的「試金石」，測驗「『趨同演化』論證」，因為「啄木」可以找到更多食物，駕飛碟或發射無線電瞠乎其後。利用「啄木鳥區位」，得在活的樹上鑿洞，並將樹皮撬掉。換言之，啄木鳥終年都找得到可靠的食物資源，如樹液、生活在樹皮下的昆蟲，還有潛伏在樹幹中的昆蟲。同時，「啄木」創造了樹洞，而樹洞是理想的築巢地點，避風、遮雨、溫度恆定，又不怕敵害。啄木鳥之外，有些鳥也能在枯木上鑿巢洞，但是那個活容易幹，麻煩的是：比起活木，枯木少得多了。

說了那麼多，我的意思是：如果我們相信無線電通訊是「趨同演化」的目標，就應該期望許多不同的鳥「趨同演化」以利用「啄木鳥區位」。無庸置疑，啄木鳥在地球生態系中非常成功，好生興旺，將近有兩百種，許多都是常見的鳥。牠們什麼體型都有，在世界上的分布非常廣泛，只有距大陸遙遠的海島，牠們才飛不到。

演化成啄木鳥，難嗎？從兩個事實看來，答案似乎是：不太難。啄木鳥與產卵哺乳類（如鴨嘴獸）不同，並不是一群源遠流長、非常獨特、又沒有近親的鳥。鳥類學家早就認為蜜鳥（honey guides）、巨嘴鳥（toucans & barbets）是啄木鳥的親戚，啄木鳥與牠們外表相似，最大的差別，是啄木鳥適應「啄木」的裝備。啄木鳥為了「啄木」，演化出許多適應的裝備，但是沒有一種可以與建造無線電比擬——一丁點也比不上。啄木鳥的「啄木」裝備，都是從鳥類既有配備衍生（演化）出來的，可以分為四大類。

第一類，也是最顯而易見的，是在活樹幹上鑿洞用的。這些裝備包括：鑿狀的喙嘴、鼻孔中的羽毛（避免木屑飛入呼吸道）、很厚的頭骨壁、發達的頭頸肌肉、喙嘴與頭骨正面的鉸鏈關節（吸收震動）。這些裝備是為了在活樹幹上鑿洞演化出來的，可是很容易認出它們在其他鳥身上的模樣，至少比從我們的無線電追溯到黑猩猩的原始無線電容易得多。許多其他的鳥，可以在枯木上啄或咬出洞來，例如鸚鵡。在啄木鳥家族中，「啄木」的本領可以分成不同的等級，例如歪脖啄木根本不能鑿木，許多啄木鳥只能啄較軟的樹幹，有的則是啄硬木的專家。

另一類適應裝備，使啄木鳥能夠垂直地立定在樹幹上，例如挺直的尾巴可以抵著樹幹，好支撐身體；強有力的肌肉可以控制尾巴、短腿，與長而鉤的爪。這些裝備的演化，比啄木裝備更容易追溯到普通鳥已有的配備。甚至在啄木鳥家族中，也有幾種尾巴並不挺直，無法用來撐住身體。啄木鳥家族之外的鳥兒，許多演化出了挺直的尾巴，方便牠們在樹幹上撐住身體，例如小鸚鵡。

第三類適應裝備是一條十分長、又能伸展的舌頭；有些啄木鳥的舌頭，與我們的一樣長。啄木鳥一旦鑿入樹幹，找到了樹居昆蟲的隧道系統，牠就會以舌頭伸進去，從許多隧道分支中將昆蟲舔出來，省下再鑿新洞的力氣。啄木鳥的舌頭，在動物界有許多先例，像是青蛙、食蟻獸、穿山甲。

最後，啄木鳥的皮很厚，禁得起昆蟲咬，以及鑿洞的撞擊、強有力的肌肉收縮。製作過鳥類標本的人，都知道鳥兒的皮膚，有的比較堅韌，有的不然。要是給製作師傅一隻鴿子，他會皺眉，因為鴿子的皮膚薄如紙，簡直吹彈得破；要是給他一隻啄木鳥、鷹或鸚鵡，他就眉開眼笑了。

因此，雖然啄木鳥有許多裝備，適應「啄木」生涯，那些裝備大多數也在其他的鳥類或動物身上，經由「趨同演化」產生，而且啄木鳥為適應「啄木」生涯而演化出的獨特頭骨構造，至少可以追溯到它的前身。你也許會因此期望啄木鳥適應「啄木」生涯的所有裝備，獨立演化過好幾次，現在應該有許多大型動物群，能夠在活樹幹上鑿木取食，或築巢。但是今日世上所有的啄木鳥，彼此的親緣關係都比較密切，與啄木鳥以外的鳥兒比較遠，證明「啄木」適應只演化過一次。甚至在啄木鳥從未到過的遙遠陸塊——澳洲、紐幾內亞、紐西蘭——其他的鳥類也沒有把握良機，演化出利用「啄木鳥區位」的本領。在那些陸塊上，有些鳥類與哺乳類會挖鑿枯木或樹皮，但是牠們充其量只能算蹩腳啄木鳥；至於挖鑿活樹幹謀生的，絕無僅有。要不是啄木鳥先前在美洲（或舊世界）演化出來了，整個世界上的絕佳生態區位，就會空在那裡了。

我拿啄木鳥嘮叨了半天，為的說明：「趨同演化」並不是生物界的普遍現象；即使天賜良機，也可能無福消受。我還可以舉出許多同樣令人難以置信的例子。對動物而言，「植物」無所不在，就是我所說的良機。可是有幾個動物種消受得起？植物主要由纖維素構成，但是沒有一種高等動物演化出消化纖維素的酵素。那些能消化纖維素的草食動物（例如乳牛），其實並不親力親為，而是靠腸道裡的微生物幹那檔子事。再舉一個我在第十章討論過的例子：動物要是能夠栽培糧食，那有多好？但是在人類農業興起之前，動物界只有少數昆蟲演化出栽培糧食的本領，例如切葉蟻和其他幾種昆蟲，牠們能栽培真菌或畜養蚜蟲（取蜜露）。

像啄木、（有效率地）消化纖維素、栽培糧食等本領，都是非常有價值的生物適應。要是連它們都很難演化出來，就別說無線電了——無線電更不能提供食物。那麼，我們發明無線電純屬僥倖，那樣的幸運不可能在其他行星上重演一次嘍？

無線電在地球上演化出來，是不可避免的嗎？且讓我們聽聽生物學的教誨。如果「建造無線電」像「啄木」一樣，雖然只有一個動物種演化出齊全的裝備幹那檔事，那套裝備中有一些組件，其他的動物種也可能演化出來——即使效率不高。舉例來說，我們也許今天發現火雞會造無線電發射器，不會造接收器，可是袋鼠會造接收器，不會造發射器。化石紀錄也許可以告訴我們：過去五十億年間，幾十種已經滅絕的動物，從事過冶金學實驗與設計越來越複雜的電子線路，所以三疊紀（中生代之初）出現了電動烤麵包機、漸新世（新生代第三紀中期）出現了電池驅動的捕鼠機，最後在全新世出現了無線電。化石紀錄也許還能顯示：古生代三葉蟲造的五瓦無線電發射器、恐龍末日出現的兩百瓦發射器（在牠們的骨骸間發掘出來的）、劍齒虎使用的五百瓦發射器，最後人類登場，將既有的技術升級，成為第一個能夠向外太空發射無線電訊號的生靈。

但是以上純屬虛構。在地球生命史上，無論過去還是現在，人類以外的動物，從來沒有建造過任何東西，可以視為無線電的先例或前驅物，即使與我們最親近的親戚——黑猩猩與巴諾布猿——都沒有。仔細考慮我們的演化經驗，對我們特別有啟發。南猿與早期智人都沒有發展無線電。直到一百五十年前，現代智人連發展無線電所需要的觀念都還沒掌握。大約到一八八八年（清光緒十四年），才有人做實驗驗證無線電的實用價值；第一具發射距離能夠達到一‧六公里的無線電，是義大利工程師馬可尼（Marconi, 1874-1937）在十九世紀末建造的；我們還沒有針對特定恆星發射過訊號，不過一九七四年雅拉西柏天文台的實驗，算是頭一遭。

我先前在本章說過，在一顆我們認得的行星上有無線電，起先似乎意味著：無線電也會在其他行星上演化出來。事實上，仔細檢視地球的歷史，可以得到完全相反的結論：無線電在其他行星演化出來的機率，微乎其微。地球上生存過幾十億個物種，其中只有一個有發展無線電的性向；即使這個物種，在七百萬年的演化史中，七萬分之六萬九千九百九十九的時間也沒做出無線電。要是一位外太空來的訪客，一八〇〇年到達地球，絕不會預見一百年後的無線電。

讀者也許會抗議，認為我堅持找無線電的前驅物，太過嚴苛了，其實應該著重的，是製造無線電的兩種必要素質：智力（腦）與靈巧的操弄機械能力（手）。我們根據自己最近的演化經驗，傲慢地假定腦與手是控制世界的最佳工具，而智力與靈巧的操弄機械能力，必然會演化到最高境界。請回想一下我引用過的《大英百科全書》：「要是生命在別的行星演化出來了，很難想像他們不會朝著智慧生靈的方向進展。」地球歷史再度支持了完全相反的結論。其實，地球上極少物種願意在智力與靈巧上費神的。在這兩方面，沒有一種動物發展到稍具「人味」的水準；那些在某一方面差強人意的動物（聰明的海豚，靈巧的蜘蛛），在另一方面卻無寸進；唯一在兩方面都略有成就的動物（黑猩猩與巴諾布猿），卻不怎麼成功。地球上真正成功的動物種，其實是蠢鈍、笨拙的鼠輩與甲蟲，牠們發現了更好的征服世界之路。

「綠堤公式」（用來估計宇宙中具有星際無線電通訊能力的文明數量）中還有一個變項，我們還沒有討論到。那個變項就是文明壽命。製造無線電一定得有智力與靈巧的操弄能力，但是這兩種能力也可以用來達成其他目的——那些目的比起無線電，早就是人類的特徵，例如大規模殺戮工具，以及破壞環境的作為。我們在這兩方面都有卓越的表現，因此正在自食惡果。由於破壞環境的後果需要一段時間才會顯現，我們的命運可能正在遭受慢火燉熬。地球上六個強權國擁有的核彈，足以在短時間內毀滅世界，可是還有許多後進國，急切著想加入核子俱樂部。核子強權國過去有一些領袖，表現出的智慧教人不敢恭維；現在急著發展核武的國家，領袖人物中也有一些令人放心不下，因此我們對於未來難有信心。地球上的無線電，還有多少時間發射訊息呢？

我們竟然發展出無線電，真是徼天之幸；更僥倖的是，無線電在我們發明毀滅自己的有效技術之前就已經出現了。太陽系以外還有先進文明嗎？雖然地球的歷史不能提供什麼希望，卻讓人覺悟到：即使有，也是夭壽。宇宙間其他的先進文明，也許一夜之間歷史進程就倒轉了，回復洪荒，我們現在正冒著同樣的風險。

我們非常幸運。現在有些天文學家熱切地主張花費幾億美金，搜尋地球以外的生命，可是他們從來沒有認真考慮過最明顯的問題：要是我們發現了他們，會怎樣？或者，要是他們發現了我們呢？我覺得不可思議。那些天文學家私底下假定：我們會與太空中的綠色小怪（？）互道久仰，然後坐下來進行精彩的對話。再一次地，我們在地球上的經驗提供了比較有用的指引。我們已經發現了兩種動物，牠們夠聰明，但是技術上沒有我們先進——黑猩猩與巴諾布猿。我們見到牠們時，會想和牠們一起坐下交談嗎？當然不會。正相反，我們拿槍射擊牠們，我們拿刀解剖牠們，我們將牠們的手砍下帶回家當紀念品，我們把牠們關在籠子裡展覽，我們將愛滋病毒注射到牠們身體裡做醫學實驗，我們摧毀牠們的棲境，或強占牠們的棲境。那種反應是可以預見的，因為人類探險家一旦遭遇技術落後的人類社群，通常也是射殺他們、以新疾病消滅他們的人口、摧毀他們的家園，或強占他們的家園。

任何技術先進的外星人要是發現了我們，鐵定也會那麼做。再想想：一九七四年在雅拉西柏天文台的天文學家，他們以巨型無線電望遠鏡向太空發射強力無線電訊號，描述了地球人的長相、人口數，以及地球在太陽系中的位置。那真是無異自殺的愚行，只有印加末代皇帝阿塔花普拉（Atahualpa, 1502?-1533）的愚行可以媲美。當年阿塔花普拉給西班牙尋金亡命徒皮薩羅俘虜了，不但向皮薩羅描述了他首都中的黃金，還帶領那些西班牙人去找黃金。要是我們的無線電發射範圍內，真有其他的無線電文明存在，老天，趕快關機，盡全力避免給偵察到，要不然，就玩完啦。

幸運的是，外太空依然沉默，對我們卻有發聾振聵的啟示。是的，外太空有幾十億個銀河系，每個銀河系有幾十億顆恆星。群星間必然也有些無線電發射器，但是數量不會多，也不會長存。在我們的銀河系中，也許就沒有別人了，而在我們四周幾百光年的範圍內，一定沒有。關於飛碟，啄木鳥給我們上的一課是：我們不可能見著一個。因此，務實地說，我們在這個擁擠的宇宙中，是獨一無二又孤獨的。感謝上帝。

part 4

世界征服者

第三部討論了一些我們的文化特徵，以及那些特徵在動物界的先例與前驅物。那些文化特徵——特別是語言、農業與先進的技術——是人類在自然界興起的憑藉。我們仗著那些特徵，才能在全球擴張、征服世界。

不過，人類在地球上的擴張，不只是征服先前無人占居的土地，還包括某些特定族群的擴張——他們征服、驅趕、殺害其他的族群。我們成為彼此的征服者，也是世界的征服者。因此，我們的擴張表現出另一個人類特徵，那就是我們有大規模殺害同種成員的習性——不用說，動物界不乏殺害同類的事例，我們的近親黑猩猩也這麼幹，所以這個特徵在動物界有先例、也有前驅，但是人類殺害同類，以規模而言，動物界前所未見。現在，我們這種習性，與我們對環境的破壞，是令人憂慮我們可能會墮落的兩個潛在理由。

我們經過了什麼樣的轉變，才成為世界征服者的？別忘了大部分動物種在地球上的分布，都限定在一個很小的地理範圍之中。舉例來說，紐西蘭的漢彌頓蛙（Hamilton's frog），只能在一塊〇．一五平方公里的森林以及一個面積六百平方公尺（約一百八十坪）的岩堆裡找到。在過去，分布最廣的陸地哺乳類，除了人類以外，就是獅子了。一萬年前，獅子分布在非洲大部分地區、歐亞大陸、北美洲以及南美洲的北端。不過，即使在獅子的全盛期，東南亞、澳洲、南美洲南部、南北極以及大洋中的海島，仍不見其蹤影。

人類過去也是一種典型的哺乳類，有特定的地理分布範圍——非洲溫暖的草原上。直到五萬年前，我們仍然只生活在非洲與歐亞大陸的熱帶與溫帶區域。後來我們逐步擴張，先進入澳洲與紐幾內亞（約五萬年前）、歐洲寒帶（約三萬年前）、西伯利亞（兩萬年前）、美洲（一萬一千年前）與波里尼西亞（三六〇〇—二〇〇〇年前）。今天我們定居或拜訪的地方，不只是所有地球陸塊，還包括各個大洋，而且我們已經開始以探測船深入大洋與太空。

在這個征服世界的過程中，我們人類各族群之間的關係，也發生了根本的變化。大多數地理分布廣泛的動物種，都會形成許多族群，鄰近族群有碰面機會，但是不鄰近的族群，彼此從不來往。在這一方面，過去人類也不過是一種大型哺乳類罷了。直到相當晚近，大多數人一生足跡不出出生地幾十公里方圓以外，根本無法知道遠方也有人生存。鄰近部落之間的關係，最顯著的特徵就是擺盪在貿易與仇外敵意的不穩定平衡中。

這種以小社群為主要人類單位的現象，促進了每個社群發展自己語言、文化的傾向，結果加強了社群分化的現象。起初，人類在地理上大肆擴張，於是語言與文化大肆多樣發展。在人類近五萬年內占居的土地上，以紐幾內亞、美洲而言，土著的語言數量，就占現代世界語言的一半。但是人類長期的文化歧異發展，在最近五千年之內，大部分給抹殺了，因為中央極權的政治國家興起、擴張，吞併了鄰近社群。旅行自由——一種現代發明——現在又加速了全球語言與文化的交融過程。不過，世上還有少數地區，特別是紐幾內亞，石器時代的技術與我們傳統的仇外心態，仍持續存在到二十世紀，讓我們有機會一窺過去世界的風貌。

不同人類社群因擴張而產生衝突，衝突的結果，社群間的文化差異，影響很大。軍事與航海技術、政治組織以及農業，特別具決定性。掌握先進農業技術的社群，人口較多，因此占軍事優勢——能夠支持一個職業軍人的階級或組織，而且對傳染病有免疫力——人口稀疏的社群不可能演化出對那些傳染病的抵抗力。

那些文化差異，過去一度誤認為是「遺傳差異」，於是人類史連篇累牘的盡是優秀先進民族征服了劣等原始民族的故事。事實上，沒有人提出過任何證據可以證明征服族群有優異的遺傳。遺傳不可能扮演這麼一種角色，因為任何人不論出身自哪個社群，只要有適當的學習機會，都不難學會其他社群的文化技能。在紐幾內亞，父母親是石器時代的人，子女現在以開飛機維生，一九一一年十二月十四日挪威探險家阿蒙森（Amundsen, 1872-1928）率四名挪威同胞到達南極，他們乘坐的，是從愛斯基摩人學來的狗拉雪橇（當年動用了五十二條狗）。

我們應該追問的問題是：為什麼某一族群擁有征服其他族群的文化優勢？（別忘了，我們沒有證據認為他們是優秀的民族。）舉例來說，非洲的班圖人原來只生活在赤道帶，可是他們取代了非洲南部大部分地區的郭依桑族，而不是郭依桑族趕走了班圖人、占有赤道非洲，為什麼？只因為班圖人運氣好？規模較小的征服事例，我們並不期望發現終極的環境因素，但是要是我們觀察的是大歷史上的大規模族群代換現象，運氣可能不會扮演什麼角色，終極因素更令人信服。因此，下面有兩章檢驗「近代史」上兩次大規模的族群代換現象：現代歐洲人擴張到新世界與澳洲；以及在更早的時候，印歐語族群從一小塊據點起家，最後占有大部分歐亞大陸——這一直是個歷史謎團。這兩個例子可以讓我們清楚地看出：每個人類社群的文化與競爭位置，受生物與地理遺產的塑模，特別是可供人工養殖的植物與動物資源。

同種成員間的競爭，不是人類的專利。所有動物種都一樣，最激烈的競爭，發生在同胞之間，是不可避免的，因為同胞在同一個生態區位中生活。不過，同胞競爭的形式，物種間有很大的不同。最不起眼的競爭形式，就是「敵對」同胞搶著把食物資源用光（吃掉或藏起來），大家各忙各的，沒有表現出明顯的敵對行為。「溫和地」展現敵意的方式，就是「儀式性的表演」，或實際的驅趕行動。最後一招（絕招）就是廝殺（謀殺），現在學者已經掌握了許多動物種的謀殺證據。

各動物種的競爭單位也有很大的差異。大多數鳴鳥，例如美洲與歐洲的知更鳥，主要是單打（雄性與雄性之間的單挑），或雙打（成對的雌雄一齊對付另一對）。獅子與黑猩猩，則是雄性幫派對決，時有傷亡，幫派成員可能是同胞手足。狼或鬣狗會成群廝殺，螞蟻社群則是傾巢而出、實行全面戰爭。雖然有些物種這樣的鬥爭會造成傷亡，可是從來沒有一個動物種因為「內鬥」而有滅種之虞。至少，過去沒有過。

人類相互競爭地盤，與大多數動物種一樣。因為我們群居，競爭以社群間的戰爭為主，比較像螞蟻而不像知更鳥。鄰近的人類社群，彼此的關係一向以仇外敵意為特色，其間穿插著短暫的和解期，進行婦女（新娘）交換，與狼群、黑猩猩幫派相似——人類還會交換貨物。我們人類流露仇外敵意，顯得特別自然，因為我們的行為大部分是文化符碼編成的，而不是基因密碼控制的，也因為人類社群間的文化差異實在太顯著了。那些文化差異使我們很容易辨認「異族」，只需瞧一眼，服色與髮型就透露了對方的身分，狼與黑猩猩就不成了。

人類的仇外敵意，比黑猩猩的更能造成致命的結果，那是不用說的，因為我們最近發展出威力強大的武器，而且還可以遠距拋射。珍古德描述過黑猩猩的幫派火拼，一個幫派逐個謀殺另一個幫派的成員，最後占據對方的地盤。可是那些黑猩猩沒有本事攻擊遠方的幫派，或者消滅所有的黑猩猩（包括自己）。換句話說，仇外謀殺有無數動物前驅，但是只有我們把它發展到足以消滅全體人類的「境界」。「威脅到自己的生存」，加入了語言、藝術的行列，成為人類的文化特徵。在本部最後一章（第十六章），我會回顧人類的「滅族」史，讓大家瞧清楚孕育納粹焚化爐與現代核子戰爭的醜陋傳統。

chapter 13 人類史的新面貌：世界村

一九三八年八月四日，紐約的美國自然史博物館派出的一個生物探險隊，為人類史上最長的一章譜出了終曲。那一天，「第三次雅柏探險隊」的先鋒人員，成為巴霖河大河谷（Grand Valley, Balim River）的第一批外來訪客。位於紐幾內亞西部內地的大河谷，一向被認為無人居住。結果出人意料，大河谷中住滿了人，約五萬名的土著，仍過著石器時代的生活，與世相忘——世上無人知道他們的存在，他們也不知世外有人。雅柏率隊到那裡，為的是搜尋從未發現過的鳥類與哺乳類，結果發現了從未發現過的人類社群。

為了體會雅柏那次發現的意義，我們必須了解所謂的「第一次接觸」現象。我早先提過，大多數動物種在地球上，只在很小一塊地表上的地理範圍內生存。至於那些分布在幾大洲上的動物種，例如獅子與大灰熊，從來沒有一個大洲上的成員到另一個大洲去訪問同胞的。事實上，每個大洲上的族群，都與其他大洲上的有差別，通常同一個大洲上的不同地理區，各有各的族群，牠們會與鄰近族群互動，絕不會到遠方串門子。（表面上看來，候鳥是個讓人不能忽視的例外。是的，候鳥會在大洲之間做季節性的遷徙，但是牠們只沿著「傳統」路線遷徙，而且每個族群無論冬季、夏季的棲息地，大抵都有固定範圍。）

動物對地理的「忠誠」，反映在牠們的地理變異上：同一物種在不同地理區域的不同族群，往往會演化成外型不一樣的亞種，因為每一族群的成員，大多找「自己人」交配。舉例來說，非洲大猩猩是一個單獨的物種，可是東非低地的大猩猩從來沒有去過西非，西非的從來沒有到過東非。怎麼知道的呢？因為東非與西非的大猩猩，是不同的亞種，長相不同，所以科學家不會弄錯。

在這些方面，我們人類在演化過程中，大部分時間都不過是一種典型的動物。人類與其他動物一樣，每個族群在遺傳上都受居住地氣候與疾病的塑模。但是人類各族群還因為語言與文化的隔閡，更難以交流、融合。人類學家從一個人的體表特徵，大致可以推測出他的發源地，而語言學家或服飾學者可以更精確地確定他的家鄉。那是人類族群一直都非常「定居」的證言。

雖然我們自認為「旅客」，在人類演化史上有幾百萬年，我們實際上卻過著與「旅客」完全相反的日子。每個人類社群，對生活範圍之外的世界一無所知，除了自己，只知道緊鄰著的社群。只有在最近幾千年內，人類的政治組織與技術發生了變化，某些社群才可能旅行到遠方，接觸異域殊族，認識祖先從未親身訪問過的地方與族群。一四九二年哥倫布發現新大陸之後，加速了異域殊族相互接觸的過程，今天只有紐幾內亞與南美還有幾個零星的族群，還沒與異域來的陌生人接觸過。雅柏探險隊進入大河谷的那一刻，在歷史上的意義是：從此以後，與世隔絕的人類社群即將成為歷史絕響。人類這個物種，原來包括幾千個小型社會，整個說來居住地只占地表的一小部分，現在已經轉變成擁有世界知識的世界征服者。因此，大河谷的那次接觸，是這個過程中的里程碑。

大河谷中有五萬居民，這麼大的社群怎麼可能與世隔絕，讓世人直到一九三八年才發現他們？那些巴布亞人又怎麼會對外界一無所知？外人走進來了之後，原來孤絕的社群會發生什麼變化呢？在本章我會論證：為了了解「人類文化分化的起源」，原先萬國林立、互不往來的人類世界——那個世界將在我們這個世代完全沒入歷史——是一把鑰匙。現在我們是世界征服者，人口超過六十億，而在農業興起的前夕，人口大約只有一千萬。不過，諷刺的是，我們的人口暴增了，文化歧異的程度卻陡降了。

沒到過紐幾內亞的人，很難想像一個五萬人的社群會與世隔絕那麼久。那怎麼可能？大河谷距南、北海岸才不過一八五公里呀。歐洲人一五二六年發現紐幾內亞，荷蘭傳教士一八五二年到此定居，歐洲殖民政府一八八四年成立。為什麼還要五十四年才發現大河谷？

答案是：地形、糧食與挑夫。只要你踏上紐幾內亞，試過離開已有的道路，四處步行，就會明白我的意思了。那兒海岸低地是沼澤，內陸有連綿的山脈，崚線有如刀鋒，到處覆蓋著密林，你一天最多只能穿越幾公里。一九八三年，我到紐幾內亞庫馬洼山脈調查，我與十二位紐幾內亞人花了兩個星期，才向內陸推進了十一公里。要是與英國鳥類協會五十週年紀念探險隊比較起來，我們根本沒遭遇什麼困難。他們在一九一〇年一月四號登上紐幾內亞，然後向內陸一百六十公里開外的山峰前進。第二年二月十二號，他們終於放棄了，打道回府。那十三個月中，他們連半途都沒走到（只越過了七十二公里）。

除了地形障礙，當地無法找到食物，更是讓探險家舉步維艱。紐幾內亞沒有大型動物可以獵殺。在低地叢林中，紐幾內亞土著當主食的植物是西米椰，這種植物的莖髓可以榨出一種物質，有橡膠的質地、嘔吐物的氣味。然而，在山上，即使土著都無法靠野生食物維生。霍拉斯頓（Alexander Wollaston）見過的一幕最能凸顯這個問題。他是英國探險家，有一次從山上叢林小徑下山，途中看見一幅教人心裡發毛的景象：三十具紐幾內亞土著的屍體，他們顯然不久前才死去，旁邊還有兩個孩子，奄奄一息。那些土著在高地有農田，從低地回去的時候，沒帶夠糧食，都餓死了。

叢林中找不到野生食物，探險家想到無人居住的地區調查的話，就得自備糧草（有時即使到有人家的地方，也未必能得到足夠的給養）。一個挑夫能攜帶十八公斤食物，要是他一人食用，大約可以維持十四天。所以，在發明飛機（空投補給）之前，探險隊若想深入內陸七天以上，就得靠挑夫隊往返搬運給養，在內陸建立補給站。我舉一個典型的例子：在海岸上準備七百人日分量的給養，以五十名挑夫運送，在距海岸五日的地點，儲存兩百人日的給養，然後挑夫花五天回到海岸。在這個過程中，挑夫消耗了五百人日的給養。然後十五名挑夫到那個補給站，起出儲存的給養，再前進五日，建立第二個補給站，儲存五十人日的給養，回到第一個補給站（接受補給），這個過程消耗掉一百五十人日給養。然後……

一九二一—二二年的克瑞馬探險隊（Kremer Expeditions），路線最接近後來的雅柏探險隊。八百名挑夫，兩百噸食物，花了十個月運送，克瑞馬等四位探險家得以深入內陸。克瑞馬穿越的距離剛好可以到達大河谷，可惜他們的路線向西偏了幾公里，錯過了大河谷，也沒懷疑過那裡會有人，隔著重山密林，誰想得到呢？

除了這些艱困的環境條件，紐幾內亞內陸對傳教士與殖民政府毫無吸引力，因為大家都相信：根本沒有人住在「裡頭」。歐洲探險家在海岸或河流登陸，發現低地上有許多部落，以西米椰、魚維生，但是陡峭的山麓丘陵上人很少，日子過得極勉強。無論從南岸還是北岸，白雪覆蓋的中央山脈（紐幾內亞的脊梁骨）遠遠望來都是一幅陡峭的模樣。大家相信這兩張陡峭的面孔是同一座山的兩側，沒想到其中藏著適於農耕的寬闊河谷。

在紐幾內亞東部（今日的巴布亞紐幾內亞共和國），「內地空無一人」的神話是在一九三〇年五月二六日打破的。那一天，兩位澳洲探礦人為了尋找金礦，翻過俾斯麥山脈的一座山脊，哪裡知道後面是個山谷，晚上朝谷裡望下去，他們為眼前出現的無數火點而驚疑不置：幾千人的灶火。在紐幾內亞西部（今日是印尼的一省），這個神話是在一九三八年六月二十三號破滅的。那一天，雅柏駕機做第二趟偵察飛行，在叢林上空飛了幾個小時後，什麼人跡都沒發現，突然大河谷中出現了令他非常驚訝的景象，看起來很像荷蘭：地面上沒有叢林覆蓋，地貌平整，整齊地劃分成田地，田地四周圍繞著灌溉溝渠，並有小屋散落四方。雅柏先在距離大河谷最近的湖邊以及河流（他的水上飛機可以降落）建立營地，然後先鋒人員從營地出發，最後成為第一批進入大河谷的現代人——一共花了八個星期。

世人直到一九三八年才知道大河谷裡有人住，我已經說明了原因。那麼，為什麼那些大河谷裡的

人——現在稱為丹尼人——也不知人外有人呢？

當然，部分原因是我們上一節談過的那些困難，西方探險家直到晚近才逐一克服，而丹尼人要「走出去」的話，也得克服。然而，世界上有許多地區，條件比紐幾內亞好得多了，既沒有惡劣的地形，也容易找野生食物，可是那裡的人類社群，在過去也是相當閉塞的，對「天下至廣」毫無概念。為什麼？在這裡，我必須提醒讀者：我們認為理所當然的一個觀點，其實是現代發展出來的。事實上，直到最近，那個觀點在紐幾內亞並不適用，而一萬年前的世界，哪裡都不適用。

現在地球表面分割成許多政治國家，每個國家的公民，都多少享有在國境內或到別國去旅行的自由。任何人只要有時間、有錢、有意願，就可以到任何國家去觀光（北韓之流的少數幾個死硬的仇外國家，另當別論）。結果，人與貨物在世界上交流，許多東西在各大洲都買得到，像是可口可樂。我還記得一九七六年我到南太平洋所羅門群島中的連內爾島收集資料的往事，每次想起仍然覺得很糗。那個小島與世隔絕，海岸只有峭壁，沒有沙灘，島上珊瑚礁地面，處處有深溝，土著的波里尼西亞文化，因此保存了下來，直到最近都沒什麼改變。破曉時分我從海岸出發，在叢林中跋涉，耳目所及，毫無人跡。到了傍晚，我終於聽見前頭傳來了一位女性的聲音，也望見了一間小茅屋。我的腦海裡立刻充滿了幻想，一位美麗無邪的波里尼西亞少女，腰著草裙，裸露上身，正在等著我！在這個世外小島上的世外桃源裡！哪裡知道這位女士竟然很胖，還有老公陪伴。夠糟了吧？才不！我自認為是個大無畏的探險家，可是她穿的運動衫，胸前竟然大書「威斯康辛大學」幾個字，讓我訕訕的，怪難為情的。

相對地，人類在最近一萬年前，自由自在的旅行根本不可能，運動衫的流通非常有限。每個村落或隊群，都是一個政治單位，與鄰近的單位陷在戰爭、休兵、聯盟與貿易的走馬燈中。因此，紐幾內亞高地上的土著，終生在出生地方圓十六公里之內活動。他們偶爾會走進緊臨村落邊界的土地上，或者是為了偷襲鄰近村落，或者是在休兵期間得到了許可，但是他們沒有「社會公約」，規範走出緊鄰村落邊界的土地後的行為。對土著而言，容忍不相干的陌生人？難以想像。更別說這樣的陌生人敢現身了。

即使在今天，這種「別僭越」心態仍殘存在世界許多地方。我在紐幾內亞，每次外出觀察鳥類，都不辭辛勞到鄰近觀察地點的村落「拜碼頭」，徵求同意。有兩次我疏忽了（或我「拜錯了碼頭」），就划船到上游去觀鳥，回程就發現河道給獨木舟堵上了，村民以石頭丟我，他們非常憤怒，因為我擅闖了他們的地盤。在西紐幾內亞，我住過依洛匹人的村子，我想到附近一座山裡，必須穿越鄰近的法玉族地盤，依洛匹人聽我說了，就向我解釋：只要我走進他們的地盤，法玉人會殺了我。依洛匹人這麼告訴我，語氣自然，不覺得有什麼大不了。從紐幾內亞的觀點看來，事情就是那樣，彷彿天理昭彰，不證自明。法玉人當然會殺掉任何一個擅闖地盤的人；難道你蠢得以為法玉人會放任陌生人走入他們的地盤？陌生人可能會獵殺他們地盤上的獵物、偷拐婦女、散播疾病，以及偵察動靜、策劃偷襲。

雖然大多數「前交流時代」的族群會與鄰近族群發展貿易關係，許多族群相信自己才是世上唯一的人類。也許遠方地平線上冒出的火煙，或者順著河漂流下來的無人獨木舟，證明世上還有其他人群。但是離開自己的地盤，「走出去」訪問遠方的人，即使不過幾公里路程，也無異插標賣首。一位紐幾內亞高地土著回憶一九三〇年白人光臨之前的生活，「我們沒出過遠門。我們只知道山的這一邊。我們認為我們是世上唯一活著的人。」

這種隔離促進了遺傳歧異。紐幾內亞每一個河谷，不僅有獨特的語言和文化，也有獨特的遺傳缺陷與風土病。我到過的第一個河谷，是富雷族的家園，他們在世界醫學文獻上非常有名，因為他們有一種奇怪的病，叫做苦魯症（Kuru），意思是「笑病」——病人臨死前臉上會掛著詭異的笑容，結果發現是一種慢性濾過性病毒造成的。（按：研究苦魯症的蓋度賽醫師〔D. C. Gajdusek〕因此得到一九七六年的諾貝爾獎。）富雷人有一半以上死於苦魯症，其中以婦女為主，使一些村子男女的比例高達三比一。在卡里木依——位於富雷族地盤以西約一百公里——從來沒有過苦魯病例，但是當地土著受困於痲瘋病——發生率為世界之冠。還有些部落有高比例的聾啞人、沒有陰莖的男性（假性陰陽人）、早衰症，或晚熟人（青春期延緩）。

今天我們可以從電影或電視上神遊我們從未到過的地方，也可以從書本得到相關的資訊。世界上的主要語言都有英文字典，母語是非主流語言的村子裡，大部分都找得到聽懂一種主流語言的人。舉例來說，在最近幾十年間，傳教士語言學家研究過幾百種紐幾內亞與南美土著語言，我在每一個紐幾內亞村子裡，不管位於多麼遙遠的地方，都能發現一個人，能說印尼語或新美拉尼西亞語。因此，語言障礙已經不再妨礙資訊在世上流通了。今日世界幾乎每一個村落，都能相當直接地獲得外界的資訊，並提供關於自己的資訊。

對比之下，過去世界中的居民，無從想像外界的模樣，或者直接獲得關於外界的資訊。那樣的資訊都是輾轉重譯而來，每經一次翻譯就走樣一次——玩過「傳口訊」遊戲的人都知道，一個不算複雜的口訊，口耳相傳之後，必然變得離譜、荒謬。於是，紐幾內亞高地土著對一百六十公里之外的大洋毫無概念，對已經在海岸上活動了幾百年的白人一無所知。他們首次見到的歐洲男人，穿褲子繫腰帶，令他們大惑不解，有位仁兄對衣服的功能提出獨到的見解：那些男人的陰莖很長，必須盤在腰間，以衣服遮蓋。有些丹尼人相信一個鄰近的土著族群吃草維生，而且他們的雙手背在背後，連結在一起。

第一位闖入「桃花源」的先鋒，在土著心中造成的創傷，難以抹滅，我們生活在現代世界中的人，難以想像。一九三〇年給澳洲探礦人「發現」的紐幾內亞高地土著，五十年後接受訪問，仍然記得當時的情景，他們在哪裡，在做什麼？都能歷歷如繪地娓娓道來。對現代美國人與歐洲人，也許最接近的經驗，是回憶我們經歷過的最重要的政治事件。與我同年齡的美國人，大多數記得一九四一年十二月七日，那一天我們聽到日本飛機偷襲珍珠港的新聞。我們立刻就知道我們的生活就要改變了，而且至少會持續幾年。然而，珍珠港事件以及隨後的戰事，對美國社會的衝擊很小，比不上當年歐洲人現身紐幾內亞高地，對土著社群的衝擊。在那一天，他們的世界變了，永不回頭。

探險家帶來了鋼鐵斧頭與火柴，石斧與取火鑽相形見絀，於是高地土著的物質文化，發生了革命性的變化。接踵而來的傳教士與政府官員，壓制了土著根深柢固的文化習俗，像是食人、多妻、同性戀與戰爭。其他的習俗，土著自然地拋棄了，因為他們發現了優異的替代品。但是，另外還有一個革命，更為深刻又令人不安，發生在土著的宇宙觀。他們與鄰近社群不再是世上唯一的人，不是只有一種生活方式。

康諾利（Bob Connolly）與安德森（Robin Anderson）寫了一本書《初遇》（*First Contact*），沉痛地敘述了紐幾內亞東部高地土著與西方人「初遇」的故事。作者請雙方已經高齡的當事人，回憶往事，話說當年，那時大家不是才過了青春期，就是還小。嚇壞了的土著，把白人當成返回人間的陰魂。後來土著把白人埋了的糞便挖出來，詳加檢視，派嚇壞了的年輕女孩去伺候闖入者，發現白人會大便，而且與他們一樣，是人。我們前面提到的澳洲探礦人，有一位留下了日記，記下了他覺得土著的體味難以忍受，可是，土著那時也覺得白人的體味奇怪又嚇人。探礦人對黃金特別著迷，土著覺得奇怪，土著對寶貝（子安貝）著迷（土著財富的象徵／錢幣），也令澳洲人不解。至於，一九三八年大河谷中的「初遇」故事，目前還沒有人寫。

本章一開始我就說過了：雅柏探險隊的先鋒人員進入大河谷，不只是丹尼人命運的分水嶺，也標誌了一座人類歷史的分水嶺。當年的那個世界，所有人類社群相對孤立地生活著，在今天，那樣的社群剩不了幾個了。這樣的古今之變，造成了什麼後果？從比較研究，可以抽繹出答案：我們可以比較早就「開通」的區域，與晚近才開通的區域。我們也可以觀察那些晚近開通的區域，追蹤「開通」的後果。這些比較研究顯示：異域殊族一旦交通，經過幾千年隔離才孕育、累積的文化歧異，逐漸抹殺了。

藝術創作就是一個明顯的例子。在紐幾內亞，雕刻、音樂與舞蹈的風格，在過去村子與村子之間就有很大的差異。有些村子因為生產世界級的木刻藝術而聞名。但是已經有越來越大的壓力或誘惑，讓紐幾內亞土著放棄自己的藝術傳統。一九六五年，我訪問了波麥族，那是一個孤絕的小部落，人口不過五百七十八人。那裡只有一個小店，是傳教士開設的。在我到達之前，傳教士已經勸服波麥人拿出所有藝術品付之一炬。幾個世紀累積的獨特文化發展（「異教徒的玩意」，那位傳教士是這麼說的），一個上午就報銷了。一九六四年，我第一次深入紐幾內亞，造訪遙遠的村落，一路上我可以聽見圓木鼓聲與傳統歌聲；一九八〇年代，我聽到的是吉他、搖滾樂，以及電池驅動的收錄音機。任何人到紐約大都會博物館參觀過紐幾內亞傳統雕刻作品，或是聽過紐幾內亞傳統音樂（二重唱配上圓木鼓以令人屏息的速度擊出的節奏），都會同意「開通」是一場浩劫，是人類藝術史的悲劇。

語言也大量消失了。舉例來說，現在歐洲只有大約五十五種語言，大部分都是從一個語系分化出來的（印歐語系）。然而紐幾內亞面積不到歐洲十分之一、人口不到百分之一，卻有一千種語言，其中有許多與世上任何已知的語言都沒關係。一般而言，在紐幾內亞一個語言只有一千人在方圓三十二公里的範圍內使用。在紐幾內亞東部高地，我從歐卡帕跋涉近一百公里到卡里木依，就穿過了六個語言的使用範圍。起先是佛雷語（有一點像芬蘭語），最後一個是圖道未語（有聲調與鼻化母音，有點像漢語）。

紐幾內亞是一本活教材，讓語言學家認識過去的世界——每個孤立的部落都有自己的語言。農業興起後，那個世界才開始改觀。少數掌握農業的社群向外擴張，將自己的語言散布到一片廣大的土地上。印歐語族群擴張，不過是大約六千年前的事，結果西歐原有的語言全都給消滅了，只剩下巴斯克語（Basque，西班牙北部，以及法國境內，還有人說這種語言）。最近幾千年，班圖語族群擴張也造成了同樣的結果，熱帶非洲與非洲亞撒哈拉區域原來流通的語言都消失了。南島語族群擴張，在印尼與菲律賓也取代了先前的土著語言。光是在新世界，過去五百年間就有幾百個土著語言消失了。

世上通行的語言越少，世界村中的居民就越容易溝通，所以大量語言消失了，不是件好事嗎？也許吧。可是在其他方面，可是件壞事。語言間的差別，不只表現在結構與辭彙上，在表達因果關係、感情和個人責任等方面也有差異——因此語言塑模思想的方式也有差異。沒有一種語言在各方面都算得上「最好」：每種語言都有獨到的長處，視目的而定。舉例來說，柏拉圖與亞里斯多德用希臘文著述，而康德用德文，也許並非偶然。希臘文與德文的文法特徵，以及容易形成複合字的特性，也許是它們成為西方哲學的王牌語言的祕密。再舉一個例子，學過拉丁文的人一定很熟悉。拉丁文每個字的字尾，對句子結構提供了足夠的訊息，因此句子中各個字的順序，可以做不同的安排，表現句意中的幽微情致。英文就做不到，因為英文的字序是句子結構的主要線索，一旦改變字序，句意就可能完全變了。如果英語成為世界語言，絕不會是因為英語最適於外交。（按：因為英語的文法特色不像拉丁文，比較不容易表現含蓄幽微的意思，不適於表達外交辭令。）

紐幾內亞的文化歧異程度，現代世界中沒有一塊面積彷彿的土地比得上，因為孤絕的部落能夠實行任何社會實驗——有些實驗其他社群完全無法接受。毀壞自己身體（裝飾或儀式所需）與吃人的習俗，每個部落都不一樣。土著與外界「初遇」的時候，有些部落是全裸的，有些會遮掩性器而且有繁瑣的性規矩，還有些會以極為誇張的方式拿陰莖與睪丸招搖（例如丹尼人）。撫養孩子的方式，有的部落完全被動（佛雷族完全放任嬰兒，甚至見到他們去抓熾熱的東西也不管，結果嬰兒受到燒燙傷）；有的部落會懲罰行為不端的孩子，如巴罕人會以帶刺的蕁麻打孩子的臉；有的部落極為嚴厲，如庫苦庫苦的孩子甚至會自殺。巴魯亞族的男人可以享受制度化的「雙性象」：部落裡有一間很大的房子供同性戀活動，其中住著年輕男孩，成年男人可以到這裡來混；每個男人另外有小房子，住著老婆、女兒與男嬰。而圖道未族的房子有上下兩層，下層住著女人、嬰兒、未出嫁的女兒與豬，男人與未婚的男孩住在上層，從地面上有獨立的梯子上去。

現代世界的文化歧異程度縮小了，要是消失了的只有毀壞自己身體的習俗，與逼得兒童自殺的管教方式，我們不會覺得那是損失。但是有些社會的文化習俗成為世界主流模式，不是因為那些文化習俗可以令人幸福或有利於人類的長期生存，而是因為那些社會在經濟與軍事上的成就。我們一味追求消費，又任意剝削環境，現在我們覺得愜意，可是未來的隱憂已經種下了。許多有識之士已經列出美國社會的當務之急，以下的問題已經瀕臨災難的程度：老人安養、青少年叛逆、嗑藥，與顯著的貧富不均。這些問題，每一個都可以在紐幾內亞發現好幾個解決方案，比我們的好得多了。（那裡每個部落都有自己的一套，不只一個部落有比我們好的方案。怕的是，紐幾內亞傳統的精華，等不到我們去取經，就消失了。）

不幸的是，人類社會的另類模式正在迅速消失，而人類可以在孤絕的情境中實驗新模式的時代，

已經過去了。世界上再也沒有與世隔絕的社會，規模可以與雅柏探險隊一九三八年八月「發現」的相比。一九七九年我在紐幾內亞羅伐爾河調查，附近的傳教士最近才發現了一個四百人的游動部落，根據那個部落的報導，上游約五日行程的地方，另外還有一個從未與外界接觸的隊群。祕魯與巴西的偏遠地區，也發現了一些小隊群。但是我們有理由相信：最後一個「初遇」事件就要發生了，也就是說，最後一個設計人類社會的實驗就要結束了。

雖然此後人類的文化歧異不會立即消失——至少大部分歧異沒有因為電視與旅行而消失，歧異程度必然會猛烈降低。那是我們會哀悼的損失，理由我已經討論過了。但是文化歧異與仇外心態似乎成正比。只要我們相互廝殺的武器威力有限，我們的仇外心態還不至於把我們帶到滅絕的邊緣。核子武器會不會與我們的滅族傾向結合起來，打破我們在二十世紀上半葉立下的紀錄？我希望不會，我想得出的主要理由是：世界文化混一的過程已經加速了。降低文化歧異，也許是我們為了生存必須付出的代價。

chapter 14 問蒼茫大地，誰主浮沉

我們的日常生活最顯著的特色，對科學家卻是最困難的問題。美國或澳洲大部分地方，要是你在街頭舉目四顧，你看到的大多是歐洲人後裔。可是五百年前，那裡只有當地的土著，絕無例外。為什麼歐洲人會到美洲與澳洲殖民，取代了土著族群，而不是美洲與澳洲的原住民，到歐洲取代了白人族群？

這個問題可以用另一個方式表述：為什麼技術與政治發展的速率，在古代以歐亞大陸最快，美洲慢得多，而澳洲最慢？舉例來說，一四九二年歐亞大陸上，大多數人口都使用鐵器、有文字與農業、組成擁有越洋船隻的中央集權國家、正在工業化的前夕。美洲有農業、有幾個大型中央集權國家、僅在一個地點有文字、沒有越洋船隻或鐵器，在技術與政治發展方面，比歐亞大陸落後幾千年。澳洲沒有農業、文字、國家與船隻，仍處於與外界隔絕的情境中，使用的石器，與一萬年前歐亞族群使用的相當。正是那些技術與政治發展的差異，使歐洲人能夠擴張到其他的大洲上，而不是生物（人種）差異。（不同動物族群競爭的結果，往往由生物差異決定。）

十九世紀的歐洲人，對那樣的問題有一個簡單的答案，可是那個答案充滿了種族偏見。他們的結論是：歐洲在文化上先馳得點，是因為歐洲人比較聰明，所以歐洲人註定了要征服、取代或殺戮「低劣」族群。這個答案並不令人滿意，不但流露出妄自尊大、令人憎惡的心態，而且根本就錯了。沒錯，人們的知識水準有很大的差異，與每個人成長的環境有關。但是，沒有令人信服的證據顯示：不同族群的心智能力，有任何遺傳的差異。十九世紀的古典人類學，傾全力創造一套「科學的」人種理論，解釋「人種」間的差異，可是什麼名堂都沒搞出來。

因為這個種族偏見的遺緒，對不同「人種」在文明業績上的差異，我們今天提出的「說法」，仍然嗅得出種族偏見的味道。然而，這個問題有必要適當地回答，理由很明顯。在過去五百年間，那些技術上的差異導致了嚴重的人間悲劇，殖民與征服的遺緒，仍然強烈地影響了現代世界的結構。除非我們提出一套令人信服的解釋，許多人不免懷疑：充滿種族偏見的遺傳理論，或許是真的。

在這一章裡，我會論證：各大洲的文明業績不同，因為塑模文化特徵發展的力量，是地理，而不是人類遺傳學。文明賴以發展的資源——特別是適於人工培育的野生動、植物——各大洲提供的各不相同。各大洲上，人工培育的生物物種，向外傳播的難易程度，也各不相同。即使在今天，美國人與歐洲人仍然必須痛心地面對現實：遠方的地理特徵——如波斯灣或巴拿馬地峽——會影響日常生活。但是地理與生物地理更為深刻地塑模人類的生活，已經幾十萬年了。

為什麼我要強調植物與動物？正如演化生物學家霍丹（J. B. S. Haldane, 1892-1964）所說：「文明的基礎，不是人，而是動、植物。」相同面積的土地，農業與畜牧所能供養的人數，比野生食物多得多了，雖然農牧業也給人類帶來了災難（見第十章）。一些人可以儲存的剩餘糧食，使其他人得以全力經營各種專業技能，例如冶金、製造、文書——以及職業軍人。家畜提供的不只是肉與奶，還有製作衣服的毛與皮，以及運輸人、貨的動力。動物還可以拉犁與車，因此可以增加農業的產能，光憑人力怎麼都比不上。

結果世界上的人口大增。一萬兩千年前人類還過著採集—狩獵的生活，人口只有一千萬；今天已經超過六十億。密集的人口，是形成中央集權國家的先決條件。密集的人口，也促進了傳染病媒的演化，遭遇過那些傳染病媒的族群，會演化出抵抗力，沒遭遇過的就沒有抵抗力了。所有這些因素，決定了族群之間的殖民或征服關係。歐洲人征服美洲與澳洲，不是因為他們擁有優良的基因，而是因為他們有惡毒的病媒（尤其是天花）、比較先進的技術（包括武器與船隻）、以文字儲存的資訊，以及政治組織——追根究柢，全是因為各大洲在地理上的差異造成的。

讓我們從家畜談起。大約在六千年前，西亞的居民，已經擁有五種家畜，至今仍是人類的主要牲口：綿羊、山羊、豬、牛、馬。東亞沒有西亞那種牛，可是居民就地取材，分別馴化了幾種形態、功能類似的「牛」：犛牛（青藏高原）、水牛（東南亞）、印度／緬甸野牛、爪哇野牛。前面已經提過，這些動物提供了食物、動力與衣服，此外，馬還有無可估量的軍事價值（直到十九世紀，馬仍然是軍事行動中不可或缺的畜生，結合了坦克、卡車與吉普車的功能於一身）。為什麼美洲印第安人不能馴養「對應的」美洲的土著物種，享受同樣的利益呢？美洲的土著哺乳類中，不是也有野綿羊、野山

羊、野豬（peccaries）、野牛、貘（tapirs，與犀牛同屬奇蹄目犀亞目）嗎？為什麼美洲印第安人不能騎著貘侵入歐亞大陸，震懾歐亞土著呢？澳洲土著也可以騎著袋鼠這麼幹呀？

答案是：直到今天，世界上的野生哺乳類中，只有極小的比例能夠馴養。我們只要回顧一下過去失敗的例子，就能夠看清楚其中的關鍵。把野生動物馴養成家畜，第一步當然是變化野生動物的氣質，使牠們可以關在籠子裡，當作寵物。許多動物種都通過了這一關。在紐幾內亞許多村子裡，我都會發現養馴了的袋鼠、袋貂（possums），在亞馬遜河流域的印第安村子裡，我也見過養馴的猴子與鼬鼠。古代埃及人養馴過瞪羚、羚羊、鶴，甚至鬣狗，還可能有長頸鹿。漢尼拔（Hannibal, 247-183 BC）率領非洲象（按：不是今天馬戲團裡常見的亞洲象）翻過阿爾卑斯山攻打羅馬（218 BC），把羅馬人嚇壞了。

但是所有這些看來有希望的嘗試，最後都失敗了。畜養動物並不只是從野外抓來幾個野種，把牠們養馴了就算成功。牠們在獸籠或獸欄中能夠繁殖才成，那樣人類才能選拔「優良」的個體進行培育，最後野生種變化成適合人類需要的品種。馬大約六千年前馴化，幾千年後馴鹿也馴化了，此後歐洲再也沒有大型哺乳動物給馴化過。換言之，我們的祖先實驗過幾百種動物，我們那幾種哺乳類家畜，很快就脫穎而出，其他的就給放棄了。

馴養動物當家畜的實驗，大多數都失敗，為什麼呢？歸納起來，一種野生動物，若不具備一組不尋常的特徵，就無法馴化當家畜。第一，以大多數例子而言，牠必須是一種過群居生活的社會動物。在社群中，低階個體對「老大哥」會本能地表現出順服行為，牠們還能將人類（飼主）當作「老大哥」一樣地順服。北美洲的大角綿羊，與西亞綿羊的祖先，是同一屬的不同物種。但是西亞綿羊的祖先有本能的社會順服行為，北美大角綿羊卻沒有——對印第安人來說，這可是個要命的差別，難怪他們無法馴養大角綿羊。獨居的陸生動物中，只有貓與白鼬（ferrets）成了家畜。

第二，瞪羚以及許多鹿與羚羊，是緊張大師，難以管理，因為牠們只要一發覺情況不對，就會奔逃，而不像其他動物，遇上危險就原地不動。我們至今無法把鹿收服成家畜，尤其令人難以自解，因為在過去一萬年中，幾乎沒有幾種野生動物像鹿一樣，與人類那麼接近。雖然人類密集地獵殺鹿，偶爾養馴過幾隻，世上四十一個鹿種中，只有寒帶的馴鹿（reindeer）讓人類成功地變成了家畜。其他四十種，要嘛有領域行為（據地自雄，不容其他同胞闖入），要嘛是緊張大師，或兩者皆是，因此都沒資格當人類的家畜。馴鹿能容忍異類闖入牠們的活動空間，群居而沒有領域觀念，是當人類家畜的料。

最後，許多動物在獸欄中，看來馴服而健康，卻可能拒絕交配——動物園經常有這種煩惱。你願意在大庭廣眾前對異性展開長時間的追求，並公開交配嗎？別說你不願意，許多動物也不願意。這個問題使許多動物不能成功地變成家畜，其中有些要是成功了，對人類非常有用，實在可惜。例如南美野駱馬（vicuna）是安地斯山脈的土著種，牠們的毛是世界上價值最高的動物毛。但是印加人與經營現代牧場的人，都無法馴化牠們。要得到牠們身上的毛，只好到野外捕捉。從古代亞述的王公貴族到十九世紀印度的王公貴族，都馴養過獵豹——世上跑得最快的陸地哺乳動物，時速可達一百一十公里以上——協助打獵。但是，他們每一頭獵豹都是從野外抓回來馴養的，甚至動物園直到一九六〇年才成功地讓獵豹在獸欄中繁殖。

歐亞大陸那五種主要家畜，以及牠們的親戚物種，當得成家畜或當不成，上列理由總括來說，就可以解釋了；美洲印第安人無法馴化野牛、野豬、貘，以及野山羊、野綿羊，也是同樣的理由。由於馬有軍事價值，所以用馬來說明「物種間的微小差異，註定了一個物種對人類特別有價值，而另一個完全沒用」，特別有趣。馬屬於哺乳綱奇蹄目，屬於這個目的動物，特徵是腳上有蹄，腳趾數目為奇數，包括馬、貘與犀牛，共十七個物種。其中所有的貘（四種）與犀牛（五種），再加上八種野馬中的五種，從來沒有畜養成功過。非洲土著若騎著犀牛、印第安人騎著貘，任何歐洲來的入侵者都會給踩死了——但是沒發生過那樣的事。

野馬的第六個親戚，是非洲的野驢，就是家畜中的驢的祖先。驢是良好的載重與運輸畜生，可是無法用來戰陣衝鋒。野馬的第七個親戚，是西亞的野驢，在五千年前，曾經用來拉車，有好幾百年。但是所有關於牠們的記載，都指出了牠們的乖戾脾性：脾氣壞、暴躁、難接近、頑劣或頑冥不靈。這種危險的畜生，必須裝上口銜，免得照料牠們的人給咬傷。大約四千三百年前，中東引進了馴化的馬，野驢才給放棄了。

馬劇烈地改變了人類戰爭的風貌，其他的動物，沒有一種可以相提並論，即使象與駱駝也不成。馬馴化後不久，也許就成為最早的印歐語族群擴張的利器——最早的印歐語族群是牧民，他們的擴張故事，下一章會討論。幾千年之後，馬與戰車結合，成為古代戰場上無人能擋的坦克。馬鞍與馬鐙發明了之後，匈族阿提拉（Attila the Hun, 406-453）賴以重創羅馬帝國；成吉思汗（1162-1227）率領的蒙古騎兵，所向無敵，建立了橫跨歐亞的帝國；西非輸入了戰馬後，也興起了軍事國家。十六世紀初，西班牙人科爾特斯與皮薩羅憑著幾十匹馬，外加百來名軍士，就顛覆了新世界兩個人口最多、文明最進步的國家——阿茲特克（今墨西哥境內）與印加（今厄瓜多爾至智利境內）。一九三九年九月波蘭騎兵不敵侵入波蘭境內的納粹機械化陸軍，馬在戰場上叱吒風雲的時代才正式結束——馬在六千年前成為家畜，所有家畜中，只有馬在世界各地都受重視，就是為了牠的軍事功能。

諷刺的是，其實美洲原先有馬，與科爾特斯與皮薩羅帶到美洲的馬是親戚。要是美洲馬沒有滅絕，蒙提祖馬（阿茲特克）與阿塔花普拉（印加）也許就能以騎兵衝散那些西班牙「征服者」，將他們擊潰。但是，也許是天意吧，美洲的馬早就滅絕了，事實上，美洲與澳洲原有的大型哺乳類，百分之八十到九十都滅絕了。大滅絕發生在人類進入美洲與澳洲殖民後不久，他們是現代印第安人與澳洲土著的祖先。新世界喪失的不只馬而已，還有其他有畜養潛力的動物，例如大駱駝、地樹獺，還有象。結果，澳洲與北美洲一種可以畜養的動物種都沒有，除非印第安犬是從北美狼演化出來的。南美洲只剩下天竺鼠（可做食物）、羊駝（alpaca，可以剪毛）、與駱馬（llama，可以運貨，但體型小，人不能騎乘）。（按：羊駝與駱馬是同一物種的不同品種。）

所以，美洲與澳洲土著從未以哺乳類家畜作為蛋白質來源，只有安地斯山脈的居民有那個榮幸（天竺鼠），然而，比起舊世界的居民，他們從家畜得到的蛋白質，少得可憐。美洲與澳洲的土著哺乳類，從未拉過犁、車、戰車，從未生產過奶，從未運載過人。新世界的文明憑著人類肌肉的力量蹣跚前進，而舊世界的文明卻有獸力、風力與水力之助，一馬當先，先馳得點。

美洲與澳洲的大型哺乳類，大多數在史前時代就滅絕了，究竟是氣候的因素，還是最早的殖民者幹的好事，科學家仍然在辯論。無論真相是什麼，那一場大滅絕註定了美、澳兩洲最初殖民者的子孫，在一萬年後給歐亞大陸與非洲的族群征服——歐亞大陸與非洲的大型哺乳類，大部分都保存下來了。

植物呢？同樣的論證也適用嗎？一些類似的地方立即就跳上心頭。與動物一樣，野生植物中只有一小撮適於當莊稼。舉例來說，雌雄同株／自花傳粉的植物種（如小麥），比起雌雄同株／異花傳粉的植物種（如黑麥）馴化得較早、較容易。理由是：自花傳粉的植物種比較容易選擇單株、培育純系，因為它們每一代都不必與其他的野生株攪和。再舉一例，從史前時代起，許多橡樹的種子（橡實），就是歐洲與美洲居民的主要食物，可是至今沒有一種橡樹給馴化過，也許是因為松鼠的緣故——松鼠比較會挑選與種植橡實。我們今天種植的作物，都是經過許多嘗試後篩選出來的（美東的印第安人約在四千年前馴化過菊草〔sumpweed〕，菊草的種子含有大量蛋白質與油，可以食用。可是歐洲人進入美洲後，菊草就給放棄了。）

考慮到這些事實後，澳洲土著的工藝技術發展得特別緩慢，就容易理解了。澳洲缺乏適於馴化的植物種，無疑是當地土著沒有發展出農業的主因，這個後果與缺乏適合馴化的動物種一樣地嚴重。但是美洲的農業，落後於舊世界的，理由似乎不是那麼顯而易見。畢竟，世界上好幾種重要的糧食作物，是在新世界馴化的：玉蜀黍、馬鈴薯、番茄與厚皮瓜菜（如南瓜），是其中大家最耳熟能詳的。

為了解開這個謎團，我們必須更仔細地研究玉蜀黍——新世界最重要的糧食作物。

玉蜀黍是穀類——草本植物，種子含有澱粉，可食用，例如大麥仁、小麥粒。人類攝取的熱量，現在仍以穀類占大宗。所有的文明都依賴穀類，可是不同文明就地取材，馴化了不同的穀類：例如中東與歐洲有小麥、大麥、燕麥與黑麥；中國與東南亞有稻米、粟、稷；非洲亞撒哈拉地區有高粱、非洲小米與龍爪稷；但是新世界只有玉蜀黍。哥倫布發現美洲後，玉蜀黍很快就給早期探險家帶回歐洲，傳播全球，種植總面積超過了其他穀類，只輸小麥。那麼，為什麼玉蜀黍不能使新世界的印第安文明，與舊世界的文明——由小麥和其他穀類供養的——發展得一樣快？

原來玉蜀黍是一種很難馴化與栽種的植物，產品也不理想。這句話也許你聽來覺得刺耳，尤其是愛吃烤玉米棒的朋友。何況現在玉蜀黍是美國最重要的農作物，內銷值兩百二十億美金，外銷值五百億美金。不過請讀者稍安勿躁，且聽我道來。

在舊世界，容易馴化又容易栽種的野生草本植物，怕不只一打。它們的種子都很大——因為中東的氣候季節分明——所以早期的農夫容易看出它們的價值。那些種子以鐮刀就可以大量收穫，容易研磨，容易調理，還容易播種。還有一個優點，不過不是那麼一目了然，那就是：那些種子可以儲藏——當年的農人不需要自己想出這個點子，因為中東的野鼠會窖藏野生穀類的種子，有些窖藏達二十七公斤。

舊世界的穀類即使是野生的，種子產量也很高：在中東的小山坡上，〇．四公頃野生小麥，可以收穫三一七．五公斤麥粒。一個家庭幾個星期的收穫量，就可以吃一年。因此，在小麥與大麥還沒有馴化前，巴勒斯坦已經出現了定居村落，鐮刀、杵臼、窖穴都發明了，居民靠野穀維生。

馴化小麥與大麥並不是有意識的行動。我們叫做「馴化」的過程（野生植物經過人工栽培後的變化），並不是事先盤算的結果，而是人類偏好某類野生植物，因此意外地散播了那些受青睞的植物的種子，最後導致馴化的結果。以野生穀類而言，人類會自然地偏愛收割的植株通常具有幾個特徵：種子大、種子的種殼容易除去、種子不易抖落一地。只消幾個突變，經過人類無意識的選擇，種子大、又不易抖落的穀類變種就出現了──我們認為它們是馴化的，而不是野生的。

大約一萬年前，中東的古代考古遺址裡出現的小麥與大麥，開始出現這些變化。麵包小麥（六倍體小麥）、其他的馴化變種、有意識的播種，不久跟著發展。逐漸地，遺址中野生食物越來越少。到了八千年前，在中東地區，種植穀類與畜養家畜，已經結合成一個完整的食物生產系統。無論是好是歹，當地居民已經不再是採集－狩獵人，而是農民與牧民了──正朝著文明之路走去。

現在讓我們瞧瞧新世界的農業是怎麼發展出來的，與舊世界的比較起來，有什麼異同？新世界首先發生農業的地區，氣候與中東不同，並無分明的季節，所以當地沒有種子大的野生穀類。北美與墨西哥的印第安人，的確開始馴化了三種野生穀類，不過種子都很小──五月草、小大麥、野小米──但是玉蜀黍出現後，再加上後來歐洲穀類引進了美洲，那三種穀類就給放棄了。而玉蜀黍的祖先，是一種墨西哥的野生穀類──一年生的墨西哥野蜀黍──它的種子很大，但是在其他方面，一點不像有前途的糧食作物。

野蜀黍的穗子與玉米穗的長相，很不相同，科學家直到最近還在辯論野蜀黍在玉蜀黍族譜上的地位，今天還有一些學者不相信野蜀黍是玉蜀黍的祖先。其他的糧食作物，沒有一種像野蜀黍一樣，在馴化過程中發生過那麼巨大的變化。野蜀黍的穗子上穀粒只有六到十二粒，而且還吃不得，因為穗子外面有一層硬殼——石頭一樣硬。野蜀黍的稈子像甘蔗，可以咀嚼吸取糖分，今天墨西哥的農夫還會利用野蜀黍的稈子。但是沒有人利用它的種子，也沒有證據顯示史前時代任何人利用過。威斯康辛大學的植物學家伊提斯（Hugh Iltis），鑑定出使野蜀黍變成有用的糧食作物的關鍵步驟：一次永久的變性。野蜀黍的側枝端是雄花構成的流蘇，而玉蜀黍則是雌性構造：穗子。雖然那聽起來像是非常巨大的差異，但其實是由簡單的荷爾蒙控制機制操縱的，甚至真菌、病毒、氣候的變化都能觸動那個機制。一旦流蘇上的雄花變性成為雌花，就會產生可以食用的裸露種粒，吸引飢餓的採集—狩獵人的注意。下一步的變化，就是流蘇的中央枝開始形成穗軸。墨西哥的早期遺址中，發現過很小的玉米穗，長不滿四公分。

在那一次突然變性之後，野蜀黍現在終於踏上了馴化之路。不過，與中東的穀類比較起來，野蜀黍還得演化幾千年，才能變成收成量高的玉蜀黍，那時才能供養定居村落，或者城市。這最終產物——玉蜀黍——印第安農人處理起來，比起舊世界的穀類，還是費事得多。玉米穗必須用手一根一根摘下，不像以鐮刀收割小麥，一割就是一把；穗軸必須剝掉外皮；玉米粒必須剝下或咬下來；播種得一粒一粒種下，而不能一把撒到田裡。而玉米粒的營養，比舊世界的穀粒差：蛋白質含量較低，缺乏必要氨基酸，缺乏菸鹼酸（維生素B的一種，不足的話可能引起糙皮症）。因此玉米粒必須以鹼水（以木灰、貝殼等物調製）加熱處理過，增進氨基酸的均衡，以及釋出小部分本來不能吸收的菸鹼酸。

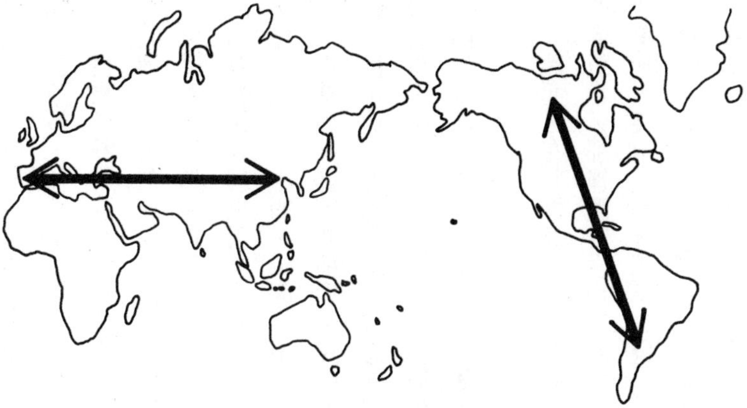

圖五　舊世界與新世界的大陸軸線

總之，新世界的主要糧食作物——玉蜀黍——有幾個特色，使它不易在野生植物中吸引人的注意，不易馴化，馴化後也不易處理、調製。大部分新世界文明與舊世界文明之間的落差，追根究柢的話，也許只是一種植物的特異性格造成的。

到目前為止，我討論的是地理的生物地理角色——供應適合馴化的動植物。但是，地理的另外還有一個重要的角色，值得討論。每一個文明，不但依賴當地馴化的糧食作物，還依賴外來糧食作物——在別的地方馴化的植物。新世界南北向的主軸，使糧食作物的傳播格外不易；舊世界東西向的主軸，傳播起來就容易（圖五）。

今天，我們對植物傳播的事實漫不經心、不以為意，好像那是自然不過的事。因此我們坐上餐桌後，很少會想一想各種食物的發源地是哪裡。一頓飯裡，可能有雞肉（東南亞），配上玉米（墨西哥），或馬鈴薯（南美安地斯山脈），撒上胡椒調味（印度），再來半個饅頭（中東的小麥），學外國人抹上奶油（中東的乳牛）吃。飯後還來杯咖啡（東非衣索比亞）。但是有市場價值的動植物，向各方傳播，並不始於現代：幾千年來一直沒停過。

植物與動物散布到與家鄉一樣的氣候區裡，又快又容易，因為新環境的氣候先前已經適應過了。要是傳播區域的氣候，與家鄉的不同，它們就必須演化出新的變種，容忍各目的地的氣候特色。從圖五可以看出：動物在舊世界沿著東西向移動，可以跋涉老遠，仍然不出原來的氣候區。將馴化的動植物帶到新區域發展農業或牧業，或將外來種移進家鄉，豐富家鄉的生態，移動方向扮演了非常重要的角色。生物在中國、印度、中東和歐洲之間移動，不會超出北半球的溫帶。

古羅馬人已經栽種從中東引進的小麥與大麥，從中國引進的桃子與柑橘，從印度引進的黃瓜與芝麻，從中亞引進的大麻與洋蔥，還有歐洲原產的燕麥與罌粟。從中東傳入西非的馬，使那裡的軍事戰術發生了革命性的變化，綿羊與牛從東非高地傳入南非侯坦圖族，他們在當地沒有馴化任何動物。大約四千年前，非洲高粱與棉花傳入印度，熱帶東南亞的香蕉與山藥，越過印度洋豐富了熱帶非洲的農業。

然而，在新世界，北美洲的溫帶與南美洲的溫帶（安地斯山脈與南美南部），中間隔著幾千公里的赤道帶，那裡溫帶生物不能生存。因此安地斯山脈的駱馬、羊駝與天竺鼠，在史前時代從未傳播到北美洲，甚至墨西哥都沒到過，結果墨西哥始終缺乏哺乳類家畜——供運輸、供毛、供肉（除了玉米餵食的「菜狗」）。馬鈴薯也沒有從安地斯山脈北傳到墨西哥或北美，向日葵也沒有從北美洲傳到安地斯山脈。史前時代，許多北美洲與南美洲共同擁有的作物，實際上是不同的變種，甚至不同的物種，顯示它們是在兩地分別馴化的。舉例來說，棉花、豆子、利馬豆、辣胡椒、菸草等，似乎都是這樣。玉蜀黍的確從墨西哥傳到南美與北美，但是並不容易，也許是因為在不同緯度必須分別演化出能適應的變種，那得花時間。直到西元九百年左右——距玉蜀黍在墨西哥出現已數千年——玉蜀黍才成為密西西比河谷的主食，美國中西部神祕的土墩子文明因而興起（可惜晚了點）。

要是舊世界與新世界各自旋轉九十度，農作物與家畜的傳播，在舊世界就會變慢，而在新世界會加速。文明在兩地興起的速率，也會有相應的變化。新世界地理軸線的優勢，是否足以讓蒙提祖馬與阿塔花普拉，即使沒有馬也能侵入歐洲？誰敢說不可能？

我已經論證：文明興起的速率，各大洲不同，並不是少數天才造成的意外。也不是決定動物族群競爭結果的生物差異——例如有些族群跑得比較快，或食物消化得較有效率。也不是各族群平均發明能力的差異造成的結果——根本沒有證據顯示過有這樣的差異。文明興起的速率，各大洲不同，是生物地理對文化發展的影響造成的。如果歐洲與澳洲在一萬兩千年前互換人口，那麼那些給送到歐洲的澳洲土著，會是日後侵入美洲與澳洲的族群。

地理為演化立下了基本規則，無論是生物演化，還是文化演化，所有生物都適用，當然也包括我們。地理影響我們現代政治史的發展，我們馴化動植物的速率也受地理的影響，但是地理在政治史上的角色比較明顯。從這個觀點看來，讀到「美國學童有一半不知道巴拿馬在哪裡」的消息，幾乎覺得好笑，可是政客要是展露了同樣程度的無知，就一點也不好笑了。不懂地理的政客搞出來的大飛機，有許多有名的例子，舉兩個就夠了：十九世紀的殖民強權，在非洲地圖上畫出了「不自然的」疆界，日後繼承了那些疆界的現代非洲國家，因而無法維持穩定的政局；一九一九年，《凡爾賽和約》規定的東歐各國疆界，是由對該地區所知有限的政客決定的，因此種下了二次世界大戰的因。

過去地理是各級學校的必修課，直到幾十年前，才開始從許多課表上消失。那時許多人誤以為地理不過是記誦各國首都的名字。但是七年級上二十個星期的地理課，不足以教會未來的政客：地圖對我們的真正影響。通達全球各地的傳真機與衛星通訊網，無法消除因為地理位置的差異而滋長的族群差異。說到底，大體而言，我們在哪裡居住，深刻地決定了我們是什麼人。

chapter 15

印歐語族擴張的故事

在歐洲，幾乎各地的語言都屬於印歐語系，例如英語、義大利語、德語、俄語。可是分蘭人說的語言卻不是，還有幾個語言也是「非印歐語」，不過整個來說，「非印歐語」在歐洲是例外，只不過凸顯了印歐語在歐洲的支配地位。

今天，印歐語流行的地方，不只大部分歐洲，還包括與歐洲接壤的亞洲，如中東，向東直達印度。這一片廣大的土地上流行的語言，無論字彙還是文法，彼此都非常相似。世界上五千種語言中，只有一百四十種是印歐語，這個數字當然不足以反映印歐語在當今世界的地位。歐洲人（特別是英國人、西班牙人、葡萄牙人、法國人與俄國人）自一四九二年以來的全球擴張，重畫了世界的語言地圖。現在世界人口中將近一半以印歐語為「母語」。

對我們來說，大多數歐洲語言彼此相似，似乎是很自然的，不需要解釋。直到我們到世界上一些語言歧異度極高的地區旅行或工作，我們才會覺悟到：歐洲的語言同質現象是多麼的怪異，多麼的需要一個「說法」。舉個例子吧，我在紐幾內亞高地好些地方待過，那些地方都是在二十世紀才開始與

印歐語與非印歐語的語彙比較

			印歐語			
英語	one	two	three	mother	brother	sister
德語	ein	zwei	drei	Muffer	Bruder	Schwester
法語	un	deux	trois	mère	frère	sceur
拉丁語	unus	duo	tres	mater	frater	soror
俄語	odin	dva	tri	mat'	brat	sestra
古愛爾蘭語	oen	do	tri	mathir	brathir	siur
脫卡林語	sas	wu	trey	macer	procer	ser
立陶宛語	vienas	du	trys	motina	brolis	seser
梵語	eka	duva	trayas	matar	bhratar	svasar
原印歐語	oynos	dwo	treyes	matar	bhratar	suesor
			非印歐語			
芬蘭語	yksi	kaksi	kolme	äiti	veli	sisar
佛雷語（紐幾內亞）	ka	tara	kakaga	nano	naganto	nanona

外界接觸的。在那裡，語言的差異非常大，每隔一小段距離，就會遇上說完全不同語言的人，彼此的差異可能大到英語與漢語之間的差異。歐亞大陸在當年尚未「開通」的年代，必然也有同樣的語言歧異風貌，然後許多語言逐漸消失，最後出現了一個以印歐語為母語的族群，他們在歐洲掃蕩群雄，幾乎將所有其他的歐洲語言都消滅了。

現代世界喪失了先前的語言歧異風貌，是許多歷史過程的結果，其中以印歐語族的擴張，最為重要。印歐語族擴張的第一階段，發生在很久以前，結果印歐語傳播到歐洲各地，以及亞洲大部分地區。接著便是一四九二年展開的第二階段，印歐語傳播到世界其他大洲（美洲、澳洲等等）。這一具印歐語擴張機器，什麼時候從什麼地方開出來的？它的動力是什麼？為什麼侵入歐洲的族群，不是說其他語系的語言？例如與芬蘭語或亞述語同宗的語言。

雖然印歐語言問題是歷史語言學最著名的問題，它也是考古學與歷史學的問題。我們對印歐語族擴張的第二階段（自一四九二年起），有非常詳細的資料可以查考，對那些擔任開拓先鋒的歐洲人，我們不僅知道他們的語彙和文法，還知道他們出發的港口、出發的日期、他們領袖的名字，以及他們成功地征服各地的原因。但是為了了解第一階段，我們必須追蹤的卻是一個謎樣的族群，他們的語言與社會，藏在沒有文字記載的史前迷霧中——雖然他們是世界征服者，創建了今日世界上占支配地位的社會。研究印歐語族擴張的第一階段，像是一個有趣的偵探故事，最後解開謎團的線索，一條來自一個洞窟佛寺夾牆中發現的一種古代語言，另一條則是一個埃及木乃伊亞麻裹屍布上保存的一種義大利語言，沒有人知道那具木乃伊上為什麼會出現那種語言。

一旦你開始認真思考印歐語族擴張的問題，你也許立刻就會做出結論：「這個問題不可能解決。」也許你是對的。因為印歐語族興起的時代，是在文字發明之前，當年說的話早已隨風而逝，要是沒有文字稽考，研究云云，豈不只是捕風捉影。即使我們發現了世上第一個印歐語族的骨骼化石或陶器，我們憑什麼說他們說的是印歐語？現代匈牙利人，居住在歐洲的中心，他們的骨骼與陶器是典型的「歐洲式的」，就好像匈牙利燉肉是典型的匈牙利菜一樣。未來的考古家要是發掘一個匈牙利的城市，如果沒有發現文字紀錄，絕對猜不到匈牙利人說的語言是非印歐語。即使我們有辦法知道第一個印歐語族在何時何地興起，他們的語言憑著什麼優勢，竟能取代歐洲大部分原有的語言？我們有希望解答這個問題嗎？

奇怪得很，最後我們發現：語言學家光從語言就找到了足夠的線索，解答了我們的問題。首先，我會解釋為什麼我深信今日世界的語言地圖，反映了過去一具語言擴張機器的功業。然後，我會推論最早的印歐語族生活在何時何地，以及他們征服世界的憑藉。

我們推測現代的印歐語言取代了其他語言，那些語言已經消失了。我們憑什麼做這樣的推論的？沒錯，在過去五百年間——印歐語擴張的第二階段——西班牙語和英語把美洲與澳洲大部分土著語言都消滅了，可是我談的不是近五百年間的事。那些現代擴張事例，歐洲人無往不利，無疑是占了槍炮、病媒、鋼鐵與政治組織的優勢。而我現在要討論的，是印歐語擴張的第一階段。這個階段是我從現代世界的語言地圖上推論出來的。我假定當年有一個印歐語族侵入歐洲與西亞，把各地原來的語言消滅了，使印歐語成為主宰歐洲與西亞的語言。這個過程必然發生在各地發展出書寫系統之前。

圖六是一張地圖，標出了印歐語在一四九二年的分布，當年西班牙人正協同哥倫布，即將航向新世界。大多數歐洲人與美國人最熟悉的三個印歐語支系是：日耳曼語（包括英語、德語），義大利語（法語、西班牙語），和斯拉夫語（俄語）。每一支系包括十二到十六個語言，約有三億到五億人使用。不過，印歐語最大的支系，是印度─伊朗語，其中有九十個語言使用者將近七億，分布於伊朗到印度（包括吉普賽人使用的羅曼尼語）。印歐語中比較小的支系，有希臘語、阿爾巴尼亞語、亞美尼亞語、波羅的語（僅有立陶宛語與拉脫維亞語），和塞爾特語（威爾斯語、蘇格蘭的蓋爾語），每一

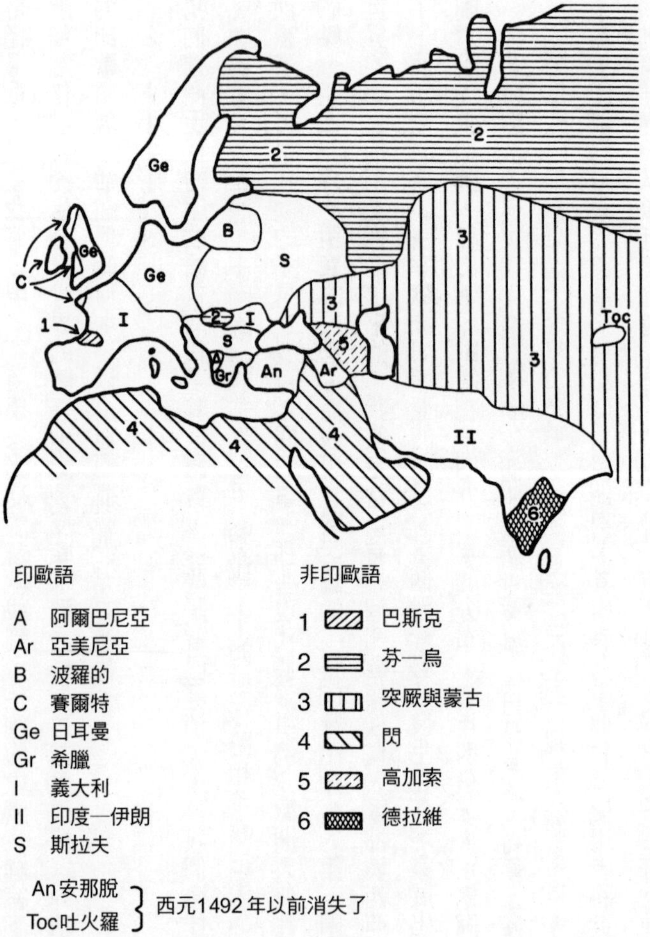

圖六　1492年西亞與歐洲的語言地圖
在那時已滅絕的印歐語，必然不只兩個，但我們目前沒有證據。

支系說話人只有兩百萬到一千萬不等。此外，至少有兩個印歐語支系很久以前就消失了，它們是安那脫利語（Anatolian）和脫卡林語（Tocharian）。這兩種語言都有不少文獻傳世，我們還可以捉摸那些說話人的心靈。當然，還有一些印歐語不僅說話人消失了，片語隻字也沒留下，教人無從憑弔。

所有歸入印歐語的語言，究竟有什麼證據可以證明它們彼此有親緣關係，而與其他語系的語言有別呢？第一個明顯的線索是共同擁有的字彙，例子請見二九七頁（另外還有幾千個例子，不勝枚舉）。第二個線索是相似的動詞、名詞字尾變化，例子請見第二九七頁。事實上，有親緣關係的語言之間，共有的字彙或字尾變化往往沒有完全相同的「長相」，那是因為「語音代換」的緣故。例如英語中的th與德語的d經常是「同值代換」，所以英語中的thank，在德語中就成為danke。了解了這一點之後，就更能欣賞不同印歐語的共有辭彙了。

討論印歐語彼此間的相似程度，我們必須注意許多細節，但是討論印歐語系和其他語系的差異，我們只要注意比較「巨觀」的特徵即可，例如語音與構詞規則。以語音而言，我們學外語，總有些語音不是聽不見，就是發不出。而不同的外語，我們遭遇的語音困難也不同。外國人學中文也有同樣的問題，從印歐語國家來的人，尤其難以掌握四聲的訣竅。

至於構詞法，只要談我們學英文的痛苦經驗就夠了。印歐語的動詞、名詞有各種變化字尾，每一種變化形都傳遞不同的「消息」。什麼第一人稱單數、第二人稱複數，還有各種時態變化。中文裡就沒有那些撈什子。越南話也沒有。

總之，所有印歐語都有辨認得出的特徵，顯示它們彼此有密切的親緣關係。

那麼，各個印歐語之間的差異，是怎麼產生的？這個問題的答案，線索之一是文獻資料：只要比對各個時代留下的文獻（語料），就可以發現：語言其實會與時變化。舉例來說，現代英語說話人會覺得十八世紀的英語聽來奇特，但是完全可以懂；莎士比亞（1564-1616）的作品也讀得懂，可是有些字需要參考註解；但是古英文文本，例如八世紀的，就是有字天書了。因此，同一個語言的說話人，分散到各地生活，要是彼此間少通音訊，每個地方發生的語言變遷，例如字彙與語音的變化，都可能與其他地方發生的不相干，日子久了，各地就形成了方言。這是一個不可避免的過程。再經過一段時間，方言間的歧異程度可能會使不同方言的說話人完全無法溝通。那時，各方言就是不同的語言了。說明這個過程最好的一個例子，就是從拉丁語衍生出的羅曼斯語族（Romance languages）。學者檢視自八世紀以降的文獻，可以清楚地描述法語、義大利語、西班牙語、葡萄牙語、羅馬尼亞語逐漸和拉丁語分化的過程——也是它們彼此歧異的過程。

於是，現代羅曼斯語族從拉丁語衍生出來的過程，等於演示了幾組相關聯的語言從一個共同的祖先語言發展出來的經過。即使我們現在沒有任何拉丁語文獻可以參考，我們仍然可以比較那些從拉丁語衍生的現代語言，重建拉丁母語的大部分風采。以同樣的方法，也可以將所有印歐語支系之間的「系譜」關係建構出來（一方面參考歷史文獻，文獻不足之處輔以推論）。所以語言的演化有兩個面向，一是（時間面向）世代變化，一是（空間面向）分化，與達爾文所論之生物演化，若合符節。一七八八年澳洲成為英國殖民地，此後現代英國人與澳洲人，在語言與骨骼上就開始分化，不過他們彼此間仍然十分相似，而他們分別與中國人比較起來，一樣地不同，因為幾萬年前他們就與中國人分化了。

世界上任何地區中的各種語言，都會繼續不斷分化，除非鄰近社群不斷彼此接觸，才可能阻滯分化的趨勢。結果會怎麼樣呢？紐幾內亞是一個例子。紐幾內亞在歐洲人前來殖民之前，從來沒有形成過統一的政治體，土著說的語言將近有一千種，彼此多不能溝通——其中有幾十種語言，與島上其他語言沒有關聯，與世界上其他地方的語言，也沒有關聯。因此，不論在什麼地方，要是你發現在一片廣大的土地上，只有一種語言流行，或幾種有親緣關係的語言，你立刻就知道：語言演化的時鐘必然在最近「歸零」過。那就是說，最近必然有一種語言傳播開來，消滅了其他語言，然後再開始演化（世代變化與空間分化）。這個過程可以解釋非洲南部班圖語之間的相似程度，東南亞與大洋洲的南島語也一樣。

在這裡，羅曼斯語族仍然是個最好的例子（有堅實的文獻支持）。大約在西元前五百年，拉丁語只流行於羅馬城四周一小塊地區中，義大利還有許多不同的語言。說拉丁語的羅馬人向外擴張，消滅了義大利所有其他的語言，然後消滅了歐洲其他地方的印歐語，有些印歐語支系，整個都消滅了，例如歐洲大陸上的塞爾特語。這些兄弟支系徹底地給拉丁語取代了，有時只剩下一些零星的字彙、名字，以及石碑文可供憑弔。到了一四九二年之後，西班牙與葡萄牙競相海外殖民、擴張，當初不過幾十萬羅馬人說的語言，已經不知消滅了幾百個語言，今天，從拉丁語衍生出來的羅曼斯語族，說話人口超過五億。

如果我們把整個印歐語系看作一個同樣的擴張機器，我們也許期望發現：古代「非印歐語」的

「餘孽」，還在這兒或那兒喘息。今天西歐殘存的唯一「餘孽」，就是西班牙的巴斯克語，那個語言在世上找不著任何親戚。（現代歐洲語言地圖上的幾個非印歐語——如匈牙利語、芬蘭語、愛沙尼亞語，或許拉普語也可以算上——都是近代從東方來的侵略者留下的遺緒。）不過，在羅馬興起之前，歐洲有其他的語言存在，它們留下了足夠的字彙或碑文可供我們考證它們非印歐語的身分。這些給消滅了的語言中，保存的資料最豐富的，是神祕的依特拉斯坎語（Etruscan language；義大利西北部）。學者發現了一份以依特拉斯坎語書寫的文件，寫在一卷亞麻布上，共有兩百八十一行。可是這卷亞麻布不知怎地到了埃及，成為一具木乃伊的裹屍布。所有這些已消失的非印歐語，都是印歐語族擴張過程中留下的劫餘。

還有更多的語言劫餘保存在現代的印歐語中。（在歷史浪濤中滅頂的印歐語所在多有，它們保存的語言劫餘，當然也隨之而去。）為了了解語言學家怎麼能夠辨認那些語言劫餘，請想像你是剛從外太空來的地球訪客，現在我們給你三本書，一本是英國人用英文寫的，一本是美國人寫的，第三本是澳洲人寫的，每本書談的都是作者的國家。

三本書裡，語言（英文）與大部分字彙都是一樣的。但是要是你拿起美國書與英國書比較，就會發現美國書裡包括了許多地名，很明顯的不是英文，例如Massachusetts（麻塞諸賽）、Winnipesaukee（位於美國新罕布什爾州）、Mississipi（密西西比）。澳洲書中有更多地名不是英文，但是與美國地名也不像，例如Woonarra、Goondiwindi、Murrumbidgee。你也許會推想：英國移民到達美洲與澳洲之後，遇上了說不同語言的土著，移民是從土著那裡學到那些地名與其他東西的名字的。對那些未知的土著語言，你甚至還能對它們的字與音作一些推測。（但是我們知道那些土著語言，因此我們能夠驗證我們以有限的資料所作的推論。）

研究過好幾種印歐語的語言學家，同樣地發現了從那些已經消失的非印歐語採借的字彙。舉例來說，希臘語字彙中約有六分之一，是從非印歐語衍生來的。這些字正是那種你很容易想像希臘征服者向土著採借來的：地名如科林斯、奧林帕斯；希臘作物如橄欖、葡萄；神或英雄的名字如雅典、奧狄賽。這些字也許是住在希臘這塊地方的原住民的（非印歐語）語言劫餘。

總之，有四種證據顯示：今日的印歐語，是古代一個印歐語族擴張後的產物。我們的證據包括：現存的印歐語彼此有系譜關係；像紐幾內亞之類最近沒有被統一過的地區，有非常歧異的語言風貌；歐洲在羅馬時代或更晚時期仍存在的非印歐語；以及在幾種現代印歐語中的非印歐語劫餘。

今天的印歐語，全都可以追溯到一個上古的「母語」，前面已經論證過了。那麼，我們能夠重建一些這個「母語」呢？乍聽之下，也許你會覺得想要寫出早就消失了的語言，似乎是個荒謬的主意，尤其這個上古語言根本沒有文本。事實上，語言學家研究今日印歐語的共同語根，可以重建它們的母語的大致形貌。

舉個例子好了，如果意義是「綿羊」的一個字，在每一個現代印歐語的支系中，都不一樣，我們就可以推論：在它們的母語中，沒有代表「綿羊」的字。（按：也許說那個「母語」的族群根本沒見過「綿羊」。）但是，如果那個字在好幾個支系中都相似，尤其是地理分布範圍相距很遠的支系（例

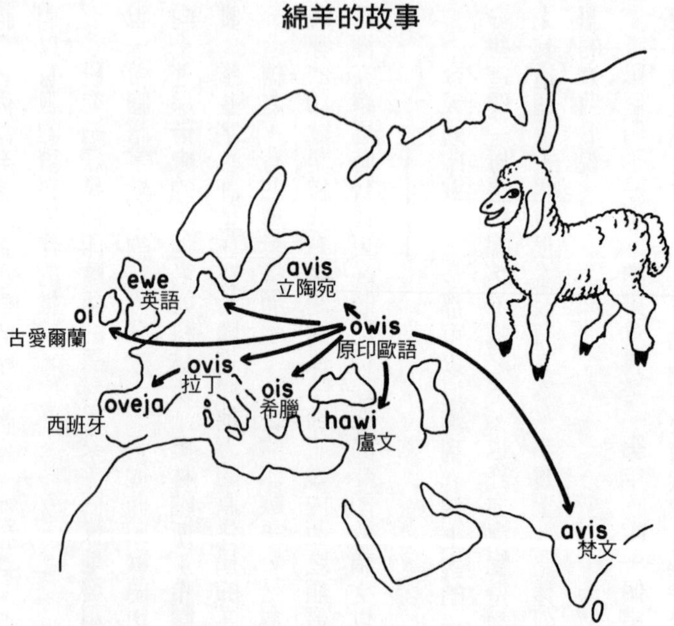

圖七　同一個字在不同的印歐語中仍保存原始的「模樣」

如印度—伊朗支系與賽爾特支系），我們就會推測：不同的支系從母語那裡繼承了同樣的語根。語言學家甚至還可以重建那個語根，推測它的發音。

語言學家已經重建了「原印歐語」(Proto-Indo-European, PIE）的大部分文法，以及將近兩千個語根。那倒不是說現代印歐語中所有的字都是從PIE遺傳來的，事實上大部分都不是，因為現代語言反映了千百年來的新發明、新事物，以及外來語。一般而言，現代印歐語中，有幾個類別的語彙保存了比較多的「母語」，例如數字與辨別人際關係的語彙（父、母、兄弟姐妹等）；身體構造與功能；普遍的事物或觀念，如「天空」、「黑夜」、「夏天」、「冷」。

到目前為止，我們知道語言學家能夠從文獻中抽繹證據，顯示古代有過一個「原印歐語」，當年文字還沒有發明；說這個「原印歐語」的族群興起後，使許多古代語言都消失了。我們也討論過語言學家使用的方法。下一個明顯的問題，就是：說「原印歐語」的族群是在什麼時候出現的？在哪裡出現的？他們怎麼能夠擴張得那麼順利，把其他的語言都消滅了？先討論時間的問題吧——看來又是一個幾乎沒有希望解答的問題。「原印歐語」是一個沒有文獻可供稽考的語言，所以這個語言的語彙學者必須推測，這已經是個夠艱鉅的工程了；我們怎麼可能推定這個語言是什麼時候出現的呢？

至少我們可以先考證現存最古老的印歐語文獻，以免天馬行空地亂猜。長久以來，學界公認最古老的印歐語文獻，是西元前一千年到八百年的伊朗文本，以及可能在西元前一千兩百年到一千年創作、後來才以文字記錄下來的梵文文本。美索不達米亞的米檀尼國（Mitanni）留下過一些文件，不是以印歐語寫的，但是其中有一些語彙，很明顯是從與梵文有關聯的語言中採借來的。這些文件證明：大約在西元前一千五百年前世上有一個與梵文類似的語言。

下一個突破是十九世紀末發現的一大批古埃及的外交信件。這批文件大多以閃語寫成，但是有兩封信是以一種從未見過的語言寫的，學界無人能識。後來在土耳其的考古遺址中發現了成千的泥板，也是用那種語言寫的。仔細研究之後，學者弄清楚了：那些泥板是國家檔案，那個國家大約興盛於西元前一千六百年到一千兩百年，現在學者在《聖經》裡給它找了一個名字「希泰」（Hittite；按：中文

《聖經》的譯名是「赫」，見《創世紀》十章十五節、二十三章三節）。

一九一七年，專家破譯了希泰文，發現希泰語是一種前所未知的古代印歐語支系，學者稱為安那托利語，它有非常獨特的特徵，不過已經消失了。這個消息震動了學界。更早的時候，亞述商人在一個貿易站（接近後來的希泰國首都）寫的書信中，提到一些像是從希泰語採借來的名字，使我們可以將印歐語出現在世界上的時間再向前推進一些：西元前一千九百年。這是我們手上的第一份直接證據，證明世上有過印歐語。

於是，在一九一七年，學者已經知道西元前一千九百年到一千五百年間，世上有兩個印歐語支系——安那托利語與印度—伊朗支系。第三個支系是在一九五二年發現的古希臘文，「乙系線性文」（Linear B）。其實「乙系線性文」早就發現了，只是一直無法破解。那些「乙系線性文」字板大約是西元前一千三百年的文物。但是希泰文、梵文與古希臘文彼此非常不同，比法語和西班牙語的差異大多了，而法語和西班牙語的差異是在過去一千年間累積出來的。那意味著：希泰文、梵文與古希臘文這幾個印歐語支系，從印歐母語中分裂出去的時間，必然在西元前兩千五百年或更早。

早到什麼時候？那幾個早期印歐語支系的差異，能透露多少呢？我們有沒有辦法，將「語言之間的差異程度」轉換成「語言之間的分化時間」？有些語言學家利用歷史文獻，觀察語彙的變化率。這是語言年代學（glottochronology）的方法。學者計算後，得到一個經驗法則：語言的基本語根，每一千年會變化百分之二十。

大多數學者不接受語言年代學的計算，理由是：語彙代換率與社會環境以及語彙本身有關。然而，不接受語言年代學的學者，通常願意憑直覺做一些估計。無論是語言年代學也好，直覺也好，研究印歐母語的學界，一般假定印歐母語大約在西元前三千年開始分裂出許多支系，不過早於西元前兩千五百年大概不成問題，可是絕不可能早於西元前五千年。

另外還有一個獨立的進路可以解決年代的問題：語言古生物學（linguistic paleontology）。顧名思義，古生物學是以地下出土的化石（古代生物遺體與遺跡）為基礎，重建古代的生物世界，語言古生物學利用的是埋藏在現代語言中的古代語言化石。

那是什麼意思呢？我前面提過，語言學家已經重建了將近兩千個印歐母語的語彙。其中包括「兄弟」、「天空」應不令人驚訝，任何語言都該有這類名字。但是古印歐母語中不該有「槍」這類的語彙，因為西方的「槍」大概西元一千三百年才發明，那時古印歐語早已在土耳其、印度分化成許多現代印歐語了。事實上，「槍」這個字，每個現代印歐語都使用不同的語根。理由很明顯：它們既然沒有「共同遺產」可「規撫」，只好「獨見創獲」了。

「槍」這個例子，呈現的是：我們應該找一系列我們確定發明年代的新物事，然後看看哪一件在重建的印歐母語中可以找到名字。在印歐母語分裂之後才發明的物事，當然在重建的語彙裡找不到名字。任何事物，要是普遍的人類概念，例如「兄弟」，或在印歐母語分裂之前就發明了，也許在重建的語彙裡可以找到名字。（不一定找得到，因為許多古代語彙早已失落了。在重建的印歐母語語彙中，有代表「眼睛」、「眉毛」的字，可是沒有「眼瞼」，難道古印歐語族不知道眼睛上有「眼瞼」嗎？）

近幾千年的歷史上，人類的主要技術里程碑，在印歐母語語彙中找不到名字的，最早的是「戰車」——西元前兩千年到一千五百年前已經傳播各地，以及「鐵」——西元前一千兩百年到一千年前已經非常重要。印歐母語語彙中找不到這兩個名詞，並不令我們驚訝，因為它們都是相當晚的發明，而且希泰語的獨特風貌，已經讓我們相信：印歐母語在西元前兩千年之前很久，就已經分化了。比較早期的發明，印歐母語語彙中有名字的，有「綿羊」與「山羊」——西元前八千年馴化；「牛」（以及指涉乳牛、耕牛、菜牛的不同的字）——西元前六千四百年馴化；「馬」——西元前四千年馴化；「犁」——大約在馴化了馬的那個時候發明的。最晚的是「輪子」——西元前三千三百年發明的。

即使沒有任何其他的證據，語言古生物學以這樣的邏輯就可以斷定印歐母語的分化時間，大約在西元前三千三百年之後，可是必然在西元前二千年之前。這個結論與我們先前從希泰語、希臘語和梵文的差異推估的結論，若合符節。如果我們希望發現最早的印歐人遺跡，應仔細檢視西元前五千年到兩千五百年的考古紀錄，也許比西元前三千年稍早的遺址最有希望。

好了，時間問題可說已經大致有個眉目了，現在談談空間問題吧：說印歐母語的族群是在哪裡興起的？語言學家自始就意見紛紜，莫衷一是。幾乎所有可能的地點都有人建議過：從北極到印度，從歐亞大陸的大西洋岸到太平洋岸，你可有中意的地點？正如考古學家馬洛里（J. P. Mallory）所說的，目前的問題並不是「學者找到他們的發源地了嗎？」而是「現在學者把他們的發源地擺到哪裡了？」

這個問題為什麼那麼難解決呢？讓我們先檢查一下語言地圖，看我們能不能很快就找到答案。一四九二年的時候，大多數仍流傳於世的印歐語支系，實際上局限於西歐，只有印度－伊朗支系伸展到裡海以東的地方。因此要是假定西歐是印歐語的起源地，最容易解釋語言地圖的風貌。這個答案使我們不必大規模「調動」族群，以解釋地圖上的現實。

不幸得很，一九〇〇年一個「新」的（世人前所未知的）印歐語問世了，它早已滅絕，這不算新聞，令人料想不到的，是它的地點。首先，這個印歐語現在叫做托加利語，它是在一個洞窟佛寺的祕室中發現的。祕室中藏有大批文件，以一種前所未知的文字寫的，年代大約是西元六百年到八百年。其次，這個洞窟佛寺位於塔里木盆地中——一四九二年印歐語族分布地的東方，距最近的印歐語族，也有一千六百公里。最後，托加利語與印度－伊朗支系關係疏遠，雖然兩者是「鄰居」，它最親近的語言親戚反而可能在歐洲，更在幾千公里之外。這就好比我們突然發現中世紀早期的蘇格蘭人，說的話與遠東的漢語是親戚。

很明顯地，說托加利語的人不是坐直升機到塔里木盆地的。他們要嘛步行，或者騎馬，而我們必須假定：在中亞地區，過去一定還有許多說印歐語的族群，後來他們的語言消失了，不像托加利語幸運地留下了雪泥鴻爪，後人可以研究。只要仔細看一看現在的語言地圖，當年中亞的印歐語族群的命運，就昭然若揭了。今天那一片區域是說突厥語或蒙古語的族群占居著，他們的祖先至少可以追溯到匈奴族或成吉思汗。西元一二二〇年，成吉思汗親率大軍攻下花剌子模首都布哈剌（Harat；按：《元史》作「蒲華」，今阿富汗西部），屠殺的人數，究竟是兩百四十萬，還是一百六十萬，學者仍在辯論，不過學者同意：那樣的行動改變了中亞與西亞的語言地圖。相對地，已知在歐洲消失的印歐語，大多數都是給其他的印歐語取代了——例如凱撒的《高盧戰紀》中，與羅馬軍隊對陣的「高盧人」說的是賽爾特語。我們看一四九二年的語言地圖，得到印歐語集中在西歐的印象，殊不知那張地圖是比較近代的語言滅絕事件的後果。要是西元六百年的時候，印歐語族的分布地是從愛爾蘭到中國新疆，而古印歐語族的發源地位於這片廣袤土地的中央，那麼高加索山以北的俄羅斯草原應該是我們的搜尋焦點。

我們已經討論過，從語言本身可以抽繹出線索，推斷古印歐語開始分化的大概時間，我們也可以從語言中得到印歐語發源地的線索。其中之一是：與印歐語系關係最清楚的語系，是芬－烏語系（Finno-Ugric）——包括芬蘭語以及分布在俄羅斯北方森林帶的其他語言。不錯，印歐語與芬－烏語的差異很大，不像德語和英語，很容易看出兩者有關聯。不過那是因為英語是一千五百年前才從日耳曼西北部發源的。印歐語的日耳曼支系與斯拉夫支系，由於幾千前年以前就分化了，所以差異更大。所以印歐語與芬－烏語的差異，反映的是：它們在更古老的年代裡就已經分化了。由於芬－烏語分布在北方的森林帶，那麼合理的推測是：古印歐語族群分布在森林帶的南部，也就是俄羅斯草原。此外，如果古印歐語族群分布在更南邊，譬如土耳其，那麼與古印歐語關係比較密切的語言應該是中東／北非的古閃語。

第二個線索，是不少印歐語中仍然保存的非印歐語「劫餘」。我提到過希臘語中這種「劫餘」特別醒目，其實西泰語、愛爾蘭語、梵文中也不少。那表示那幾個地區原來住的都是說非印歐語的族群，只是後來給印歐語族占據了。果真如此，古印歐語的家鄉就不會是愛爾蘭或印度（反正今天也沒有人主張這兩個地點），也不會是希臘或土耳其（有些學者這麼主張）。

從另一方面來看，今日的印歐語中，仍然和古印歐語最相似的，當推立陶宛語。我們最早的立陶宛語文本，是西元一五〇〇年左右寫下的，其中保存的古印歐語語根，比例上與梵文中保存的一樣高，而梵文文本比立陶宛語文本早了三千年！立陶宛語顯得那麼保守，主要是它沒有受到太多非印歐語的「擾亂」，也許是因為它接近古印歐語的原鄉。過去，立陶宛語和其他波羅的語在俄羅斯的分布比較廣泛，後來哥特人（滅了羅馬帝國的「蠻族」）與斯拉夫語族壓制了波羅的語族的生存空間，使他們退縮到波羅的海附近，也就是今日的立陶宛、拉脫維亞境內。這麼說來，古印歐語的發源地在俄羅斯境內囉？

第三個線索，來自重建的古印歐語語彙。我們已經討論過，重建的語彙中，包括了在西元前四千年大家熟悉的物事，卻沒有直到西元前兩千年大家才知道的物事，我們追溯古印歐語族興起的年代，這樣的訊息非常有幫助。我們找尋古印歐語族的原鄉，也可以依樣畫葫蘆嗎？古印歐語語彙中有指涉「雪」的語根（與英語中的snow很接近），顯示它的原鄉在溫帶，而不在熱帶。語彙中的動、植物，大多數廣泛地分布在歐亞大陸的溫帶，所以對確定原鄉的緯度有幫助，但是經度仍是個問題。

在我看來，古印歐語語彙透露的最堅強的線索，是它沒有的，而不是它有的：許多農作物的名字，它都沒有。說古印歐語的族群，有些從事農耕，殆無疑問，因為他們的語彙中有犁、有鐮刀。但是我們只發現了一種穀物的名字（難以確定是哪一種穀類）。相對地，我們重建的原班圖語（非洲），以及原南島語（東南亞），就有許多農作物的名字。原南島語的歷史比古印歐語還要長，所以南島語族喪失祖先的作物名字，更有可能。然而現在的南島語中，祖先給農作物取的名字，反而保留下來的比較多。因此，說古印歐語的族群，也許實際上沒種過幾種莊稼，他們的子孫後來遷移到農業地帶後，不是自己發明了農作物的名字，就是採借了其他族群的名字。

但是那個結論其實讓我們面對了一個雙重弔詭。首先，西元前三千五百年前，農耕在歐洲與大部分亞洲地區，已經成為主流生業。這個事實限制了古印歐語原鄉的可能地點：它必然在一個不尋常的地方，也就是農耕不是主要生業的地方。第二，可是，一個不依賴農業的族群，為什麼能夠擴張？班圖語族和南島語族能夠擴張，主要因為他們是農人，仗著人多占領了狩獵—採集族群的家園，成為支配族群。而古印歐語不是道地的農耕族群，所以他們攻略了農耕族群的領土，改變了語言地圖的歷史功業，是「顛覆了歷史常軌」，有那回事嗎？因此，我們非得認真回答「為什麼古印歐語族能夠改變語言地圖？」這個問題不可，不然，他們的發源地問題就無法解決。

在文字還沒有發明以前，歐洲發生過兩次——而不是一次——經濟革命，影響非常深遠，要是語言地圖因而重劃，也是自然的事。第一次是農牧業傳入——大約一萬年前農牧業在中東萌芽，到了八千五百年前，由土耳其傳入希臘，然後北傳斯堪地那維亞，西傳英倫。農牧業使人口大幅度成長，傳統的狩獵—採集生業比不上。英國劍橋大學考古學教授藍富祿（Colin Renfrew），最近發表了一本書，教人得好好動動腦筋。他主張：當年從土耳其出發，到歐洲殖民的農人，就是說古印歐語的族群，是他們把印歐語帶入歐洲的。

我讀過他的書之後，第一個反應就是：「那當然嘍。他無疑是對的。」農業必然在歐洲語言地圖上造成過巨變，非洲與東南亞都發生過同樣的事。既然遺傳學家已經發現：那些最早進入歐洲的農民是歐洲人基因庫中的主流，所以藍富祿的故事更顯得真實了。

但是——藍富祿忽視了或者根本沒把語言學證據當一回事。農民早就進入歐洲了，比我們推定的古印歐語族興起的時間，早了幾千年。最早的農民沒有犁、輪子、以及人工畜養的馬，這些古印歐語族全都熟悉。古印歐語中反而沒有幾個農作物的名字，他們會是最早進入歐洲的農民？那未免太奇怪了。希泰語是土耳其最古老的印歐語，如果藍富祿的理論是對的，希泰語與古印歐語應該非常親近，其實不然，在所有已知的印歐語中，希泰語是與古印歐語最不相似的一種。藍富祿的理論，其實依賴的不過是三段論法：農業可能會造成語言地圖的巨變；古印歐語族在歐洲造成了語言地圖的巨變，憑什麼？因此農業是答案。

但是在西元前五千年前到三千年前——正是古印歐語族興起的時候——歐亞世界發生了第二次經濟革命。（在這當兒冶金術正開始發展。）隨著這一次革命，利用家畜的範圍大大地擴張了，不只是吃肉、剝皮——那是人類利用動物的老把戲了。經過這一場革命，動物產生了新功能，包括產奶、產毛、拉犁、拉輪車和騎乘。古印歐語語彙豐富地反映了這一場革命：例如軛、犁、奶、奶油、羊毛、紡織這些字，還有一些字與輪車有關（輪、軸、車轅、上馬具、輪轄）。

這一場革命的經濟意義，是使人口、人力都增加了，增加的幅度光憑農耕與畜牧怎麼也達不到的。舉例來說，乳牛生產奶，再加上奶製品，長期而言，生產的熱量比把乳牛的肉吃下肚大多了。以動物犁田，使農夫能栽種更大面積的田，鋤頭與掘棒比不上的。畜力車使人類能夠開發更多的土地，把更多的收成帶回村子處理。

這些發展有些項目很難找出發源地，因為它們傳播的速度實在太快了。舉例來說，在西元前三千三百年，世上還沒有輪車，可是不過幾百年後，歐洲與中東許多地方都出現輪車了。但是有一項非常重要的發展，我們能夠找出它的發源地：人類成功地馴化了馬。在家馬出現之前，中東與南歐從來沒有過野馬，北歐也很罕見，只有在東方的俄羅斯大草原上，才能發現成群的野馬。最早的馴馬證據是在黑海北部的草原發現的，那是西元前四千年左右的斯萊德涅斯多格（Sredny Stog）文化遺址。考古學家在出土馬骨的嘴裡，發現了繩「銜」留下的磨痕，表示那些馬在生前有人騎乘過。

環顧世界，不論馬何時何地引進，都給人類社會帶來巨大利益。人類演化史上頭一遭，人類可以很快地穿州越界，兩條毛腿怎麼也趕不上。馬的速度，讓獵人得以追趕獵物，讓牧民容易管理大群牛、羊。最重要的是，速度讓戰士可以發動遠距奇襲，並在敵人有效動員集結之前，迅速脫離戰場。因此，馬在世界各地都使戰爭的面貌丕變，讓騎馬族群威嚇四鄰、無不披靡。美國西部片上凶猛的「紅番」騎士，事實上是近代的產物，大概是一六六〇年到一七七〇年間的事。因為美國西部的馬，是歐洲人帶來的馬野放後出現的，牠們趕在歐洲人和其他歐洲物事的前頭，進入美國大平原，所以我們可以確定：馬是改變美國平原印第安人社會的唯一肇因。

考古證據清楚地顯示了：家馬同樣地改變了俄羅斯草原上的社會，時間大約在六千年前。草原開闊的環境，光憑人力難以開發，直到馬出現了，距離與運輸問題都解決了。人類占居大草原的速度，掌握了馬之後就加快了，然後（五千三百年前）牛拉的輪車發明了，大草原上人口暴增。於是草原經濟的基礎，是綿羊與牛（供應奶、毛、肉），加上運輸用的馬與輪車，農業扮演的只是輔助角色。

在那些早期草原遺址裡，沒有發現過精耕農業與儲存糧食的證據，在歐洲與中東同時代的遺址中，才有豐富的證據。草原族群沒有永久性的大型聚落，過著游動的生活——再一次與當時的東南歐聚落遺址成強烈的對比，在那裡幾百個二層房屋成列的出現。騎馬族群缺少給活人住的建築物，但是他們用軍事狂熱彌補了——他們為男性建築的陰宅（墳墓），塞了許多短劍與其他武器，有時墓坑中還有馬車與馬殉葬。

所以俄羅斯的涅伯河（Dnieper River），等於是地面上的一條文化疆界：以東，是武裝的騎馬族群；以西，是穀倉充溢的富裕農村。試問：狼與羊比鄰而居，會「從此過著幸福美滿的生活」嗎？一旦輪子發明了，騎馬族群的經濟工具就成套了，各地的考古遺址，都可以發現他們使用的物事，顯示他們非常迅速地隨著中亞草原向東進展了幾千公里。托加利人的祖先，也許就是在那東進過程中興起的。草原族群的西進，最顯著的結果是：歐洲最接近草原的農村，形成守勢防禦的布局，頗有農戰合一的態勢，然後那些農村社會都崩潰了，典型的草原墓葬在歐洲出現，分布直到草原的西端——匈牙利。

草原族群順利擴張，憑藉著許多利器，其中唯一他們可以獨享發明頭銜的，是「馴化了馬」。他們可能獨立發展出輪車、擠奶與羊毛技術，而不是從中東的文明採借來的，但是他們的確採借了綿羊、牛、冶金技術，還可能從中東或歐洲引進了犁。因此，草原族群擴張，並不仗著什麼特定的「祕

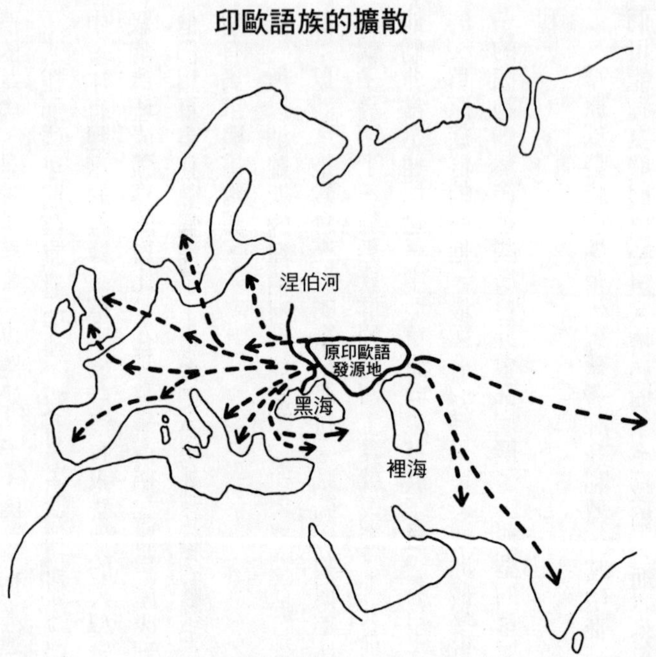

圖八　原印歐語擴散的可能路線
學者推測原印歐語族的原鄉是黑海以北、涅伯河以東的俄羅斯草原。

密武器」。真相是：草原族群馴化了馬之後，就成為世界上第一個有能力合「軍事／經濟」於一體的族群，因為合「軍事／經濟」於一體的必要條件與工具，只有他們掌握了。這個「軍事／經濟」複合體此後支配了世界歷史，達五千年——特別是在他們侵入東南歐後，又採借了精耕農業。所以他們的成就，與印歐語族下一次成功的擴張（西元一四九二年開始）一樣，是生物地理的意外。他們剛好降生在一個特別的地點，那裡有野馬、有開闊的草原，又接近中東與歐洲的文明中心。

美國加州大學洛杉磯分校的考古學家金普塔（Marija Gimbutas）主張

過：西元前四千年到三千年之間，俄羅斯烏拉山以西的草原族群，與學者勾畫出的原印歐語族群，頗為符合。首先，時間對。其次，文化──根據學者的推測，對古印歐語族群非常重要的經濟要素（如輪子與馬），以及他們缺乏的要素（如戰車與許多作物的名字），都指向草原文化。最後，地理位置也對：溫帶、芬─烏語族群之南、接近後來立陶宛語與其他波羅的語的家園。

如果證據那麼明確，為什麼印歐語族群的「草原起源論」學界仍然聚訟紛紜呢？要是考古學家能證明「在西元前三千年左右，草原文化從俄羅斯南部野火燎原一般迅速向西擴張，直到愛爾蘭為止」，就不會有爭論了。但是，實情卻是：草原族群留下的直接證據，顯示他們從未踏入匈牙利以西的地帶。在西元前三千年左右，以及後來，考古學家在歐洲發現的，是一連串令人迷惑的其他文化（與侵入歐洲的草原文化不同），在考古文獻中，都以特定的人工製品命名，例如「繩文與戰斧文化」。那些新興的西歐文化，結合了草原要素（如馬與尚武習俗）與古西歐傳統（特別是農業聚落）。這樣的事實，讓許多考古學家不怎麼相信「草原起源假說」，他們認為那些新興的西歐文化，是各地自主發展的結果。

但是，草原文化無法完整地擴張到愛爾蘭，有明顯的理由──草原的西端延伸到匈牙利平原，戛然而止。後來長驅直入歐洲的草原族群──如蒙古人──到了那兒也停了下來。如果想再進一步，草原社會得適應西歐的森林地帶，要嘛改採精耕農業為主要生計，或者僭奪原有農業社會的政治權力，與當地農民混血。那樣形成的「雜種社會」，基因庫的主要成分可能仍是「歐洲原住民」。

如果草原族群將印歐語傳播到東南歐，西至匈牙利，那麼最後侵入西歐的印歐文化，不是原來的草原文化，而是歐洲的第二代草原文化（也就是歐洲的第一代印歐文化）擴張後衍生出來的文化（歐洲的第二代、第三代……印歐文化）。考古學家發現的文化變遷證據，顯示：西元前三千年到一千五百年間，這樣衍生出來的印歐文化可能普遍地出現在歐洲，東達印度。許多非印歐語能繼續存在，直到文字發明，留下文本，例如依特拉斯坎語，其中的巴斯克語，今天還有人說。由此看來，印歐語掩有全歐，並不是一個一鼓作氣的過程，而是一長串事件發展累積的結果，歷時五千年。

打個比方好了，讓我們看看印歐語怎樣成為南北美洲的主流語言的。我們有大量的文獻，可以證明從歐洲來的印歐語族群侵入了美洲。但是那些歐洲移民並不是一回合就拿下了美洲，考古學家在十六世紀的遺址中也沒有發現「純正」的歐洲文化。正港的歐洲文化在美國邊疆毫無用處。事實上，殖民者的文化是改造過的，或雜種的，結合了印歐語、大量歐洲工藝（如槍炮、鋼鐵）與美洲土著作物、（特別是中美洲與南美洲）印第安人基因。新世界有些區域，印歐語族群花了好幾世紀才發展出有效的開發方式，不然無法生根。他們直到本世紀才占領北美的北極區。南美的亞馬遜河流域，大部分地區印歐語族群現在才能深入，祕魯與玻利維亞境內的安地斯山脈，印第安人的勢力看來還能維持很長一段時間。

假定未來世上的文字紀錄全都毀掉了，而印歐語也消失了，然後有些考古學家到巴西發掘。他們會發現：一五三〇年左右，歐洲工藝品突然在巴西海岸上出現了，但是很晚才深入亞馬遜河流域。考古家還會發現：居住在亞馬遜河流域的人，說葡萄牙語，但是遺傳上是印第安人、非洲黑人、歐洲人與日本人的大雜燴。面對這樣的證據，考古家不可能推論出：葡萄牙語是「外來語」（入侵者的語言），當地社會的複雜遺傳背景是入侵者造成的。

西元前四千年古印歐語族群開始了第一次擴張，後來馬、草原族群、與印歐語不斷發生新的互動，一直是塑造歐亞歷史的力量。古印歐語族群的馴馬術非常原始，也許不過以一根繩子讓馬咬在嘴裡（口銜），也沒有馬鞍。後來的幾千年中，馬匹的軍事價值，因為許多新發明而增進了，例如西元前兩千年發明的金屬銜與戰車，以及後來裝備騎兵的馬蹄鐵、馬鐙和馬鞍。雖然這些發明大多數不是草原族群的創作，他們仍然是最大的獲益者，因為他們永遠有更多的牧場，也就是更多的馬。

隨著馴馬技術的演進，歐洲受到更多草原族群的侵略，犖犖大者有匈族、土耳其人、蒙古人。這些族群先後建立了幅員廣大的短命帝國，疆域橫亙草原與東歐。但是草原族群再也不能將他們的語言傳播到西歐，取代各地的印歐語。他們在興起的初期享有最大的優勢，就是古印歐語族騎著無鞍馬闖入歐洲的那一次——當年的歐洲一匹馴馬也沒有。

當年古印歐語族侵入歐洲，因為還沒有文字，所以沒有留下歷史紀錄，這次入侵與後來留下過歷史紀錄的其他草原族群入侵，還有一個差異。後來的侵入者不再是草原西部的印歐語族，而是草原東邊來的族群，他們說的是突厥語、蒙古語。諷刺的是，十一世紀，中亞的土耳其部落侵入古代西泰語族地盤（保存了第一個印歐語書寫文字的地方）的利器，是馬——第一個印歐語族群最重要的發明，後來竟然成為異族對付子孫的工具。論血統，今天的土耳其人主要是歐洲人，但是他們說的語言，卻不是印歐語。同樣地，西元八九六年由東方侵入的族群，沒有改變匈牙利人的血緣，卻改變了匈牙利人的語言(匈牙利語屬於芬─烏語)。土耳其與匈牙利的例子,演示了:一小撮草原來的騎馬族群,能夠強迫一個歐洲社會接受他們的語言。因此它們可以當作我們了解其他的歐洲社會接受印歐語的模型。

最後,一般而言,草原族群不再扮演勝利者的角色了,無論他們說什麼語言的,因為西歐社會已經發展出先進的技術與武器。草原族群一旦不再占有優勢,歷史很快就落幕了。西元一二四一年,蒙古人建立了人類史上最大的草原帝國,掩有中國以西、匈牙利以東。但是西元一五〇〇年之後,說印歐語的俄羅斯人開始自草原西邊侵入。不過花了幾百年時間,俄羅斯就征服了威脅歐洲與中國達五千年的草原騎馬族群。今天,草原分屬中、俄兩國。只剩下外蒙古共和國,讓人憑弔草原當年享受的獨立自主。

許多人寫書瞎扯什麼「印歐語族是優越民族」的濫調。納粹的宣傳大談什麼純種「亞利安人」。事實上,自從五千年前古印歐語族擴張之後,說印歐語的族群從未統一過,甚至「古印歐語族群」都可能包括相關聯的幾個不同文化。自有文字紀錄以來,最慘烈的戰鬥、最惡毒的鬥爭,發生在印歐語族群之間。納粹想消滅的猶太人、吉普賽人與斯拉夫人,說的同樣是印歐語。古印歐語族,也就是今天所有印歐語族的祖先族群,只不過運氣好,在適當的時間、生活在適當的空間,才能將許多技術湊在一塊,建立一個有效率的軍事─經濟複合體。真的,今天說印歐語的社群,占據了一半的世界,當年草原上的馴馬族群可曾夢想過?

chapter 16 「原住民」問題：族群衝突

任何一個國家的國慶，都是國民歡騰鼓舞的日子，可是澳洲一九八八年的國慶，也就是「建國」兩百週年的日子，澳洲人心頭卻別有一番滋味。一七八七年，英國的北美殖民地已經宣布獨立，再也不能把服刑罪犯運到北美洲了，這才決定利用澳洲。五月，第一批犯人隨同第一任澳洲（殖民地）總督從英格蘭出發，一七八八年七月，在澳洲東岸（未來的雪梨）登陸。幾乎沒有殖民團隊像他們一樣，登陸時感覺那麼前途茫茫。當年澳洲仍是一片「未知的大陸」：殖民者對那裡一無所知，也不知如何過活。他們距母國兩千四百公里海路，須航行八個月，補給困難。結果，第一批補給兩年半之後才到達，大夥已經餓得半死。他們許多人是已經定罪的犯人，也就說，他們見識過歐洲十八世紀的生活中最惡劣殘暴的面向。儘管沒有好的開始，殖民者存活下來，開闢了家園，建立了繁榮的社區，生養眾多，散布到整個大洲上，組成了一個民主政體，並創造了獨特的國家性格。難怪澳洲人慶祝「開闢兩百週年」，分外驕傲。

但是，一組人現身示威，破壞了慶典的氣氛。白人殖民者不是第一個澳洲人。早在五萬年前澳洲就有人居住蕃息了，那就是我們今天稱作「澳洲原住民」的祖先——澳洲白人口中的「黑人」。在英國人「開拓」澳洲的過程中，大部分「原住民」都給白人殺了，或死於其他原因，所以一些倖存原住民的子孫會在白人兩百週年的慶典上「鬧場」。不言可喻，慶典的主題其實是「澳洲白化」的過程。在這一章，我的討論會從「澳洲怎麼會不再『黑』了」這個問題開始，也就是英國殖民者英勇地犯下「滅族屠殺」罪行的故事。

為了避免澳洲白人感到冒犯，我最好先說清楚：我無意指控他們的祖先幹下了什麼特別令人髮指的滔天大罪。正相反。我討論澳洲土著遭到滅種的命運，目的在指出：他們的命運並不獨特。澳洲土著的故事，只不過是班班可考的大量史例中的一個，它們是人類史上反覆出現的一個現象。雖然我們一談起「滅族屠殺」，就想起納粹屠殺猶太人的暴行，但是即使以本世紀的事例而論，那也不算規模最大的「滅族屠殺」事件。塔斯馬尼亞島民和數百個其他族群，都給成功地滅絕了，是現代史上規模比較小的「滅族屠殺」事件。世上還有許多與外界不怎麼接觸的族群，在不久的將來可能會成為新的目標。可是「滅族屠殺」是個令人覺得痛苦的議題，我們要嘛想都不去想它，要嘛相信「好人不會那麼幹，只有納粹才會」。但是我們拒絕面對這個議題，已經產生了我們更不願發生的後果：二次世界大戰以來，發生了許多「滅族屠殺」事件，我們沒有阻止過，我們對這種事件可能發生的地點也沒警覺。現在我們擁有核子武器，我們「滅族屠殺」的傾向可能造成的後果，更不是我們承擔得起的。破壞自己環境的資源，以及「滅族屠殺」的傾向，是我們擔心人類可能在一夜之間就倒轉歷史、回復洪荒的理由。

儘管心理學家與生物學家，以及閱讀大眾，逐漸對「滅族屠殺」的問題感到興趣，基本問題仍有待解決。有任何動物種經常殺害同類嗎？或者那只是人類的發明，動物界沒有先例？在人類史上，「滅族屠殺」是少見的異例，還是常見的現象，因此可以說是人類的特徵，就像藝術和語言一樣？「滅族屠殺」的事例增加了嗎？（因為現代武器威力強大，輕按一個鈕就能殺死許多人，阻止我們殺害同胞的本能來不及反應？）為什麼許多「滅族屠殺」事例沒有引起廣泛的注意？從事「滅族屠殺」的人是不正常的，還是處於非常情境中的正常人？

為了理解「滅族屠殺」，我們不能從偏狹的角度來觀察，必須生物、心理、倫理層面都照顧到。因此我們探討「滅族屠殺」，要從自然史出發，從動物直到二十世紀的人類。我們會討論：凶手如何擺平「滅族屠殺」行動與道德律的衝突，然後觀察「滅族屠殺」的心理影響：對凶手、逃過劫難的人，以及旁觀者。但是在搜尋這些問題的答案之前，我想先談談塔斯馬尼亞島民滅絕的故事，因為它是一個典型的案例。

塔斯馬尼亞是一個山巒起伏的小島，在澳洲墨爾本以南的海上，與澳洲大陸隔著三百多公里寬的巴斯海峽。歐洲人在一六四二年發現這個島，當時島上約有五千人，過著狩獵—採集的生活，是澳洲土著的一支。塔斯馬尼亞島民當時可能是世界上工藝技術最原始的族群，只會製造幾種簡單的石器與木器。他們與澳洲本家一樣，沒有金屬、農業、牲口、陶器與弓箭。但是本家有的，他們也沒有：迴力鏢、狗、縫紉知識與生火本領。

塔斯馬尼亞島民的船，只不過是木筏，不能遠行。一萬年前冰期結束，巴斯海峽湧入了海水，從此塔斯馬尼亞島民就與世隔絕，直到歐洲人登陸。人類歷史上，塔斯馬尼亞島民大概是最遺世獨立的族群了。所以塔斯馬尼亞島民與白人之間的隔閡，大概史無前例。

塔斯馬尼亞島民與歐洲人的首次接觸就以悲劇收場，所以一八〇〇年左右英國獵捕海豹的人與拓墾的人一到達島上，就與塔斯馬尼亞島民發生衝突。白人誘捕島民的孩童做勞工，誘拐島民婦女，傷害或殺害男人，亂闖島民的獵場，並嘗試驅趕島民離開家園。這麼一來，衝突升高，「生存空間」之論甚囂塵上。在人類歷史上，「生存空間」是最常見的「滅族屠殺」口實。由於白人的誘拐，一八三〇年十一月，塔斯馬尼亞東北部的島民，只剩下七十二個成年男人、三個成年女人。沒有小孩。一個牧羊人以釘槍打死十九個島民。另外四個牧羊人伏擊一群島民，殺了三十人，將屍體丟下懸崖，就是今日的勝利山（Victory Hill）。

塔斯馬尼亞島民當然會報復，然後白人報復，如此冤冤相報。一八二八年四月，澳洲總督亞瑟為了阻止衝突繼續升高，下令所有塔斯馬尼亞島民離開有歐洲人屯墾的地區。為了確定命令生效，政府支持的「清鄉隊」（由罪犯組成，警察帶隊）四處巡查，格殺勿論。一八二八年十一月，澳洲總督頒布戒嚴令，軍人有權見到島民就開槍，不問情由。然後，政府懸捕捉島民：活口成人五鎊、孩童兩鎊。因此「捕捉黑人」成為一門生意，私人與公家「清鄉隊」都很起勁。同時，政府組成委員會，由澳洲的英國國教副主教主持，研擬對待土著的政策。許多建議都在委員會中提出，例如捕捉他們做奴隸、毒殺、設陷阱、以狗追獵等等，最後委員會決議：繼續懸賞與雇用騎警。

威廉・蘭納（Walliam Lanner）
最後一位塔斯馬尼亞男性，1869 年逝世。

一八三〇年，出現了一位怪胎傳教士羅賓遜（George Augustus Robinson），他受雇集合剩下的塔斯馬尼亞島民，將他們帶到五十公里之外的富林德島上（Flinders Island）。羅賓遜相信他是為了島民好，才那麼做。他收了前金三百英鎊，事成後有七百英鎊「後謝」。羅賓遜在塔斯馬尼亞島上歷盡艱辛、危險，並有一位勇敢的土著女性楚噶妮妮（Truganini）協助，才把剩餘的島民集攏起來——起先勸告他們「如果不從，將遭遇更惡劣的命運」，最後以槍脅迫。羅賓遜的俘虜，許多死在前往富林德島的途中，可是大約兩百人到達了——先前五千人口的劫餘。

在富林德島上，羅賓遜的屯墾區選在風大又缺水的地點，他決心讓塔斯馬尼亞島民學習文明，成為基督徒。他把屯墾區管理得像個監獄，子女與父母隔離，以方便教化。每天的「課表」包括：研讀聖經、唱聖詩、檢查床褥與餐具（確保整齊清潔）。不過，監獄飲食造成營養不良，加上疾病，島民逐漸死亡。幾個星期後，只有幾個嬰兒還活著。政府刪減了屯墾區的預算，希望島民死乾淨。到了一八六九年，只剩下楚噶妮妮、一位男性、一位女性還活著。

這三位「最後的塔斯馬尼亞人」引起了科學家的興趣——他們相信塔斯馬尼亞人代表猿與人之間的「缺環」（missing link）。因此，一八六九年最後一位「塔斯馬尼亞男性」死亡後，引起了幾方人馬爭奪屍體，反覆挖開他的墓，切下「標本」。外科醫師學院（公會）的克羅索醫師（W. L. Crowther）切下了頭，塔斯馬尼亞皇家學會的斯托可醫師（George Stokell）得到了手、腳，雙方並大玩「諜對諜」的遊戲，互相偷取「戰利品」。另外還有人插花，「收集」了耳朵與鼻子。斯托可醫師還割下屍身的皮，做了一個菸草袋。

一八七六年，楚噶妮妮過世了。她是真正的最後一人。她在死前對於死後屍身遭支解的命運擔心得不得了，要求海葬。但是沒人理會她的遺囑，塔斯馬尼亞皇家學會把她的骨架從墳墓裡挖了出來，放在塔斯馬尼亞博物館公開展覽。一九四七年，博物館終於對外界的批評（沒有品味）屈服，將她的骨架移到另一個房間，只有學者專家才能檢視。但是那依然引起「沒有品味」的批評。最後，在一九七六年——楚噶妮妮逝世一百週年——楚噶妮妮的骨架火化了（不顧博物館的極力反對），骨灰撒在海上。楚噶妮妮，安息吧。

雖然塔斯馬尼亞島民的人數不多，但是他們的滅絕在澳洲歷史上的影響，卻不能以人口數目衡量。因為塔斯馬尼亞島是澳洲第一個以滅族手段解決原住民問題的殖民地，而且得到極為接近「滅族」的結果。拓墾的白人似乎成功地把塔斯馬尼亞島民消滅了。（實際上，歐洲的海豹獵人與塔斯馬尼亞婦女生下的子女，有些倖存於世，他們的子孫已經成為塔斯馬尼亞政府的燙手山芋，至今白人政府還沒想出適當的處理辦法。）澳洲許多白人都羨慕塔斯馬尼亞的白人能把事情幹得那麼徹底，也想如法炮製，但是他們也學到了「教訓」。消滅塔斯馬尼亞島民的行動，是在屯墾區域內進行的，受到城市媒體的充分注意，因此引起了一些負面的批評。所以在澳洲大陸上，更大數量的土著被消滅的行動，大多在邊疆，甚至「化外之地」進行，遠離城市中心。

澳洲大陸上的政府，執行滅族政策的工具，是塔斯馬尼亞島「清鄉隊」的翻版，屬於騎警，叫做「土著警察」。他們使用搜索—消滅的戰術，殺害或驅趕土著。典型的幹法，是在深夜包圍土著營地，然後拂曉攻擊，開槍射殺。白人也廣泛地使用下了毒的食物，毒殺土著。另一個常用的招式，是圍捕土著，然後以鐵鍊鎖頸連成一串，讓他們步行到監獄去，一直監禁著。英國十九世紀的著名小說家托洛普（Anthony Trollope, 1815-1882），描述過十九世紀英國人對待土著的主流意見：「至於澳洲土著，當然他們得消滅。我們關心這事的人，目標應是：給他們一個痛快，別讓他們受不必要的苦。」

澳洲白人直到二十世紀初仍繼續使用這些戰術對付土著。一九二八年發生在艾莉絲泉（Alice Spring）的一次事件，警察殺了三十名土著。澳洲國會拒絕了調查報告，兩名倖存的土著（你沒看錯，是土著，而不是警察）以謀殺罪名給起訴了。頸鍊直到一九五八年還在使用，理由是比較「人

「最後一位」塔斯馬尼亞土著女性楚噶妮妮，1876 年逝世。

道」——警政署長向墨爾本《先鋒報》的記者解釋：土著犯人比較喜歡頸鍊。

澳洲大陸上的土著，數量很多，因此無法完全以塔斯馬尼亞島上的故技消滅。不過，自一七八八年英國人建立殖民地，到一九二一年人口普查，原住民的數量從三十萬降到了六萬。

今天，澳洲白人面對他們的謀殺歷史，態度各有不同。雖然政府的政策以及許多白人私下表達的態度，逐漸同情土著，其他的白人否認了滅族行動的責任。舉例來說，一九八二年，澳洲主要新聞雜誌《快報》刊登了一封讀者投書，作者憤慨地否認白人消滅了塔斯馬尼亞島民。根據他的說法，事實上，到塔斯馬尼亞島上拓墾的白人是愛好和平、品格高超的人，而塔斯馬尼亞島民則陰險狡詐、嗜殺成性、好戰、骯髒、饒舌、滿身是寄生蟲，還給梅毒搞得面目全非。還有呢，他們不懂得照顧嬰兒、從來不洗澡，而且還有令人噁心的婚姻風俗。他們滅絕了，是因為不懂得衛生，加上自尋死路的死亡意志，又沒有宗教信仰。他們與白人拓墾者起了衝突，然後滅絕了，純屬巧合。一點沒錯，塔斯馬尼亞島上發生過大屠殺，可是那是土著殺白人，而不是白人殺土著。另一方面，白人拓墾者武裝只為自衛，而且不怎麼會使用槍械，他們一次殺的土著數量，從來沒有超過四十一個……云云。

為了進一步了解塔斯馬尼亞島民與澳洲土著的滅絕（屠殺）事件，我們必須將它們放進歷史脈絡來觀察。如何定義「滅族屠殺」？被害人必然屬於特定群體，毫無疑問。「屬於特定群體」的事實，是被害人被害的原因，至於被害人做了什麼，並不重要。而「特定群體」有什麼屬性呢？「種族」這個詞，很容易引起誤會。由於沒有更適當的詞，我們暫且使用這個詞。首先要聲明的是：「種族」、「人種」在生物學上沒有精確的意義，在生物學的分析上也沒有什麼特定的功能，在實務上更無法找出科學判準。「種族」、「人種」都是「常識」名詞。其次，所謂「滅族屠殺」，涉及的不只是常識中的「種族」、「人種」（如澳洲白人殺害「黑人」），有時指特定「國家」（如一九四〇年蘇俄人殺害斯拉夫同胞——卡定的波蘭官員）、「民族」（一九六〇、七〇年代，非洲盧安達與蒲隆地的黑人胡圖族與土莿族互相屠殺）、「宗教」（最近幾十年來，黎巴嫩的回教徒與基督教徒互相仇殺）、「政治」（一

九七五到七九年柬埔寨「赤棉」波布政權的大屠殺）。

雖然「滅族屠殺」的核心意義是「集體屠殺」，但是我們仍然可以爭論如何更精確地定義「滅族屠殺」。現在媒體上使用「滅族屠殺」這個詞，往往太不經意，我們聽得多了，也就麻木了。即使這個詞的意思限定在「大規模的集體屠殺」，仍有疑義。這兒就是一些：

數量必須達到多少才算「滅族屠殺」，而不只是「謀殺」？這的確不好回答。澳洲的白人殺害了五千個塔斯馬尼亞島民，在美國，殖民者一七六三年殺死了最後二十個蘇斯奎汗那（Susquehanna）印第安人。我們可以因為只死了二十個人而不把它當作「滅族屠殺」嗎？蘇斯奎汗那族的確滅絕了呀！

「滅族屠殺」一定得是政府幹的嗎？私人幹的不算？社會學家霍洛維茲認為私人行動只是「暗殺」，而「滅族屠殺」是「國家機器結構性地與系統地毀滅無辜的人民」。不過，「純粹的」政府行為（史達林殺害政敵）與「純粹的」私人行為（巴西土地開發公司雇用印第安人殺手）之間，並無鴻溝，其實是一沒有明確界限的場域。在美國，政府軍隊與一般公民都會殺害印第安人。殺害北奈及利亞衣波族的，是街頭暴民與政府軍隊。一八三五年，紐西蘭毛利人德阿提阿華族成功地搞到了一艘船，載著裝備與武士，登陸查杉群島（Chatham Islands），殺害了三百個島上的摩力歐利族（Moriori，另一個波里尼西亞族群），奴役倖存者，占據了各島。根據霍洛維茲的定義，這個例子與許多其他類似的精心策劃的滅族行動，都不能算「滅族屠殺」，因為那些部落沒有現代國家的工具（官僚機構）。

如果大批民眾因為冷酷的行動而死亡，可是那些行動的本意不在殺死他們，那算「滅族屠殺」嗎？精心策劃的「滅族屠殺」，包括澳洲白人殺害塔斯馬尼亞島民，第一次世界大戰期間土耳其人殺害亞美尼亞人，以及二次世界大戰期間納粹殺害猶太人。在另一個極端的是：一八三〇年，美國東南各州的印第安喬克托族（Choctaw）、切羅基族（Cherokee）和克里克族（Creek）被迫遷徙到密西西比河以西地區，結果許多印第安人死在途中，那不是美國總統賈克森（Andrew Jackson, 1767-1845, 1829-37年在位）簽署命令的本意，但是他並沒有採取必要預防措施。他們被迫在冬天遷徙，沒有給養，所以飢寒交迫，許多印第安人死亡，是不可避免的結果。

關於「本意」在「滅族屠殺」中的角色，有一份誠實得不尋常的聲明，是由巴拉圭政府發表的，因為瓜亞依印第安人滅絕（遭到奴役、虐待、剝奪食物與醫藥、屠殺），巴拉圭政府被控為共犯。巴拉圭國防部長答覆指控，直截了當地指出沒有人有意消滅瓜亞依人：「雖然有被害人與加害人，可是沒有『意圖』，那是『種族滅絕』罪名成立的第三要素。既然沒有『意圖』，我們就不能說什麼『種族滅絕』了。」巴西駐聯合國大使，面對外界指控巴西政府對亞馬遜河流域的印第安族群實行「滅族屠殺」，也以同樣的理由反駁：「根本沒有界定『種族滅絕』的惡意與動機，構成本案的罪行，完全出於經濟動機，犯下罪行的人完全是為了謀奪被害人的土地。」

有些「滅族屠殺」，不是被害人挑釁造成的，例如納粹殺害猶太人、吉普賽人：加害人不是為了報復。不過，有許多例子，「滅族屠殺」是一連串相互仇殺的「最後一役」。要是挑釁行動引發了不成比例的大屠殺，那麼我們如何分別尋常的「報復」與「滅族屠殺」呢？一九四五年五月，在阿爾及利亞的賽提（Setif），慶祝二次世界大戰結束的活動，發展成種族暴動，阿爾及利亞人殺死了一〇三名法國人。法國的反應殘酷得很：以飛機轟炸四十四個村落，一艘巡洋艦炮轟海岸的城市，平民突擊隊發動報復性的大屠殺，軍隊也開槍殺人，不分平民還是戰鬥人員。結果，根據法國的數字，阿爾及利亞人死亡了一千五百人，阿爾及利亞政府宣布的數字是五萬人。對於這一事件的詮釋，雙方也不同：法國人認為是鎮壓叛亂，阿爾及利亞方面，則是「滅族屠殺」大屠殺。

「滅族屠殺」很難捉摸，無論就動機而言，還是定義。雖然好幾個動機可以同時作用，可是把動機分別成四個不同類型，有助於我們的分析。第一、第二種涉及土地或權力的衝突，無論是否以意識形態緣飾。第三、第四種則不怎麼涉及土地或權力的衝突，主要的衝突在意識形態與心理方面。

也許「滅族屠殺」最常見的動機，是占軍事優勢的族群圖謀弱勢族群的土地，可是遭到抵抗。例子太多了，澳洲白人屠殺土著，歐洲人在美洲屠殺印第安人，阿根廷人屠殺阿羅坎印第安人，南非的波爾人（歐洲移民後裔）屠殺郭依桑族，等等。

另一個常見的動機，通常發生在「多元社會」，由於長期的權力鬥爭，其中一個族群企圖以「最後方案」一勞永逸地解決另一個族群。涉及不同「民族」的案例有：盧安達的胡圖族在一九六二年—六三年屠殺土莿族；蒲隆地的土莿族在一九七二—七三年屠殺胡圖族；南斯拉夫的克羅亞族（Croats）在二次大戰前間屠殺畲布族（Serbs）；大戰結束後畲布族屠殺克羅亞族；一九六四年冉熱拔（坦桑尼亞東北海岸的小島，一九六三年獨立，一九六四年併入坦桑尼亞）的黑人屠殺阿拉伯人。不過，加害人與受害人也可能是同一民族，但是政治觀點不同。人類史上著錄的最大規模的「滅族屠殺」事件，就是這一種，估計在一九二九—三九年死亡兩千萬，在一九一七—五九年死亡六千六百萬：蘇聯政府對付公民中的政治異已。一九七〇年代的柬埔寨「赤棉」波布政權算是小巫，只殺了幾百萬人；一九六五─六七年，印尼政府殺了幾十萬共產黨。

在以上的例子中，被害人可以視為加害人的眼中釘、心頭刺，因為涉及土地或權力的競逐。在另一個極端，加害人由於深刻的挫折感，而找無助的弱勢族群出氣——就是拿他們做代罪羔羊。猶太人在十四世紀遭基督徒屠殺，因為黑死病爆發，他們給指控散播病媒；二十世紀初遭俄羅斯人屠殺，成為政治問題的代罪羔羊；第一次世界大戰後遭烏克蘭人屠殺，因為烏克蘭受到布爾雪維克的威脅，猶太人成為代罪羔羊；二次大戰期間遭納粹屠殺，作為德國在第一次世界大戰戰敗的代罪羔羊。一八九〇年，美國第七騎兵隊在傷膝澗屠殺了幾百名蘇族印第安人，因為十四年前蘇族在小大角反擊卡士達率領的第七騎兵隊，沒留下一名活口。一九四三─四年，蘇俄已迫使入侵的納粹部隊採守勢，史達林下令屠殺或放逐六個少數族群，把他們當代罪羔羊：波卡（Balkars）、車臣（克里米亞）、達旦（Tatars）、印谷（Ingush）、卡密克（Kalmyks）、卡拉柴（Karachai）。

種族或宗教迫害，是我們還沒有討論的動機。雖然我不認為我了解納粹心態，納粹屠殺吉普賽人，也許是頗為「純粹的」種族偏見作祟，而屠殺猶太人，則雜揉了宗教與種族動機。宗教動機造成的大屠殺，罄竹難書。歐洲第一次十字軍東征，於一〇九九年奪回聖城耶路撒冷，把城中的穆斯林與猶太人全殺了。一五七二年法國天主教徒屠殺新教徒。當然，土地、權力的競爭與尋求代罪羔羊的需要，若摻入宗教與種族因素，很容易爆發不可收拾的大屠殺。

即使我們以定義與動機的理由，剔除那些引起爭議的「滅族屠殺」，還是有許多沒有異議的事例。現在讓我們從其他動物下手，看看「滅族屠殺」的自然史究竟有多悠久。

經常有人說：所有動物中，人類是唯一會殺害同類的物種，這是真的嗎？舉例來說，著名的奧國動物行為學家勞倫茲（Konrad Lorenz, 1903-89，一九七三年諾貝爾獎得主），一九六三年出版《論侵略性》（*On Aggression*），主張動物的「侵略本能」會受「抑制本能」的制衡，避免導致謀殺的結局。但是在人類歷史上，這個「侵略／抑制」的平衡狀態——勞倫茲假定——由於武器的發明而失衡：我們天生的「抑制本能」，不足以節制新增的殺戮力量的衝（蠢）動。許多流行作家都接受了這種觀點，認為人類是自然界獨有的嗜殺物種，是演化的變態，科斯特勒（Arthur Koestler, 1905-83）是其中之一。

事實上，最近幾十年學者已經在田野中記錄了許多——儘管不是全部（當然！）——動物的殺戮行為。如果殺害鄰居或比鄰的隊群，就能夠奪取牠（們）的地盤、食物或雌性，也許是有利的行為。但是攻擊者也冒著風險。許多動物缺乏殺戮同類的工具，有工具的，有些又避免使用。以成本／效益分析謀殺行動，也許會令讀者覺得噁心，但是這種分析卻能幫助我們了解：為什麼謀殺似乎只有某些動物才會幹？而不是所有的動物？

在「非社會性」物種中，也就是不過群居生活的物種，謀殺當然是一對一進行的。不過，在社會性的肉食動物中，像獅子、狼、鬣狗，還有螞蟻，謀殺似乎是一種組織行動——換言之，大規模殺戮或「戰爭」——涉及細密的分工、協調、呼應，以及策劃。至於戰爭的形態，各物種不同。雄性可能會放鄰居雌性一條生路，與牠們交配，殺掉嬰兒，驅逐雄性（如亞洲長尾猴）或者殺死雄性（如獅子）；或者不分雌雄，一律幹掉（狼）。舉例來說，動物學家庫祿克（Hans Kruuk）記錄過一場在東非坦桑尼亞觀察到的鬣狗族群鬥爭：

「大約一打甲族鬣狗……堵上了一頭乙族雄性，一湧而上就朝牠身上咬——特別是在腹部、腳和耳朵。遭殃的雄鬣狗受到瘋狂的圍攻，毫無招架之力，任憑宰割，大約歷時十分鐘……『分屍』是最寫實的描述，後來我走近了，仔細觀察牠的傷勢，我發現牠的耳朵被咬掉了，腳與睪丸也一樣，牠脊椎受傷，癱在地上，後腿與腹部的傷口，怵目驚心，全身布滿皮下出血的傷痕。」

為了了解我們「滅族屠殺」行為的根源，特別令人感興趣的，是我們的親戚的行為——大猩猩與黑猩猩。近三十年前，任何一個生物學家都會假定：人類能使用工具，以及策劃協調的團體行動，所以比猩猩更嗜血、更會殘殺同類——況且猩猩會不會謀殺同類，還在未定之天。姑且假定牠們也會吧。最近的田野資料，卻發現無論大猩猩還是黑猩猩，也會遭到同類謀殺，機率至少與一般人類一樣。舉例來說，大猩猩的基本社會（生殖）單位，就是一頭成年雄性，加上一群成年雌性。因此雄性之間的競爭非常激烈，勝利者才能獨享成群妻妾。大猩猩嬰兒與成年雄性的死亡事例，雄性競爭是主因。根據統計，由於雄性的殺嬰行動，雌性大猩猩一輩子至少會喪失一個嬰兒。另一方面，大猩猩嬰兒中，百分之三十八死於雄性的殺嬰行動。

一九七四年到七七年，發生在東非岡貝的一個案例特別引人深思。在那期間，有一個黑猩猩隊群給鄰近的隊群消滅了，珍古德做過非常詳盡的報導。一九七三年年底，那兩個隊群還算勢均力敵。

卡斯奇拉隊群在北邊，有八頭成年雄性，地盤大約十五平方公里；卡哈瑪隊群在南方，有六頭成年雄性，地盤約有十平方公里。第一件有科學紀錄的致命事件，發生在一九七四年一月：六頭卡斯奇拉成年雄性，一頭雄性少年，外加一頭成年雌性，向南進發，一旦越過「地界」，聽見前頭有黑猩猩的呼叫，就迎上前去，噤聲疾行，結果遇上一頭叫做戈迪的雄性少年，牠是卡哈瑪隊群的一員。戈弟嚇了一跳，立刻想逃，但是牠給一頭卡斯奇拉雄性捉住，按在地上，騎在頭上，捉住了腳。其他的一湧而上，揍的揍，咬的咬，整整十分鐘。最後，一頭攻擊者丟了一塊大石頭砸牠，大夥兒就走了。戈迪好一會才站得起來，全身是傷，血不斷地流，臉上、腿上、胸前都有巨大創口。從此再也沒有人見過牠，可能傷重而死。

第二個月，三頭卡斯奇拉雄性與一頭雌性再度南犯，攻擊卡哈瑪的「德」（雄性），牠當時身體虛弱，可能已經給揍過或者是因為生病。這次攻擊者把牠從樹上拉下，摜在地上圍毆，或踩、或打、或咬，毛皮都給撕下幾塊。一旁一頭正值發情期的卡哈瑪雌性，被迫與凶手回到北方。一個月後，有人見過「德」，樣子虛弱，還帶著傷，脊柱與骨盆突出，有些指甲剝落，一根腳趾斷了，陰囊縮到正常的五分之一。以後牠就消失了。

一九七五年二月，五頭卡斯奇拉成年雄性與一頭雄性少年，追蹤到了卡哈瑪的哥利亞（雄性），發動攻擊，那時哥利亞已經進入老年了。牠們揍牠、咬牠、踢牠，並踩在牠身上，把牠拉起來再摜到地上，在地上拖曳，並扭曲牠的腳。最後，牠連站都站不起身。然後，牠消失了。

儘管上述的攻擊針對的都是雄性，一九七五年九月卡哈瑪的年老雌性「蜂夫人」也受到了致命的攻擊。其實牠在前一年就遭遇過至少四次攻擊，但是沒有送命。這次動手的是，四頭卡斯奇拉成年雄性，一頭雄性少年與五頭雌性做壁上觀（包括「蜂夫人」給拐走的一個女兒）。那四個凶手不只揍「蜂夫人」，打牠耳光，還把牠打到地上拖拉，在牠身上又跳又踢，從地上拉起又打倒地上，打得牠滾下山丘。五天後，牠死了。

一九七七年五月，五頭卡斯奇拉雄性殺了卡哈瑪雄性「查理」，但是細節沒有人觀察到。一九七七年十一月，六頭卡斯奇拉雄性捉到了卡哈瑪雄性「史尼夫」，揍牠、咬牠、拉扯、抓著牠的腳在地上拖，打斷了牠的腿。第二天牠還活著。然後就沒人見過牠了。

卡哈瑪隊群剩下的成員，兩頭成年雄性以及兩頭成年雌性消失了，原因不明，另有兩頭年輕的雌性，加入了卡斯奇拉。於是卡斯奇拉隊群占據了卡哈瑪的地盤。不過，一九七九年，南方另一個較大的隊群卡蘭德開始侵入卡斯奇拉的地盤。卡蘭德隊群至少有九頭成年雄性，幾頭卡斯奇拉成員後來消失了，或受傷了，也許是牠們的傑作。另一個長期田野研究團隊，由日本京都大學的西田利貞領導，也觀察到同樣的群體對抗行為。不過，巴諾布猿（一度叫做矮黑猩猩）倒沒有類似的例子。

如果你以人類凶手的水準來衡量黑猩猩的殺戮行為，你不可能不注意到牠們那麼的沒有效率。一次動員三到六個殺手，圍毆一個受害者，迅速將牠撂倒，讓牠毫無還手餘地，這麼揍了十到二十分鐘之後，受害者從未當場畢命，牠總是還活著。當然，凶手成功地讓牠暫時喪失行動能力，最後受害者還是傷重而死。受害者共同的反應模式，是蹲在地上，試著保護頭部，保護不成後就放棄抵抗，可是凶手並不罷手——即使受害者完全停止了。在這一方面，隊群間的對抗，與隊群中自己人不可避免的

「爭吵」不同。黑猩猩的凶殺行動缺乏效率，當然是因為牠們沒有武器，可是牠們沒能發展出「勒頸殺法」——牠們做得到的——實在令人不解。

黑猩猩圍攻落單同胞，以我們的水準來看，毫無效率，可是整體而言，牠們從事「滅族屠殺」的過程，也毫無效率。卡哈瑪隊群經過三年十個月才消滅。牠們是一個一個給幹掉的，而不是一次給幹掉了好幾個。而澳洲的白人拓墾者，經常一次拂曉攻擊就消滅了一個土著隊群。當然，黑猩猩沒有武器是部分原因。由於黑猩猩沒有武器，成功的謀殺靠的是群毆，以數量決勝負。澳洲白人占了武器的上風，對付手無寸鐵的土著，即使以寡擊眾，也遊刃有餘。一槍在手，擋者披靡。但是，黑猩猩的腦力，比起澳洲白人顯然也差勁多了。黑猩猩顯然不會策劃夜襲，或派出兩個分遣隊發動協同伏擊。

不過，黑猩猩的確表現出「滅族意圖」與計畫（雖然不算高明）。卡斯奇拉隊群殺害卡哈瑪成員，每次都是直接、迅速、靜默、緊張地進行的。牠們朝向卡哈瑪地盤移動或進入，會花一小時左右坐在樹上傾聽，最後衝向牠們偵察到的卡哈瑪成員。黑猩猩與我們一樣，有仇外（懼外／排外）心態（xenophobia）：牠們認得自己人與外人的分別，有不同的對待方式。

簡言之，所有的人類行為特徵——藝術創作、說話、嗑藥等——中，直接從動物前驅衍生出來的，就是「滅族屠殺」（或「滅族屠殺」）。黑猩猩已經會謀殺、消滅鄰居社群、為爭奪地盤而開戰、略誘鄰居社群的年輕雌性。如果黑猩猩有長矛在手，受過簡單訓練，牠們的殺戮行動，效率必然會提升，接近我們的水準。人類的特徵之一是群居，黑猩猩的行為顯示：人類群居的主要理由，是防禦其他人類社群的攻擊，尤其是人類發明了武器，又有足夠的腦力計畫伏擊之後。如果我的推測是正確的，那麼人類學家過去強調「人類—獵人」的形象（人類演化的過程，受「人類狩獵的需要」驅動），也許是對的也未可知。只不過，我們狩獵的對象也是人，我們是獵人也是獵物，因此我們被迫群居。

所以，人類「滅族屠殺」的兩種常見模式，都有動物先例：不分雌雄，一律殺死——黑猩猩與狼；殺死雄性，留下雌性——大猩猩與獅子。不過，連動物界也找不出先例的，是一九七六年到一九八三年間阿根廷軍政府採用的流程，當時約有一萬名政治異議份子與家屬失蹤了。罹難者通常是男人，沒有懷孕的婦女，還有孩子，三、四歲的都不放過，他們死前都遭到凌虐。但是阿根廷的軍人逮捕了懷孕婦女之後，為動物行為創造了一種新的模式：他們會讓那些女性活命，直到生產之後，才開槍射擊她們的頭部，孩子讓沒有子女的軍人收養。

如果我們的謀殺性向在動物界並不獨特，那麼我們的嗜殺傾向會不會是現代文明的病態成果呢？現代的作家，對「先進」社會催毀「原始」社會的現象極為反感，因此往往將「原始」社會美化成「高貴的野蠻人」，他們假定那些社會的人愛好和平，或者最多只會幹些零星的謀殺勾當，決不會搞「滅族屠殺」。佛洛姆（Erich Fromm）相信狩獵—採集社會的戰爭，特色是以不流血為尚。的確有些無文字族群（非洲的匹格米，北美的愛斯基摩）似乎比其他的（如紐幾內亞的、美國大平原上的，以及亞馬遜的土著）不好戰。甚至好戰的族群——有人這麼說——都將戰爭儀式化，一旦出了幾條人命就停止了。但是這個美化的圖像，不符合我在紐幾內亞高地與土著族群生活的經驗，許多人徵引文獻，說那些人只搞有限度的戰爭或儀式化的戰爭。雖然紐幾內亞大多數鬥毆，多以伏擊的形式發生，幾乎不會有人喪生，但是他們也會成群結隊地屠殺鄰近社群。紐幾內亞土著與其他族群一樣，會驅趕或屠殺鄰居，只要他們發現有機可乘、或不幹白不幹、或攸關存亡。

至於文明社會，自有文字以來，「滅族屠殺」史不絕書。希臘與特洛依的戰爭，羅馬與迦太基，亞述、巴比倫、波斯之間，都以同樣的結局收場：戰敗的一方，一律誅戮，不論男女；或者殺男人，留女人為奴、為妾。上帝吩咐約書亞帶領以色列人渡過約旦河，得著「要賜給他們作產業的地」——迦南（中東約旦河以西直到地中海的土地）。至於早就在迦南地上生活的人（「原住民」？）呢？他們聽說「這地上所有的居民都消滅」是「耶和華的吩咐」（《約書亞記》九章二四節）。這不是流言，以色列人真的哪麼幹。耶利哥（六章二一節）、艾城（六章二四—二七節）、瑪基大（十章二八節）、立拿（十章三十節）、希伯崙（十章三六節）、底璧（十章三九節），以及其他的城，命運都一樣：以色列人「殺了城中所有的人，不容一人脫逃」。事實上，《約書亞記》的作者根本不認為屠城值得大書特書，要不是耶利哥城中有位妓女藏匿過約書亞的探子，約書亞為了回報，執意保護她的家人，作者根本不會在屠城一事上多所著墨。（按：根據一九九二年香港九龍天道書樓出版的《聖經新譯本（嚮導版）》〈約書亞記簡介〉，「上帝吩咐以色列人滅絕迦南人，表面上非常凶殘，其實卻是可理解的。由於迦南人的宗教和道德非常邪惡，上帝便要滅絕他們，使他們受刑罰，同時可以防止以色列民受汙染。」）

同樣的事件，在十字軍戰史、太平洋島民戰爭，以及其他族群的戰爭都發生過。很明顯，我並沒有說：勝利者大或全勝之後，一定會「屠殺戰敗的一方，無分男女」。但是，不論「一律誅殺」還是──比較溫和一點的（？）──「男殺女不殺（留下當奴隸）」，史不絕書，由於頻率太高了，我們難以將這類事例當作「人性」一時迷失的「例外」。自一九五〇年以來，已經發生了近二十次「滅族屠殺」，其中兩次喪命者達百萬（一九七一年前東巴基斯坦獨立為孟加拉國，發生暴亂；一九七〇年代柬埔寨「赤棉」波布政權殺害「資本主義餘孽」），另外四次「十萬人」等級的（一九六〇年代，蘇丹、印尼；一九七〇年代蒲隆地、烏干達）。

很明顯，「滅族屠殺」在人類演化系譜上源遠流長，不知已有幾百萬年。明明「李杜詩傳千百年，至今已覺不新鮮」，我們反而覺得二十世紀的「滅族屠殺」史無前例，怎麼回事？當然，就死難者的數目而言，希特勒、史達林創下了新的紀錄，因為他們擁有三個條件，史無前例：一、受難者人口集中；二、精良的通訊技術──方便圍捕受難者；三、精良的殺戮工具──造成大量傷亡的力量，二十世紀之前的人類無從想像。再舉一個技術促成「滅族屠殺」的例子：太平洋西南的所羅門群島上，羅維安礁湖的土著以獵頭的出草行動聞名，附近島嶼的土著族群因此人口銳減。不過，我的羅維安土著朋友告訴我：直到十九世紀鋼製斧頭傳入當地後，那類獵頭出草才開始盛行。以石斧砍人的頭，非常困難，切口很快就鈍了，重新打磨是很沉悶的活兒。

更難有定論的問題是：在心理層面上，先進的技術是否使人類更容易進行「滅族屠殺」？勞倫茲就是這麼主張。他的論證如下：人類由猿類演化出來後，食性改變了，越來越依賴狩獵果腹。但是，我們的居住社群越來越大，社群成員的合作成為社群存亡的關鍵。人類於是演化出抑制殺戮衝動的本能。人類在漫長的演化史上，使用的武器有效範圍都不遠，適於近戰，因此只要我們「不忍」下手殺害面前的敵人，就足以維繫社群。使用現代武器，只需要按鈕（扣扳機），我們不必看見／看清敵人的面孔，根本不會觸動先前演化出來的抑制機制。於是，技術解放了人類的殺戮衝動（本能），勞心者（而非勞力者——「黑手」）策劃／執行的「滅族屠殺」就登場了，納粹在集中營集體處決猶太人、盟軍轟炸德國德勒斯登、美國在廣島投擲原子彈，都是著名的例子。

根據勞倫茲這個心理學論證，現代人比較容易搞「滅族屠殺」，但是我不那麼肯定。「滅族屠殺」的事例，史不絕書，現代史上不見得比較多。只不過古人沒有精良的武器，不能創造駭人聽聞的傷亡數字。為了進一步了解「滅族屠殺」，我們必須探討殺戮倫理，暫且放下日期、數字等史實。

我們的殺戮衝動幾乎一直受到道德的約束，應無庸議。令人困惑的是：殺戮衝動是怎麼解放的？今天，我們也許可以將世上的人分別為「我們」與「他們」，但是我們知道「他們」有許多類，在語言、長相、風俗習慣上，彼此不同，也與我們不同。其實我們早已從書籍與電視知道這個事實，許多人還到遠方旅行過，有直接的異文化經驗，所以正經八百地指出這個事實，似乎令人啼笑皆非。對於生活在過去的世界中的人——在十三章描述過——我們難以設身處地地想像他們的心態，但是請讀者別忘了，我們大約一萬年前才開始離開那個世界，也就是說，人類在那個世界中生活過幾百萬年，我們的基本心理機制是在那個世界中演化出來的。我們與黑猩猩、大猩猩，與社會性的肉食動物一樣，基本的生活社群是隊群，在自己的地盤上生聚教訓，不容「外人」越界。每個人所認識的世

界，既小又單純：「世上」只有幾種「他們」，就是接壤的鄰居。

舉例來說，直到最近，每個紐幾內亞部落仍然與接壤的部落，一直維持著戰和相尋的關係（戰爭—聯盟的循環）。在那裡，一個人走入另一個河谷，不是友好訪問（不見得沒有危險），就是突襲，而以「朋友」身分穿越一系列河谷的機會，幾乎等於零。對待同胞（「我們」）的社會／倫理規範，不適用於「他們」——就是那些與「我們」接壤，卻難以理解的人（？）。我在紐幾內亞調查，必須穿越許多河谷，可是大家都警告我：下一個河谷會碰上極為原始、惡毒的食人族。然而這些「友善的朋友」，離開石器時代也不過十年，他們仍保留食人習俗。即使二十世紀的芝加哥黑社會大亨，也知道雇用外地殺手到城內「執行任務」，讓那些殺手覺得「目標」是「他們」，而不是「我們」（同胞）。

在古希臘的作品中，我們可以發現這種部落地盤觀念已經擴展了。已知的世界比較大，也比較複雜，但是「我們」希臘人與「他們」野蠻人（英文barbarian）對抗的基本模式，並沒有什麼變化。希臘人所謂的barbaroi（英文barbarian的字根），本意只是「不是希臘人的陌生人」。埃及人與波斯人，文明水準與希臘人的無異，仍然算barbaroi。行為的典範，不是我心如秤、人人平等，而是袒護朋友、懲罰敵人。雅典作家贊諾芬（Xenophon, 431-352 BC，比孟子稍早）非常仰慕居魯士（Cyrus, 424-401 BC，波斯王大流士之子，曾向希臘借兵），對他致以最高的讚頌。根據贊諾芬的描述，居魯士慷慨地回報朋友，並嚴厲地報復敵人（例如挖出敵人的眼睛，砍敵人的頭）。

人類與鬣狗一樣，行為上有雙重標準：「不可傷害同胞」相對於「只要沒有風險，不妨殺害敵人」。根據這種二分法，「滅族屠殺」可也，無論這種二分法是遺傳的動物本能，或是人類獨有的倫理準則。我們都在童年學會分辨其他人的武斷判準，將人分成兩種，一種必須尊敬，一種不妨輕蔑。我還記得在紐幾內亞高地哥羅卡機場（Goroka）的一幕。我的田野助理是圖道未族的，他們穿著破裂的襯衫，光著腳，不自在地站在一個白人旁邊。那個白人鬍子沒刮、澡也沒洗，帶著濃重的澳洲口音，頭上的帽子皺得不像話。他向我走來，還沒開口嘲笑那些圖道未族呢（「那些黑鬼才不配治理這個國家呢，一百年都不成！」），我的心頭就響起了這些聲音：「你這澳洲土佬，滾回家吃羊糞吧，幹嘛在這裡現世！」瞧瞧，這就是「滅族屠殺」的張本：我蔑視那個澳洲佬，他蔑視那些圖道未族，根據的都是一眼可以看出的集體特徵。

隨著歷史的發展，以這種根深柢固的二分法（差別待遇），作倫理準則的基礎，越來越顯得不合適。而且，還興起了一股趨勢，至少口頭上承認「四海之內皆兄弟」——對待所有的人，都「吾道一以貫之」。「滅族屠殺」與「普遍倫理準則」絕不相容。（過去，「滅族屠殺」與「二元準則」相容。）

儘管不相容，無數幹下「滅族屠殺」的現代人物，對自己的「功業」卻能毫無顧忌地誇口。阿根廷的羅卡將軍無情地消滅了亞羅卡印第安人，打開了彭巴草原供白人拓墾，解決了阿根廷國史上的印第安人問題。阿根廷人感戴不已，於是選他當總統（1880-86）。今天的「滅族屠殺」者如何從倫理衝突中脫身呢？他們依賴三種讓「滅族屠殺」看來「合理」的辦法，全是同一個心理旋律的變奏：責怪被害人。

首先，大多數信奉普遍倫理準則的人，仍然認為他們有權「自衛」。這是個有用的辦法，非常有彈性，因為挑激「他們」的手段很多，可以讓他們表現出讓「我們」必須「自衛」的行為。舉例來說，塔斯馬尼亞土著在受到毀傷、綁架、強暴、謀殺之後，估計在三十四年之間殺害了一百八十三個白人拓墾者，為白人製造了「滅族屠殺」的藉口。（其實土著的死傷遠超過白人。）甚至希特勒都以「自衛」做藉口，發動第二次世界大戰：他費心布置了一個德國邊界崗哨遭到波蘭軍攻擊的事件。

背負著正確的宗教、種族或政治標籤，或自認為代表進步或文明的新境界，是第二個傳統的藉口，那些「站在錯誤的一方」的人，對他們怎麼樣都可以，包括「滅族屠殺」。一九六二年，我到慕尼黑訪問，死不悔改的納粹份子還向我解釋：二次世界大戰期間，德國軍隊侵入俄國，因為俄國人實行共產主義。他說的彷彿天經地義似的。我在紐幾內亞法克法克山，雇用了十五位土著當田野助理。我看起來，他們的長相沒有差別，但是最後他們向我解釋誰是回教徒，誰是基督徒，而基督徒（或回教徒）為什麼簡直不是人。人間的敵意，似乎有個普遍的傾向：擁有先進冶金技術的有文字族群（例如非洲的白人殖民者），蔑視牧民（土莿族，南非郭依人），牧人蔑視農民（胡圖族），農人蔑視游牧民或狩獵—採集族群（匹格米人，南非桑族）。

最後，我們的倫理準則將動物與人類分別對待。因此，現代主事「滅族屠殺」的人，例行地將遭難者比作畜生，殺害畜生怎麼會有罪？納粹把猶太人當作低於人類的虱子（吸血寄生蟲）；在阿爾及利亞的法國拓墾者，在言談間把當地的穆斯林叫做「鼠輩」；「文明的」巴拉圭人把印第安土著看作帶狂犬病病媒的老鼠；南非波爾人叫南非土著「狒狒」；奈及利亞受過教育的北方人把伊波族（Ibos）看作不配當人的寄生蟲。英語中，有許多動物名字都可以用來貶抑人類：豬、猩猩、母狗、狗雜種、牡牛、老鼠、豬玀等。

澳洲白人消滅塔斯馬尼亞原住民，以上三種口實都用上了。不過，我們美國人只消把注意力集中到一個案例上——美國白人消滅印第安人（儘管不算徹底）——就能對「合理化」的過程產生比較透澈的睿見。我們從小受的教育，就是使那段歷史顯得「合理」。我們吸收的一組態度，大致如下：

首先，我們不怎麼討論印第安人的悲劇——例如，比起二次世界大戰歐洲發生的「滅族屠殺」，討論得太少了。反而視南北戰爭為美國的國家悲劇。果真我們想起白人與印第安人的衝突了，我們卻認為那是N年以前的事，好像是上古史。同時，我們以軍事語言為那段歷史定了調，例如傷溪澗之役、征服西部等。在我們的眼中，印第安人好戰、凶暴，即使對「自己人」（其他的印第安部落）也不例外，精於伏擊，天性反覆。印第安人以野蠻行為著稱，尤其是他們獨特的折磨俘虜的方式，以及剝敵人頭皮作風。他們人數少，是過著游牧生活的獵人，特別喜歡獵野牛。一四九二年，美國的印第安人，傳統的估計一向繞著「一百萬」這個數字打轉。現在美國的人口超過兩億七千萬，「一百萬」這個數字，顯得微不足道，因此白人最後占據這塊「空曠」的大陸，顯然是天命不可違。許多印第安人死於天花和其他疾病（而不是死於白人的屠殺）。以上的態度，美國歷史上許多令人景仰的總統，自華盛頓以降，都奉為指導原則，以制定印第安人政策。

這些聽來合理的藉口，奠基於變造的歷史事實。軍事語言意味著成年男性戰鬥人員之間的堂堂對陣。實際上，白人（往往是平民）常用的戰術是偷襲，印第安村落或營地中的居民，不分男女老少，一律格殺。白人殖民美國的第一個世紀內（十六世紀），政府懸賞鼓勵半職業殺手對付印第安人，按頭皮數量計酬。當年的歐洲社會，至少與印第安社會一樣的好戰、殘暴。讀讀歷史吧，歐洲史上叛變、階級戰爭、酗酒暴力、合法地對付罪犯的殘暴手段、全面戰爭（包括毀壞農作物與財產），罄竹難書。折磨囚犯在歐洲已經發展成一門藝術，花樣不少，什麼開膛破肚、大卸八塊，火刑，拉肢刑等族繁不及備載。而北美洲印第安人在西方人登陸之前，人口究竟有多少？學者的估計言人人殊。最近提出的合理數字是一千八百萬——美國的白人在一八四〇年才達到這個數字。雖然美國有些印第安人是半游牧的獵人，也不實行農耕，美國境內的印第安人大多數以農業為生計，形成定居的村落。疾病很可能是消滅印第安人口的主凶，但是有些疾病是白人故意施放的病媒造成的，而且沒死於疾病的印第安人，可能死於白人更直接的手段。直到一九一六年，最後一位「生番」印第安人（亞益族的依夕）才死掉。消滅這個部落的白人，出版過回憶錄，以坦白的筆觸，毫無愧怍的口吻，敘述了當年的傑作，一九二三年仍能出版。

簡言之，美國人將白人對抗印第安人的故事美化了，將它想像為成年男子騎士間的戰爭，美國一方由騎兵與牛仔領軍，而對壘的印第安人則是凶猛的野牛獵人，實力強大。比較正確的描述，則是農民戰爭——一個文明的定居農民族群消滅了另一個。一八三六年，墨西哥軍隊攻陷阿拉莫，約兩百名德克薩斯人死難，成為美國兼併德克薩斯、引爆美墨戰爭（1846-48）的張本；一八九八年二月，美國海軍緬因號戰艦在哈瓦那港口爆炸下沉，死難兩百六十人，成為傳媒煽動輿論對付西班牙的藉口，四月西班牙對美宣戰，七月西班牙戰敗，美國從此成為世界強權；一九四一年十二月七日，日本偷襲珍珠港，造成兩千兩百人死亡，太平洋戰爭爆發，美國正式參與世界大戰。在課堂上，這幾個改變歷史的事件，還能引起我們的憤慨。可是這幾個死亡數字，比起我們屠殺的印第安人，簡直微不足道。事實上，我們連我們幹過那樣的事都忘了。我們重寫歷史——就像許多現代族群一樣——以化解「滅族屠殺」與「普遍倫理」之間的衝突。解決方案是：以自衛為口實，推翻倫理原則，並將受難者視為野獸，更顯得理直氣壯。

「滅族屠殺」有一個面向，對於我們防止悲劇重演，有十分實際的意義：那就是「滅族屠殺」對於殺人者、受難者與第三者的心理影響。我們重寫美國歷史，是那種心理影響的產物。最令人不解的問題，涉及「滅族屠殺」對於第三者的影響，或者，更正確的說，是「無影響」。剛開始思考這個問題的時候，你或許會認為：還有更令人驚恐的事件嗎？有意地殘殺大量人口的行動，當然會吸引公眾的注意力！事實不然。「滅族屠殺」很少吸引其他國家的公眾目光，引致外國干涉的，簡直絕無僅有。我們有誰注意過一九六四年發生在冉熱拔的屠殺（黑人屠殺穆斯林）？一九七〇年代巴拉圭發生的屠殺印第安人事件？

我們對以上兩個「滅族屠殺」以及最近幾十年發生的其他案例，都「沒有反應」，因此，在我們心頭意象鮮明的兩次「滅族屠殺」，反倒需要解釋：（第二次世界大戰）納粹屠殺猶太人，以及（第一次世界大戰）土耳其人屠殺亞美尼亞人（對大部分人來說，可能印象沒有納粹暴行來得鮮明）。這兩個事例有三個重要的面向，與我們忽視的「滅族屠殺」不同。第一，受難者是白人，其他的白人會「感同身受」；第二，凶手曾是我們（美國人）的敵人，我們受的教育鼓勵我們仇恨他們，把他們當

美國北加州亞益族印第安人最後一名倖存者，依夕。這張照片是1911年8月29日拍的，那一天他從躲了四十一年的峽谷中走出來。他的族人大部分都在1835至1870年給白人移民殺害了。1870年，十六名死裡逃生的亞益族人到深山裡躲了起來，過著狩獵—採集的生活。到了1908年11月，只有四人還活著。他們給土地測量人員撞上，居住營地給毀了，工具、衣服與儲糧全都給「沒收」了，結果只有依夕一人活了下來，他的母親、姊姊與一位老人都死了。依夕一人過了三年，直到受不了了，才出面「自首」。最後加州大學舊金山分校博物館雇用了他。1916年，依夕死於肺結核。

惡魔（尤其是納粹）；第三，美國有一些倖存者，非常善於溝通，並能動員各種資源，創造時勢，強迫我們記住他們的族人遭過的磨難。換言之，要不是一組特殊條件組成的情境，引導了第三者的注意力，特定的「滅族屠殺」事件才不會引起公眾的關心呢！

第三者漠然以對的奇異態度，也表現在政府的反應上，畢竟，政府的行動反映了集體的人類心理。一九四八年，聯合國大會通過了《反滅族屠殺公約》，宣布「滅族屠殺」是違反國際法的罪行，可是聯合國從未採取認真的對策，以防制、阻止或懲罰「滅族屠殺」的行動。事實上，孟加拉、蒲隆地、柬埔寨、巴拉圭與烏干達發生了「滅族屠殺」之初，聯合國就接獲了告發。在烏干達總統阿敏（一九七一—九在位）的恐怖統治高峰，聯合國接獲告發，秘書長卻要求阿敏自行調查。美國甚至沒有批准《反滅族屠殺公約》。

對進行中的「滅族屠殺」漠然以對，這種態度實在令人困惑，難道是因為我們不知道、或不能發現？不然。一九六〇年代、一九六七〇年代各地發生的「滅族屠殺」，許多大眾傳媒都有詳細的報導，其中有孟加拉、巴西、蒲隆地、柬埔寨、東帝汶、赤道幾內亞、印尼、黎巴嫩、巴拉圭、盧安達、蘇丹、烏干達、冉熱拔等地。（孟加拉與柬埔寨的死難人數，都達到百萬。）舉例來說，一九六八年，巴西「印第安人保護署」七百名公務員中的一百三十四位，給司法部起訴了，內政部長主持記者會，公布他們的罪行：消滅亞馬遜河流域的印第安人。起訴書長達五千多頁，列舉了他們使用的手段，包括炸藥、機槍、摻砒霜的糖，以及天花、流感、肺結核、痲疹病媒；綁架印第安人兒童當奴隸；土地開發商雇用職業殺手。起訴書的內容在美國與英國的傳媒上都披露了，可是沒有激發多少反應。

也許你因此會下結論：大多數人對於其他人遭遇的不公不義，不是毫不在意，就是覺得事不關己。這當然是理由的一部分，但是並不完整。許多人熱切地關心某些不公與不義，例如南非的種族隔離政策；可是為什麼「滅族屠殺」不能引起同樣的關切？一九七二年，蒲隆地倖存的胡圖族痛切地向「非洲國家組織」提出了這個問題（遭到土莿族屠殺的胡圖族人數，估計在八萬到二十萬之間）：「土莿族的種族隔離政策，比南非的殘暴，比葡屬幾內亞的慘無人道。在世界歷史上，除了希特勒的納粹運動，沒有比得上的。可是非洲同胞保持沉默。非洲各國領袖並接待劊子手米康柏羅（蒲隆地總統／土莿族），熱情地與他握手，待他如兄弟一般。各國的領袖閣下，如果您想幫助那密比亞、辛巴威、安哥拉、莫三鼻給與葡屬幾內亞的非洲同胞，讓他們從白人暴政下解放出來，您無權坐視非洲人謀殺非洲人……您要等到蒲隆地的胡圖族給殺光之後，才願意出聲嗎？

為了了解第三者的漠然態度，我們得了解倖存受難者的反應。心理分析家研究過「滅族屠殺」的目擊者（例如納粹猶太人集中營的倖存者）之後，把「滅族屠殺」對他們的心理影響，描述為「心理麻木」。要是親密的友人或親戚（因為自然因素）過世了，我們接到消息後，大多數人都會覺得心痛，強烈又持久。要是一個人被迫眼睜睜地看著許多親密友人與親戚遭到殘殺，我們根本就無法想像那種心靈的創痛。（痛苦如何加／乘呢？）對倖存者而言，先前不必明言的信仰系統動搖了，因為他們見識過的殘暴，在那個系統中是禁止的；他們感到羞恥——他們必然是人渣，不然，怎麼會經歷那些殘酷的事；他們倖存，自覺有罪，因為同伴都死了。強烈的肉體痛苦，會使我們麻木；強烈的心靈痛楚，也會使心理麻木：簡直沒有辦法既存活又保持靈台的清明。對我而言，我見識過這些反應，因為我有一位親戚，在納粹猶太人集中營待過兩年，後來有好幾十年，他根本就無法哭泣。

至於凶手的反應，那些相信「二元」倫理準則的人——認為「他們」與「我們」有別——也許會對自己的作為感到驕傲；但是受過「普遍倫理」薰陶的人，也許會與倖存者一樣的麻木，而罪惡感只會加重麻木的程度。在越南服役過的美國人，約有幾十萬人，也感到同樣的麻木。甚至「滅族屠殺」參與者的子女——他們沒有個人責任——都可能因為自己是「凶手一族」而愧疚不已。（「凶手一族」是「受難者集體標籤」——如「猶太人」——的鏡像。）為了減輕罪惡感，「凶手一族」的子女往往改寫歷史：請看看現代美國人的反應，或者那位否認「白人族滅塔斯馬尼亞土著」的澳洲女士。

現在我們能夠比較了解第三者的漠然態度了——對滅族屠殺「沒有反應」。親身經歷過「滅族屠殺」的受難者與凶手，心靈為之癱瘓，傷害是長期的。但是聽說「滅族屠殺」的人，儘管沒有親身經歷過，心靈上也可能留下深刻的疤痕，例如集中營倖存者的子女，或治療過集中營倖存者與越戰退伍軍人的精神分析師。精神分析師受過職業訓練，專門聆聽人類的不幸經驗，可是他們往往不能忍受「滅族屠殺」倖存者令人難受的回憶。如果職業的聆聽者都無法忍受，一般大眾要是拒絕聆聽，誰能責怪呢？

美國精神分析師立夫頓（Robert Jay Lifton）的經驗，值得讀者參考。他對極端情境的倖存者，很有經驗，可是後來他訪問廣島核爆倖存者，他的反應卻是：「……現在，別說『原子彈問題』了，我遭遇的卻是坐在我面前的人經歷過的殘酷細節。我發現，先前幾次訪談完成後，每次我都感到震驚莫名，感情枯竭。但是，很快——其實不過幾天——我就注意到我的反應改變了。我聆聽的，是對同樣的恐怖經驗的描述，但是它們對我的影響減輕了。這個經驗演示了『心靈關閉』的作用，是我無法忘懷的，我們會發現，那是『原爆』經驗所有面向的特徵……」

將來人類還會幹「滅族屠殺」的勾當嗎？我們有許多明顯的理由感到悲觀。世上不安定的地點很多，其中「滅族屠殺」的契機似乎已經成熟的，有南非、北愛爾蘭、南斯拉夫、斯利藍卡、新卡樂東尼亞（New Caledonia，澳洲以東一千五百公里，法屬地），與中東，這只是犖犖大者。極權政府若有意搞「滅族屠殺」，沒人阻止得了。現代武器讓一個人能殺的人更多，即使穿著西裝、打了領帶，依然可以殺人，甚至還能毀滅整個人類。

同時，我也看到審慎樂觀的理由，未來不必像過去一樣的殺機四伏。今天，許多國家都有多元種族／宗教／民族並存，大家生活在一起，實現社會正義的程度也許各個國家不同，但是，至少沒有發生公開的大量殺戮事件：例如瑞士、比利時、巴布亞紐幾內亞、斐濟群島，甚至依夕病逝後的美國。有些「滅族屠殺」給第三者成功地阻止、縮小規模或防止了，甚至因為預料到國際社會的反應，而改變原先的計畫。即使納粹企圖消滅猶太人（我們認為最有效率、最無法阻止的「滅族屠殺」），在丹麥、保加利亞，以及其他納粹占領的國家，遣送猶太人到集中營去的行動，在開始初期，或開始之前，就因為主流教會領袖的公開抨擊而受阻。另一個令人鼓舞的跡象，是現代旅行、電視與照片，使我們能夠看清萬里之外的其他族群，像我們一樣也是人。儘管我們譴責二十世紀的技術，使「滅族屠殺」成為可能的他們／我們之別，也因為現代技術而模糊了。在尚未開通的世界裡，以「滅族屠殺」對待異族，大家都能接受、甚至欽慕，可是現代的國際文化與對異域殊族的知識，流通很便利，因此「滅族屠殺」越來越難以自圓其說。

可是，只要我們無法忍受了解「滅族屠殺」，只要我們欺哄自己，認為只有少數變態才能幹那等事，「滅族屠殺」的風險還是會與我們同在。我承認，閱讀「滅族屠殺」的資料，要不麻木也難。我們以及我們認得的善良百姓，面對無助的人，能下得了手殺害他們嗎？難以想像。我認識很久的一個朋友，讓我幾乎能夠想像那情景；他說了一個「滅族屠殺」的故事，而他是其中的一個凶手：

卡林尼加是個溫和的圖道未人，我到紐幾內亞從事田野調查，雇用他和我一起工作。我們在一起，危疑震撼、恐懼、勝利，都經歷過，我喜歡他，也佩服他。一天早晨，我認得他五年了，他告訴我一段往事，他年輕時候的故事。圖道未部落和鄰近的大利畢村子是世仇，不知衝突過多少回了。在我看起來，他們的長相都一樣，但是卡林尼加早已認定大利畢人壞透了。大利畢人經過一連串的伏擊，成功地一個個殺掉許多圖道未人，包括卡林尼加的父親。最後，還活著的圖道未人決定孤注一擲。他們全體出動，趁夜裡包圍了大利畢村，破曉時分放火燒屋。睡眼惺忪的大利畢人從著火的屋子裡跑出來，踉蹌地下台階，迎著他們的是圖道未人的長矛。有些大利畢人逃到林子裡躲藏，圖道未人追到林子裡，幾個星期後，大部分逃掉的都被殺了。但是澳洲政府在紐幾內亞掌握了實權後，圖道未人的追獵行動只好停下。那時卡林尼加還沒找到殺父仇人。

那一夜起，我經常一想起那場屠殺的細節就全身發顫——卡林尼加告訴我這個故事的時候，眼睛放射的光芒；他最後將長矛插入幾個滅族仇人的身體裡，感到強烈快感的時刻；他憤怒又沮喪的淚水，因為殺父仇人逃脫了，現在他還希望有一天能以毒藥殺死他。那天晚上，我想我了解（至少）一個好人怎麼會成為殺人凶手的。卡林尼加為情勢所迫，幹下了「滅族屠殺」，這種潛能人人都有。隨著世界人口的增長，社會間與社會中的衝突更為尖銳，人類相互廝殺的慾望升高，更多的精良武器可用。傾聽幹過「滅族屠殺」的人現身說法，是難以忍受的痛苦經驗。但是，如果我們拒絕面對它、了解它，總有一天會輪到我們當凶手，或者受難者。

part 5

日中則仄

我們這個物種(智人)目前以人口論、以地理分布論、以掌握的力量論、以支配的地球產值論，都處於全盛時期。那是好消息。壞消息是：我們也正在逆轉進步的進程，速度非常快，不僅沖銷了目前的進步發展，還侵蝕了往日的業績。我們掌握的力量威脅了我們的生存。我們不知道我們的結局是一場突然發生的熱爆(核子戰爭)，還是漫長的老牛拖破車過程，因為無力因應長短期環境問題而陷入不可逆的衰敗結局，大氣升溫、汙染、棲境破壞、人口爆炸引起的糧食不足、糧食生產不足造成的饑荒、食物鏈中關鍵物種給消滅導致的食物資源鋭減，都把我們引入那個死胡同。這些危機是新鮮事嗎？流行的意見認為：它們是工業革命之後的玩意，是嗎？

大家都相信：在自然狀態中，物種與物種，以及物種與環境，都保持平衡的關係。獵食者不會對獵物趕盡殺絕，草食動物也不會過度消耗植被。根據這個觀點，人類是唯一的例外，不懂「平衡」為何物。果真這個觀點是對的，大自然就沒有值得我們學習的地方了。

這個觀點當然有見地，以物種滅絕而言，在自然狀態中滅絕的速度怎麼都比不上現在人類造成的滅絕，只有極少的情況是例外。這種極少的情況，可以舉六千五百萬年前的大滅絕當例子，那一次可能是一顆天外流星造成的，恐龍時代因此結束了。由於演化過程中物種分化的速率非常緩慢，自然滅絕的速率也必然非常緩慢，否則地球上的物種早就死絕了。用另一種方式説，比較脆弱的物種很快就給剪除了，在自然中持續生存很久的，都是非常強韌的物種。

不過，那個一般的結論，在物種滅絕方面，仍然給了我們許多有啟發性的例子。幾乎所有已知的例子，都有兩個成分。第一、例子中都有（一種或多種）物種進入了從來沒有到過的環境，那裡原先的物種是入侵物種的獵物，可是卻不知如何應付新出現的獵食獸。一旦生態系中塵埃落定，就會達到一個新的平衡，新發現的獵物中也許就有一些絕種了。第二、在新環境中滅絕其他物種的獵食獸，都是所謂的「轉轍獵食者」（switching predators），不只依賴一種獵物維生。雖然這類獵食獸滅絕了一些獵物物種，但是牠們能夠「與『食』變化」，以其他物種維生。

這樣的滅絕往往是人類有意或無意將物種輸入新地點造成的。老鼠、貓、山羊、豬、螞蟻，甚至蛇，都是「殺手移民」（外來的殺手）。舉例來說，二次世界大戰期間，澳洲原產的一種樹蛇無意中上了一艘船或飛機，給運到先前沒有蛇的關島。結果，關島上的林鳥滅絕了，或處於滅絕的邊緣，因為牠們沒有時間演化出防禦措施。不過這種樹蛇並沒有「吾與汝偕亡」，因為鼠輩、樹鼩、蜥蜴都可以當作食物。再舉一例，白人帶到澳洲的貓與狐，先以澳洲土產的小型有袋類與鼠輩維生，吃完了之後，再找兔子和其他的獵物，仍然活得好好的。

我們人類是「轉轍獵食者」最好的例子。我們什麼都吃，什麼蝸牛、海草、鯨魚、蕈類（真菌），以及草莓，一律歡迎。任何物種我們看上了，都不妨大吃特吃，趕盡殺絕後，變換口味也可。因此，每一次人類侵入一個先前沒有居住過的土地，都會引發一波生物滅絕。多多鳥已經成為「絕種」的同義詞，牠是印度洋中模里西斯島上的「原住民」。自從一五〇七年西方人登上模里西斯後，島上陸鳥與水鳥已經滅絕了一半。多多鳥身材大、可食用、不會飛，飢餓的水手容易捕捉。夏威夷的鳥類，也遭到同樣的命運，自從一千五百年前波里尼西亞人登陸後，就大量滅絕了。一萬一千年前，美洲印第安人的祖先進入新大陸後，美洲的大型哺乳類就大量滅絕。在人類已經生活很久的「老地方」，狩獵技術若有重大突破，也會引發滅絕浪潮。舉例來說，阿拉伯羚羊（Arabian oryx）是一種美麗的羚羊，在阿拉伯半島的沙漠中已經生活了一百萬年，儘管早就是人類狩獵的對象，直到一九七二年才成為瀕臨絕種的動物，禍首是威力強大的來福槍。

因此，不知節制地將某一特定獵物逼進絕種境地，然後「轉轍」，以其他物種維生，不是人類的專利，在動物界有許多先例。那麼，動物族群會不會為了生存，反而破壞了整個資源基礎，把「前途」也吃下肚了？動物界有沒有這種先例呢？這樣的結果並不尋常，因為動物族群的數量受許多因素的調節，要是數量太大，死亡率會上升；數量太低，出生率會上升。舉例來說，調節死亡率的外在因素，如獵食者、疾病、寄生蟲與飢荒等等，會與族群密度成正比。而族群密度升高後，也會觸發動物的反應，例如殺嬰、繁殖異常，與暴力傾向升高。這些反應與外在因素，通常會降低族群數量（與密度），在資源耗盡之前，整個族群對於資源的壓力就紓解了。

然而，有些動物族群真的把自己的前途「吃」掉了——牠們不停地吃，於是滅絕了。一個例子是一九四四年帶到聖馬太島上（白令海）的二十九頭馴鹿。到了一九六三年，牠們已經繁殖到了六千頭。但是馴鹿以地衣維生，而地衣是真菌與綠藻（或藍綠菌）的共生體，生長非常緩慢。大陸上的草食動物通常以遷徙方式讓牧場休養生息，可是這一招在聖馬太島上不管用。一九六三—四年冬季，氣候特別嚴寒，馴鹿找不到食物吃，禁受不起，最後只剩下四十一頭雌性，外加一頭沒有生育能力的雄性，以及遍布全島的馴鹿屍體——這個族群註定了滅亡的命運。另一個相似的例子，是本世紀初引入利辛斯基島（夏威夷島西部）的兔子。在十年之內，兔子將島上的植被都吃盡了，只剩下兩株牽牛，一小片菸草——以及餓死的兔屍。

「生態自殺」的例子，當然不只上述兩個，共同的特點是：原先控制族群數量的機制突然「消失」了。馴鹿與兔子的數量，通常受獵食者的制衡，而馴鹿在大陸上，可以用遷徙當安全瓣，讓經過啃嚼的「牧場」休養生息。但是聖馬太島與利辛斯基島都沒有獵食者，遷徙又不可能，所以動物的繁殖與進食都沒有受到制衡。

我們仔細考慮之後，可以看出：過去約束人口成長的因素，近來人類已經成功地擺脫了。很久以前，人類就不受獵食獸的威脅了；二十世紀醫學又大大降低了傳染病的威脅；我們控制人口數量的主要「行為技術」——如殺嬰、長期戰爭、禁慾等——大眾越來越不支持。現在，人類的人口每三十五年增加一倍。我們承認，比起聖馬太島上的馴鹿，這個增長率並不快。地球島比聖馬太島大，我們的資源有些比地衣有彈性（不過其他的資源——例如石油——彈性就沒有那麼大了）。但是，在本質上，我們的結論仍是一樣：沒有一個生物族群可以無限期地繁殖下去。

因此，我們現在的生態困境，動物界有許多具體而微的例子。我們與許多「轉輾獵食者」一樣，進入新的棲境殖民，或練就了新的毀滅本領，我們捕獵的一些物種就會滅絕。一些動物族群，一旦突然擺脫了先前的約制，數量就會迅速增加，資源因而破壞，整個族群滅絕，我們也面臨了相同的風險。那麼，有人認為我們一向都能與自然和諧相處，這種關係一直維持到（十八世紀末）工業革命，我們大量毀滅物種，過度開發環境，都是最近兩百多年的事，是真的嗎？本書最後三章，就要討論那個盧梭式的幻想。

首先，我們要仔細地檢驗大家對於「先前存在過一個『黃金時代』」的信念。人們相信在那個「黃金時代」中，人類過得像盧梭歌頌過的「高貴的野蠻人」一樣，與自然維持著十分和諧的關係，實踐「斧斤以時入山林」之類的環保倫理。實際上，在最近的一萬年間，人類的「生存空間」每一次擴張，都「巧合」生物大滅絕。在更早的時候，可能也是那樣。人類對那些滅絕事件的直接責任，在最近的擴張中最明顯，證據仍然「新鮮」得很：歐洲人自一四九二年以來的全球擴張，以及稍早波里尼西亞人與馬拉加西人殖民大洋中的海島。更早些的事例，如人類首次進入美洲與澳洲，也發生了大滅絕，不過證據多少已經湮滅，所以因果關係不易令人信服地建立起來。

不只我們的「黃金時代」觀念給大滅絕玷汙了。我們還發現：有一些小島上的人類族群也無法永續經營下去，雖然較大的族群還沒有遭到同樣命運的例子，可是許多大族群已經破壞了他們的資源，瀕於經濟崩潰的邊緣。最明確的例子，來自孤立的文化，例如復活節島（南半球東太平洋）與安納沙西文明（美國西南／科羅拉多高原／西元十一世紀）。但是環境因素也驅動了西方文明的主要轉折，包括中東、希臘、羅馬霸權的相繼崩潰。因此濫用環境、走上自毀之路，不是現代人發明的戲碼，而是人類史上源遠流長的原動力。

然後我們對「黃金時代大滅絕」中，規模最大、最戲劇性、最富爭議的一個，更仔細地檢視一番。大約在一萬一千年以前，北美洲與南美洲兩塊大陸上，幾乎所有大型哺乳類都滅絕了。大約也在那時，人類——美洲印第安人的祖先——定居美洲的證據，鐵案如山。自從一百多萬年前，直立人離開非洲到歐亞大陸殖民，這是人類地盤最大的一次擴張。最早的美洲人與最後的美洲大型哺乳類，在時間上的巧合；同時，世上其他地區並沒有發生類似的大滅絕；有些現在已經滅絕的野獸，當年是人類獵殺的對象，證據確鑿。一些學者根據以上三點提出了「新世界閃電戰」假說。他們認為：第一批進入美洲的人類獵人，一面繁殖，一面從北美向南美南端推進，一路上他們遇見的大型哺乳類，過去從來沒有見過人類，根本不知如何應付人類。人類獵殺那些大型獸，得心應手，因此造成牠們的滅絕。雖然批評這個假說的學者，至少數量與支持的學者相當，我們會讓讀者了解這個辯論的意義。

「人類消滅的物種，究竟有多少？」這是我們最後要討論的問題。我們會從證據確鑿的案例談起。許多物種是現代滅絕的，而且有明確的紀錄，我們徹底搜查過牠們的後裔，因此可以確定牠們的確滅絕了。然後，有三個我們不甚確定的數量，得估計一番：一，我們已有好久沒見過的現代物種，牠們在任何人注意到之前，已經滅絕了；二，科學界還沒「發現」與命名的現代物種；三，現代科學興起之前，人類消滅的物種。那個背景能讓我們評定：我們消滅物種的主要機制，以及人類在我兒子有生之年可能消滅的物種數量——如果目前的速率不變的話。

chapter

17 天人合一的迷思與理念

我的族人認為：地球上每個地方都是神聖的。每一根閃亮的松針、每一片沙灘、黑暗的森林中每一片薄霧、每一個嗡嗡的昆蟲，在我族人的記憶與經驗中，都是神聖的。……白人……是夜裡來的陌生人，從土地上攫取任何他需要的東西。地球不是他的兄弟，而是敵人……繼續汙染你的床，遲早有一天夜裡，你會在自己的廢物中窒息。

——一八五五年美國印第安人度瓦尼許部落西雅圖酋長寫給美國總統皮爾士（1853-7在位）的信

工業社會對世界的傷害，使環保人士痛心疾首，往往會把過去看作「黃金時代」。歐洲人到美洲殖民之初，空氣與河流都很純淨，大地是綠油油的，大平原（北美西部／洛磯山以東／北緯一百度以西）上布滿野牛。今天，我們呼吸煙塵，擔心飲用水中的有毒化學產品，大地上鋪滿高速公路，很少見到任何大型野獸。未來情況只會惡化。等到我的孩子到了退休的年紀，世界上一半的物種都會滅絕，空氣中有放射線，海洋遭到原油汙染。

無疑地，目前我們越來越糟的爛攤子，兩個簡單的理由就足以令人思過半矣：現代技術的破壞力量大得太多了，過去的石斧瞠乎其後；現代世界的人口太多了。但是也許還有第三個因素：態度的轉變。與現代城市居民相比，工業興起之前至少有一些族群——像度瓦尼許部落——靠地方環境吃飯，因此對生活周遭的環境，保持敬意。有許多故事告訴我們：這些族群實際上過著非常「環保」的日子。一位紐幾內亞部落居民有一次向我解釋：「如果一個獵人某一天朝某個方向出發，途中獵殺了一隻鴿子，他下次要獵鴿子的話，會等一個星期，然後朝相反的方向出發。這是我們的習俗。」對於所謂的原始族群，他們的「環保政策」究竟有多麼世故與成熟，我們才剛開始了解。舉例來說，心懷善意的外國專家，已經在非洲把大片的土地轉變成沙漠了。在那些區域，世居的牧民在當地不知已經繁衍過多少幾千年了，他們每一年都會趕著牲口遷徙牧場（游牧），讓牧草休養生息。

直到最近，大多數我的環保同事和我，都有濃郁的懷舊心情，人類在許多方面都會將過去視為「黃金時代」，環保也不例外。十八世紀的法國哲學家盧梭（1712-78），是這種觀點的著名倡導者，他的《人類不平等起源論》（1755）批判「啟蒙」哲學，認為奠基於競爭與科學的文化是萬惡之源，歌頌在「黃金時代」人類自然流露的善與相互尊重，他把隨處可見的人類悲慘、不幸情境，都歸咎於人類的墮落。於是從「黃金時代」到現代的歷史，是個退化的過程。十八世紀的歐洲探險家，在世界各地遇見了許多尚未進入工業時代的族群，例如波里尼西亞人與美洲印第安人；在巴黎上流社會的沙龍裡，往往想像他們是「高貴的野蠻人」，仍然生活在「黃金時代」裡，沒有受到文明的詛咒——如不容忍宗教異己、政治暴政與社會不公。

甚至現在，還有人相信古典希臘、羅馬時代是西方文明史的「黃金時代」。諷刺的是，希臘人與羅馬人自認為是「墮落的人」，他們也相信更早的時候有過一個「黃金時代」。即使在半清醒的狀態中，在高一拉丁文課記熟的羅馬詩人奧維德（西元一世紀）的詩句，我仍能背誦：「首先，是『黃金時代』，那時的人誠實又正直……」然後奧維德將那些德行與他的時代對比——一個背叛、不義與戰爭猖獗的時代。我相信，要是二十二世紀的放射湯中還有人活著，他們也會以懷舊的心情刻劃我們這個時代，在他們看來，我們這個時代當然還沒有他們的麻煩。

正因為大眾普遍對「過去有過一個『黃金時代』」深信不疑，最近一些考古學家與古生物學家的發現，才令人覺得震驚。現在真相大白，工業革命以前的社會，幾千年來一直在消滅物種、摧毀棲境、破壞自己的生存。有詳細紀錄的事例中，有些是波里尼西亞土著與美洲土著的故事——正是環保人士最常引用，以為環保典範的族群。用不著說，這一「修正觀點」已經引起了軒然大波，不僅蛋頭學者熱烈辯論，在夏威夷、紐西蘭等地——波里尼西亞土著與美洲土著在人口中占相當數量——一般人也在辯論。新「發現」只不過是包裹著科學外衣的種族偏見？（白人移民為土著族群羅織罪名，粉飾白人剝奪土著家園的行為與歷史。）新「發現」與現代「原始」族群保護環境的證據可有衝突？如果新「發現」無懈可擊，我們能不能用來當作歷史案例，協助預測我們目前的環境政策可能為我們招致的命運？一些古代文明以崩潰收場，一直沒有合理的解釋，例如復活節島（波里尼西亞土著）或馬雅（美洲土著）文明，最近的發現可以解釋嗎？

為了答覆這些頗有爭議的問題，我們首先必須弄清楚：環保人士對「過去有過一個『黃金時代』」的信仰，是虛幻不實的。為什麼？我們先來檢視過去發生過一波又一波生物滅絕事件的證據，以及古代族群破壞棲境的證據。

一八〇〇年左右，英國殖民者開始到紐西蘭拓墾，他們沒有發現陸棲哺乳類，蝙蝠是那裡唯一的哺乳類。那並不令人驚訝：紐西蘭是個遙遠的島嶼，距離大洲太遠，哺乳類除非長了翅膀，不然絕對到不了。不過，白人移民的犁，從地下翻出了鳥骨與蛋殼，那是一種已經滅絕了的大型鳥，紐西蘭土著毛利人（一種波里尼西亞人）還記得牠們叫做 moa（恐鳥）。有些骨架非常「現代」，因為還連皮帶羽的。從一些完整的骨架，我們能夠知道這種鳥生前的長相：牠們類似鴕鳥，共有十二個物種，小的「不過」九十公分高、十八公斤重，最大的高達三公尺、體重二二六公斤。牠們的食性，可以從保存下來的嗉囊內容推斷，學者鑑定出幾十種植物的枝、葉，顯示牠們是素食動物。過去，這些鳥類在紐西蘭生態系中，扮演著大型哺乳類草食動物的角色，如鹿、羚羊。

雖然恐鳥是紐西蘭最著名的滅絕鳥類，從化石中還鑑定出了許多其他的物種，總之，在歐洲人登陸之前，至少有二十八種鳥滅絕了。除了恐鳥，還有不少陸鳥（不會飛的鳥），如鴨、水鴨、鵝，共同特點是體型巨大。這些不會飛的鳥類，都是從飛臨紐西蘭的祖先演化出來的，由於紐西蘭沒有獵食獸（哺乳類），在地面上生活沒有安全顧慮，因此飛鳥可以放棄過於消耗能量的飛行肌肉。其他的滅絕鳥類都會飛，如塘鵝、天鵝、大烏鴉、體型巨大的鷹。那種鷹體重十三公斤，是世上體型最大的鷹，也是空中最可怕的獵食鳥。即使今天美洲最大的鷹——熱帶的酷鷹（harpy eagle）——也相形見絀。當年，紐西蘭唯一有能力獵食恐鳥的動物，就是這種巨鷹了。雖然有些恐鳥體重是這種鷹的二十倍，這種鷹仍有機會殺死恐鳥，因為恐鳥以兩腿直立在地上，攻擊牠們的腿，使牠們倒地，再攻擊頭、長頸，就可以殺死牠們了。然後巨鷹就可以好整以暇地進食，好幾天都不用再找食物了，就像獅子殺死了一頭長頸鹿一樣。地下發現許多無頭恐鳥骨架，也許就是巨鷹的傑作。

以上我討論的是紐西蘭滅絕的大型動物。但是古生物學家也發現了小動物的化石，大概是大鼠或小鼠那麼大的。在地面上活動的，至少有三種鳴鳥（不會飛或不怎麼會飛）、幾種青蛙、巨型蝸牛、許多類似蟋蟀的巨型昆蟲（體重有的可達小鼠的兩倍），和類似小鼠的奇異蝙蝠（牠們會捲起翅膀在地面上跑）。這些小動物，有的在歐洲人抵達之前就滅絕了；其他的在離島上可以發現，不過化石顯示牠們在紐西蘭生存過。整體而言，這些已經滅絕的動物，是在與世隔離的情況下演化出來的，在紐西蘭生態系中，地位相當於大陸上（無法來到紐西蘭）的哺乳類：恐鳥↓鹿，不會飛的鵝與水鴨↓兔子，大蟋蟀／小鳴鳥／蝙蝠↓鼠輩，巨鷹↓獵豹。

化石與生化證據顯示：恐鳥的祖先在幾百萬年前抵達紐西蘭。在紐西蘭生養了那麼久之後，恐鳥什麼時候滅絕的？為什麼？什麼樣的災難會幹掉那麼多不同的物種：如蟋蟀、鷹、鴨與恐鳥？特別是，毛利人的祖先在西元一千年左右登陸紐西蘭，這些奇異的生物那時還活著嗎？

一九六六年我第一次訪問紐西蘭，當年大家都認為恐鳥是因為氣候變遷而滅絕的，毛利人抵達的時候，剩下的恐鳥種已極為有限。紐西蘭人深信：毛利人懂得永續經營的道理，不是滅絕恐鳥的凶手。毫無疑問地，毛利人——與其他的波里尼西亞族群一樣——使用石器，以農耕或漁撈維生，並沒有現代工業社會的毀滅力量。大家假定：毛利人最多只能對已經瀕於絕種的族群施以最後一擊。但是三組發現拆穿了這個信念。

第一、紐西蘭在上一次冰河期間，大部分地區覆蓋了冰河或凍原。冰期直到一萬年前才結束，此後紐西蘭的氣候變得非常適於生物生存，氣溫溫和，布滿大片的壯麗森林。最後死亡的恐鳥，嗉囊中塞滿了食物，享受幾萬年來最好的氣候。

第二、從毛利人遺址出土的鳥類骨骸（無論毛利人遺跡，還是鳥骨，都可以用碳十四法測定年代），證明毛利人來到紐西蘭的時候，所有已知恐鳥都還存在，而且數量很大。現在已經滅絕的鵝、鴨、天鵝、鷹，以及其他只有化石可供憑弔的鳥類，也一樣。在幾個世紀之內，恐鳥與大多數那些其他的鳥類，就全部死翹翹了。幾十種動物棲息在紐西蘭幾百萬年，然後「有志一同」地在人類登陸之後「駕鶴歸西」，未免太過巧合了吧？

最後，考古學家發現的大型遺址，已經超過一百個，有些可達十幾公頃——毛利人剞剝了大量恐鳥，以土灶烹煮，丟下滿地碎骨。恐鳥肉可吃，皮可製衣，骨可製作骨器，例如魚鉤、裝飾品，卵殼可當盛水器。在十九世紀，從這些遺址挖出的恐鳥骨，車載斗量，不可勝數。毛利恐鳥獵人遺址出土的恐鳥骨，估計代表十萬到五十萬個個體——紐西蘭在任何時候，恐鳥族群可能都不到那個數字的十分之一。毛利人獵殺恐鳥，怕不下好幾個世代。

因此，現在已經很清楚了：毛利人消滅了恐鳥，手段至少有三種，一是直接獵殺，一是偷卵，再來就可能是毛利人破壞了恐鳥的棲境。到過紐西蘭遠足的人，一定會覺得這個結論難以置信。你見過紐西蘭（南島）菲歐德蘭（Fiordland）國家公園的旅遊海報嗎？那兒的深谷，壁立三千公尺，年降雨量一百二十公分，冬季長又嚴酷。在那裡，即使是今天的職業獵人，配備望遠鏡來福槍、搭乘直升機，也無法控制山區的鹿群數量。那麼，住在紐西蘭南島與史都華島的上千個毛利人，手上只有石斧、木棒，又無交通工具，能把所有恐鳥都滅了？

但是，鹿與恐鳥有很重要的差別。鹿逃避人類獵人，不知已有幾萬代的經驗，可是恐鳥從未見過人類，直到毛利人登陸。當年恐鳥初遇毛利人，可能非常「天真爛漫」，就像今天加拉巴哥斯群島上的動物一樣，毛利人大概只需要走上前去，揮棒一擊，就得手了。也許恐鳥的生殖率也與鹿不同，由於恐鳥生殖率太低了，只消幾個獵人每隔幾年到山谷裡搜獵一番，恐鳥的生殖率就趕不上了。紐幾內亞今天還存活的最大哺乳類土著——一種樹棲袋鼠（生活在內地的比灣尼山脈）——面臨的正是這個問題。在有人居住的地區，這種袋鼠在夜間活動，極其「害羞」，又生活在樹上，所以比恐鳥難獵多了。而比灣尼土著人口也不多。儘管如此，三不五時的成功獵殺——一組獵人每幾年造訪一個山谷一次——也足以將牠們逼入絕種的境地。由於我有這個經驗，所以我不難理解恐鳥遭到的命運。

不只恐鳥，毛利人到達紐西蘭的時候，其他現在已經滅絕的鳥類都還活著。幾個世紀後，大部分都掛了。其中身材比較大的——天鵝、塘鵝以及不會飛的鵝與水鴨——無疑是獵去當食物。至於巨鷹，毛利人可能是為了自衛才出手的。想想看，那種鷹精於獵殺一到三公尺高的兩足獵物，突然見到不滿兩公尺的毛利人，會做什麼？即使在今天，滿州獵鷹攻擊主人致死的事例，仍偶有所聞，滿州獵鷹與紐西蘭巨鷹比較起來，無異小巫見大巫，何況紐西蘭巨鷹早已練就對付兩足直立動物的本領。

不過，紐西蘭的土著蟋蟀、蝸牛、鷦鷯等小動物也都迅速滅絕了，毛利人自衛或覓食，都無法解釋。為什麼那些物種中有那麼多滅絕了，有的整個滅絕，有的只倖存於離島上？砍伐森林也許是部分原因，但是主要因素是：毛利人有意或無意帶到紐西蘭的獵食者：老鼠！就像恐鳥一樣，在沒有人跡的島嶼上演化，乍遇人類後束手無策，同樣的道理也適用於那些小動物，牠們從未對付過老鼠，遇上老鼠後，當然擋者披靡。我們知道夏威夷和其他先前沒有老鼠的海洋島嶼，許多土著鳥種在近代滅絕了，元凶是歐洲人帶來的老鼠。舉例來說，一九六二年老鼠終於登上了紐西蘭離島大南角，三年內就把八種鳥、一種蝙蝠消滅了，或數量銳減。難怪許多紐西蘭土著動物，今天只能在沒有老鼠的離島見到。毛利人帶到紐西蘭的鼠輩，勢如破竹、銳不可擋，那些離島成了庇護土著動物的桃花源。

因此，當年毛利人登陸紐西蘭，走進了一個奇異的生物世界，其中的動物非常奇特，要不是牠們的化石明明可知、無可推諉，我們大概會指斥為科幻奇想。大概等到我們登陸另一個有生命的星球，才能領略當年毛利人的感受吧。（即使地球上的生命重新演化一遍，也不會重演原來的戲碼。）在很短的時間之內，毛利人發現的奇異世界就崩潰了，劫餘者等到歐洲人來了之後，又遭遇了第二次浩劫。結果，當年目擊毛利人登陸的鳥種，只剩一半仍有後裔生活在今天的紐西蘭，而且其中有許多不是瀕臨絕種，就是只生活在離島上。幾個世紀的獵殺，就足以終結幾百萬年的恐鳥演化史。

紐西蘭並不是孤例，考古學家最近發掘過的所有其他遙遠的太平洋島嶼，都在最早的移民遺址中，發現了許多現在已經滅絕了的鳥種，證明鳥類滅絕與人類移民似乎有關。美國史密森學院的古生物學家奧森與詹姆士（Storrs Olson & Helen James），在夏威夷群島的主要島嶼上，都發現了滅絕的鳥類，牠們滅絕的時候，正當波里尼西亞族群開始殖民各島，大約是西元五百年左右。化石中有些彩羽鳴鳥，與今天仍存在的鳥種有親緣關係，此外還有長相奇特、不會飛行的鵝與朱鷺，牠們根本沒有親戚還活在世上。夏威夷在歐洲人登陸後，鳥類大量滅絕，成為「現代（白）人破壞環境」的重要案例，所以沒有人注意到早先的滅絕浪潮。一九八二年，奧森與詹姆士發表報告，指出：在白人抵達之前，夏威夷的鳥類，至少有五十種已經滅絕了。這真是一個驚人的數字——接近目前北美洲鳥種的十分之一！當然，那五十種鳥不全然葬送在人類的五臟廟中。鵝也許是因為人類獵殺而絕種的，就像恐鳥一樣，但是小鳴鳥滅絕可能是老鼠的傑作，牠們隨著最早登陸的夏威夷人而來，或是夏威夷土著砍伐森林、開闢農地的結果。早期波里尼西亞遺址中，有同樣發現（滅絕的鳥種）的地方，還有大溪地、斐濟群島、東加、新卡勒東尼亞、馬克色斯（Marquesas）群島、卡潭（Chatham）群島、庫克群島、所羅門群島、俾斯麥群島。

鳥類與波里尼西亞人的「碰撞」，特別有趣的一次發生在亨得森島上。亨得森島是赤道太平洋上非常孤絕的一小塊陸地，位於辟坎島之東兩百公里，而辟坎島也是以孤絕聞名。（記得《叛艦喋血記》這部真人實事的電影嗎？一七八九年四月——法國大革命爆發前三個月——英國軍艦邦梯號正在南太平洋上，大副帶著船員叛變，在辟坎島一躲十八年，沒有人找到他們。）亨得森島是珊瑚礁島，島上覆蓋著叢林，地面布滿裂縫，不適農耕。自然啦，這個島現在無人居住，事實上，自從一六〇六年歐洲人發現了這個島，就沒人在島上住過。所以這個島以「純潔」聞名於世，許多人認為它從未給人類（文明）玷汙過。

因此奧森與同事斯德曼（David Steadman）最近在亨得森島上的發現，讓許多人都吃了一驚。他們發現：亨得森島上有幾種鳥，大約八百年到五百年前滅絕了，其中有兩種大型鴿子、一種較小的鴿子與三種海鳥。這六種鳥或牠們的親戚，在許多（有人居住的）波里尼西亞海島上的考古遺址中已經發現過，學者很清楚牠們在那裡是怎麼滅絕的。亨得森島是無人島，看來也不適於居住，可是島上卻發現了波里尼西亞人的遺址，找到數百件文化遺物，證明波里尼西亞人在島上生活過幾百年。在那些遺址出土的鳥骨，除了已經滅絕的六種，還發現了現在仍存在的鳥種，另有許多魚骨。

因此，當年到亨得森島殖民的波里尼西亞人，以鴿子、海鳥和魚維生，直到他們毀滅了島上的鳥類族群——也毀掉了自己的食物供應。他們的下場，可能是餓死，或棄島而去。太平洋至少還有十一個「神祕島嶼」，歐洲人發現的時候空無一人，但是考古發掘揭露了先前波里尼西亞人占居過的事實。有些島波里尼西亞人住過幾百年。這些島都很小，或者不適農耕，人類移民非常依賴鳥類或其他動物資源維生。早期的波里尼西亞人過度利用野生動物的證據，處處可見，因此亨得森島與其他的「神祕島嶼」，也許代表的是「墳場」，埋的是摧毀自己資源基礎的人類族群。

那麼，是不是波里尼西亞人有什麼獨特之處，才會成為工業興起前的「滅絕族群」？我不希望讀者得到這個印象，讓我們越過半個地球，到世界第四大島——馬達加斯加——去看看。馬達加斯加在印度洋中，位於非洲東岸。葡萄牙人大約在西元一五〇〇年到達非洲東岸，他們發現馬達加斯加已經有人占居了，現在叫做馬拉加西人。從地理上看來，也許你會以為他們的語言與非洲的語言相近，畢竟非洲大陸在西邊不過三百二十來公里。令人驚訝的是，事實上馬拉加西語和——東北向幾千公里開外的印度洋另一端——婆羅洲（印度尼西亞）的語言是同一族。體質上，馬拉加西人的長相，從典型的印尼人到典型的東非人都有。這些弔詭之處，是因為印度尼西亞商人沿著印度洋海岸線航行到印度，最後到達非洲東部的結果。馬拉加西人在兩千年前到一千年前之間到達馬達加斯加，他們建立了一個社會，經濟基礎是放牧牛、山羊，養豬，農耕，漁撈以及與東非的貿易——由穆斯林商人控制。

與馬達加斯加的人一樣有趣的，是島上的野生動物——以及島上沒有的動物。在鄰近的非洲大陸上，許多體型大而顯著的野獸奔馳地面，白天活動，數量龐大，如羚羊、鴕鳥、斑馬、狒狒與獅子——全是東非旅遊的賣點。馬達加斯加沒有那些動物，連牠們的遠親都找不到，至少從歐洲人登陸迄今，都沒發現過。馬達加斯加與東非之間的海峽——三百二十來公里寬的莫三鼻給海峽——成功地攔阻了那些動物，澳洲有袋類也因為大海阻隔，沒到過紐西蘭。可是馬達加斯加有二十四種狐猴——體型小、類似猴子的靈長類。牠們體重不滿十公斤，大多數在夜間活動、棲息在樹上。還有各種鼠輩、蝙蝠、食蟻獸與貓鼬的親戚，最大的體重也不過十一．三公斤。

但是，馬達加斯加海灘上，到處都可以撿到鳥蛋殼碎片，拼湊起來每個蛋都有足球那麼大，表示島上有巨鳥生存過。最後，不但下蛋的鳥的化石找到了，還揭露了一個不可思議的動物世界，其中有許多奇特的巨型哺乳類與爬行類——全都消失了。生產巨蛋的鳥有六種，都不會飛，身高達三公尺，體重四百五十公斤，與恐鳥與鴕鳥相似，但是身材更魁梧，因此取名為象鳥。爬行類是兩種巨型陸龜，光是殼就有九十公分長，從化石的數量推斷，當年牠們在馬達加斯加一定是常見的動物。種類比巨鳥與巨龜更多的是狐猴，共十二種，有的體型可與大猩猩媲美，與現生狐猴中體型最大的相比，牠們都不至於輸陣。由於牠們的眼眶都很小——相對於頭骨而言——牠們可能（大部分）都在白天活動，而不是晚上。（按：夜間活動的物種，需要大眼睛。）牠們有些生活在地面上，和狒狒相似，其他的樹棲，比較像紅毛猩猩與澳洲無尾熊。

歎為觀止罷？別忙，還沒完，馬達加斯加的化石中，還有一種「矮」河馬（牛那麼大）、一種土豬（aardvark，與鬣狗有親緣關係）、一種像短腿美洲獅的肉食動物（與貓鼬有親緣關係）。整體看來，這些已經滅絕的大型動物，當年在馬達加斯加扮演的生態角色，與非洲野生動物公園中讓觀光客趨之若鶩的那些野獸相當——記得紐西蘭的恐鳥以及其他的奇異鳥類嗎？烏龜、象鳥與「矮」河馬相當於羚羊與斑馬（草食獸）；狐猴相當於狒狒與大猩猩；與貓鼬有關的肉食獸，相當於獵豹或具體而微的獅子。

這些巨大的哺乳類、爬行類與鳥類究竟招惹了什麼瘟神？我們可以肯定：牠們至少有一些曾讓初臨本島的馬拉加西人大開眼界。他們以象鳥卵殼當水容器，他們的垃圾堆中可以找到「矮」河馬與另外一些動物的殘羹剩骨。此外，所有其他滅絕動物的化石，出土遺址的年代都不過幾千年前。因為牠們必然熬過了幾百萬年的演化與繁衍，不大可能有志一同地在飢餓的人類登陸之前看破紅塵、齊歸道山。事實上，歐洲人登臨馬達加斯加的時候，牠們有一些可能還生存在島上人跡罕至的角落裡，因為十七世紀有人向法國總督福拉可（Flacourt）描述一種動物，像是體型與大猩猩一樣的狐猴。象鳥也許苟延殘喘了很長一段時間，所以印度洋的阿拉伯商人都知道這種鳥，《水手辛巴達》故事中出現過一種叫做「羅克」（rok）的巨鳥，也許就是這麼來的。

馬達加斯加已經滅絕的巨型動物，有些是最早的馬拉加西人直接或間接送上西天的，殆無疑問，說不定牠們全部都是那麼結果的，也未可知。象鳥滅絕了，並不難理解，因為牠們的卵殼可以當容器，盛水量達七．五公升，十分好用。雖然馬拉加西人是牧民與漁民，不以狩獵大型動物維生，其他的大型動物卻很容易獵殺——牠們就像紐西蘭的恐鳥，從未見過人類。白天在地面上活動的巨狐猴都滅絕了，因為牠們很容易見到，又很容易獵殺，何況牠們體型大，值得下手，難怪馬達加斯加只剩下體型小、在夜間活動的樹棲狐猴。

不過，馬拉加西人（無意中）間接滅絕的物種，可能比牠們獵殺的還多。他們每年都會放火燒林，一方面增加牧地，另一方面刺激新草生長，可是也破壞了土著動物賴以生存的棲境。牛、羊吃草維生，不但改變了棲境，而且與陸龜與象鳥競爭食物。引進的狗與豬，會捕獵在地面棲息的動物、牠們的幼兒，以及牠們的卵。葡萄牙人登陸的時候，過去到處可見的象鳥，只剩下布滿海灘的卵殼碎片、地下的骨架，與化身為「羅克」的模糊記憶。

馬達加斯加與波里尼西亞只是兩個學者詳細考察過的例子；也許所有有人占居過的海洋島嶼，都發生過類似的滅絕事件。而歐洲人的地理擴張，不過是最近幾百年的事。這種島嶼上，生物在人類到達之前經過長期的演化，有非常獨特的大型動物種，現代動物學家無緣目睹。地中海的島嶼如克里特和賽普路斯，過去有「矮」河馬與巨龜（正如馬達加斯加），也有「矮」象與「矮」鹿。西印度群島上滅絕的動物種，有猴子、地樹獺、體型似熊的囓齒動物，以及各種體型的貓頭鷹：正常的、魁梧的、巨型的、巨無霸。這些巨型鳥類、哺乳類與陸龜都滅絕了，可能也是最早登上各島的人類幹的好事，無論有意還是無意。鳥類、哺乳類與陸龜也不是僅有的受難者：蜥蜴、蛙，甚至大型昆蟲也消失了，要是將所有海島上滅絕的生物開列成一張清單，怕不下幾千種。奧森把這些島嶼上的滅絕事件描述成「世界史上最迅速、最徹底的生物浩劫」。不過，有一分證據說一分話，波里尼西亞與馬達加斯加的人類罪證，都鐵案如山，而其他的島嶼，除非在最早的人類遺址裡找到後來滅絕的動物遺骸，不然我們無法為人類定罪。

在工業興起以前，不只海島上發生過生物滅絕事件，各大洲在更古老的年代裡，也氾濫過物種滅絕浪潮。大約在一萬一千年以前——學者推測美洲印第安人的祖先可能是那個時候進入新世界的——北美與南美的大型哺乳類，大部分都滅絕了。這些大型哺乳類滅絕的原因，有一派學者主張人類狩獵、趕盡殺絕，另一派則認為冰後期的氣候變遷是主因，雙方至今仍在辯論。我贊成「狩獵說」，下一章我會解釋我的理由。不過，一萬一千年前發生的事，很難弄清楚來龍去脈與因果環節，不像毛利人與恐鳥最近的「碰撞」，只是這一千年之內發生的事。同樣地，五萬年前今日澳洲土著的祖先進入澳洲殖民，同時澳洲的大型動物大多數都滅絕了。那些動物包括巨型袋鼠、有袋類的獅子、有袋類的犀牛，此外，還有蜥蜴、蛇、鱷魚、鳥類。不過，我們仍不知道當年剛到達澳洲的人類，是否（直接或間接）造成了那些大型動物的滅絕。雖然現在我們可以合理地確定：最早登陸海島定居的人類，為島上生物帶來浩劫，關於各大洲上的情況，目前還沒有定論。

我已經鋪陳了證據，指出「黃金時代」發生過許多「滅絕生物」的情事，現在我們要討論「破壞棲境」的事證。我要舉出三個出人意表的例子，每個都涉及一個著名的考古學謎團：復活節島上的巨大石像；美國西南荒廢的印第安人「集合住宅」；以及古依東城（Edom）廢墟（今名 Petra，位於約旦西南）。

在西方人心目中，復活節島一開始就籠罩在一層迷霧中。一七二二年四月，荷蘭西印度公司的羅吉文（Jakob Roggeveen）「發現」了復活節島與島上的波里尼西亞居民。復活節島是地球上最孤絕的陸地，面積一百三十平方公里，位於南太平洋，東距智利三千七百公里，比亨得森島還要遺世獨立。島上有幾百尊石像，以火山岩燼（scoria）刻成，大部分高三到五公尺不等，也有高達十一公尺，重達八十五噸的。它們在採石場刻成，運送到幾公里之外的台基旁，再豎立起來。可是島上的土著沒有金屬工具，也沒有輪子，除了肌肉的力量外，沒有其他的動力。事實上，在採石場至少有三百尊石像，或者只有雛形，或者已經完成，給人的印象是一座正常運作的工廠，不知怎地突然停工，人走光了，再也沒有復工，外人走進來，只覺得一股詭異的氣氛，懸浮在滿地的半成品、成品上。

當年羅吉文在島上短暫的勾留，已經注意到許多豎立的石像，不過土著不再雕刻石像了。到了一八四〇年（鴉片戰爭期間），土著把所有石像都推倒了。土著如何運送、豎立這些巨大的石像？為什麼最後他們會傾覆所有的石像？還有，他們為什麼不再雕刻石像了？

那些問題中，第一個已經有答案了，復活節島土著告訴挪威考古家海爾達（Thor Heyerdah, 1914-2002）：他們的祖先用圓木當滾輪運輸石像，再以圓木作槓桿，豎立石像。後來考古學與古生物學研究，解答了其他問題，同時，也揭露了復活節島陰暗的人文史。波里尼西亞人大約在西元四百年定居復活節島，那時候島上有森林覆蓋，可是島民為了農耕、造筏（捕魚）、運輸（石像）等理由，逐漸毀掉了森林。到了一五〇〇年，島上人口達七千人（平均每平方公里五十幾人），石像已經雕了一千個，其中至少三百二十四個已經豎立起來。但是——森林消失了，一株都不剩。

這個生態大災難完全是自找的，其立即結果就是：沒有圓木運輸／豎立石像了，於是島民放棄雕刻石像了。但是森林毀滅了之後，產生了兩個間接後果，使島民陷入饑饉的境地：土壤沒有植被保護，易於侵蝕，導致農產歉收；沒有木材造舟筏，漁撈量減少，蛋白質攝取量就不足。結果，人口超過了這個小島所能支持的數量，於是這個海上桃花源就因為長期內戰（減少人口）與食人行為（補充蛋白質）而崩潰了。戰士階級興起；大量製造的石矛頭，地面上到處撿得到；戰敗的一方受奴役或給吃了；血拼的宗族將對方豎立的石像推倒；大家都住到比較能夠自保的洞穴中。當初一個鬱鬱蔥蘢的海島——支撐了一個壯觀的人類文明——逐漸退化成我們見到的「復活節島」：貧瘠的草地，散布著傾倒的石像，只能養活當初人口的三分之一。

我們第二個「破壞棲境」的案例，是一個印第安文明崩潰的故事——這個文明是北美洲人文史上最先進的一個。當年西班牙探險家到達今天的美國西南部，發現了巨大的多層集合住宅，無人居住、矗立在沙漠中。舉例來說，新墨西哥州的查柯峽谷國家古蹟，有一棟五百間房屋的住宅，分為五層，長兩百公尺，寬九十六公尺，是北美洲有史以來最大的建築物——直到十九世紀鋼骨摩天建築才出現。在這個地區生活的那伐侯（Navajo）印第安人，只知道那些消失了的居民是「古人」（安納沙西，Anasazi），此外別無頭緒。

後來考古學家逐漸理出了頭緒：查柯的集合住宅在西元十世紀初開始興建，十二世紀放棄。為什麼「古人」會在一片貧瘠的荒原上建立城市？難道找不到更好的地點了！他們到哪裡去找柴火？還有，支撐屋頂的横梁每根一．八公尺，共須二十萬根，到哪裡砍伐？既然耗費了那麼大氣力建了一個城，幹嘛又放棄了？

解答這些問題的傳統觀點，與過去學者解釋馬達加斯加、紐西蘭動物滅絕的方向一致——氣候的「自然」變遷是元凶。原來查柯峽谷發生過旱災。不過，幾位古植物學家的研究，產生了一個不同的解釋——他們使用一個巧妙的技術，弄清楚了查柯峽谷的植被變遷。他們的方法依賴一類叫做「負鼠」（packrat; Neotoma）的小型囓齒類。負鼠是北美落磯山地區的土著動物，會四處蒐集植物和其他東西築巢，一住五十到一百年，然後才放棄。由於查柯位於沙漠中，負鼠放棄的巢都保存得不錯。因此負鼠築巢用的植物可以鑑定，築巢的年代也可以用放射性碳（碳十四）定年法測定。這麼一來，每個巢都可當作當地植被的「時間膠囊」。

這些學者利用這個方法，重建了以下的事件歷程。「古人」開始在查柯建造集合住宅的時候，查柯周圍並不是貧瘠的沙漠，而是兼有松樹與杜松的疏林地帶，附近還有沉松林。這個發現立即解釋了柴火與屋頂橫梁的來源，而且也讓「高等文明會在沙漠中憑空建立？」之類的疑問冰釋。不過，由於「古人」在查柯定居，四周的樹木逐漸砍伐殆盡，最後環境變成沒有樹木的荒原——那就是我們今天看到的模樣。於是「古人」找柴火，必須走上十六公里；砍伐建材，必須走上三十多公里。等到沉松林也砍光了，他們修築了精密的道路系統，把八十公里外山坡上的雲杉與樅樹運回來——靠的可是肌肉的力量。此外，「古人」為了解決乾燥環境中的灌溉問題，建築了灌溉系統，將水導入谷底集中。砍伐森林使土壤逐漸受侵蝕，也無法涵養水分，再加上灌溉溝渠逐漸「漏底」，最後地下水位可能下降，必須設法抽取才有足夠的水灌溉農田。因此，旱災也許是「古人」放棄查柯峽谷的原因，可是自己釀成的生態災難也是主因。

我們最後一個工業興起前的「破壞棲境」案例，可以解釋「古代西方文明的權力中心，逐漸地理位移」的現象。記得嗎？第一個權力與創新中心是在中東，許多關鍵的發展都是在那裡發生的：農業、動物養殖、書寫系統、集權國家、戰車等。雖然當年有幾個國家輪流稱霸——亞述、巴比倫、波斯，以及埃及或土耳其——但是都在中東或接近中東的地方。亞歷山大大帝（356-323 BC）滅了波斯帝國後，霸權終於西移，起先是希臘，然後羅馬，後來則是歐洲西部與北部。為什麼中東、希臘、羅馬輪流在歷史舞台上消失了？（目前中東的重要——短暫——地位，是石油賦予的。那只不過更凸顯了現代中東在其他方面的弱點。）為什麼現代超級強權包括美國與俄國，德國與英國，日本與中國，但是希臘與波斯不在其列？

這一強權的地理位移，是影響深遠又持久的歷史模式，不可能是「意外」的產物。有人提出過一個似乎合理的假說，說是每個古文明中心都破壞了自己的資源基礎，所以霸權才會移轉。中東與地中海過去並不一直是我們今天見到的那個樣子：一副衰敗的德行。在古代，這個地區大部分錯落著蔥蘢的疏林丘陵與肥沃山谷。幾千年來，伐林、牲口過度消耗草場、土壤侵蝕、山谷淤塞，將這一西方文明的核心地區轉化成——相對來說——乾燥、貧瘠、不毛的土地。根據考古學的發現，古希臘發生過好幾次人口成長／人口銳減、放棄居所的循環。在成長階段，梯田與堤壩可以保護土地，直到砍伐森林、清理陡坡供農耕、畜養過多牲口、農地無法休養生息等因素加成起來，使整個生產系統無法負荷。每一次結果都是：山丘的土壤大量沖蝕，山谷淹水，人類社會解體。有一回，這樣的情節正巧發生在希臘燦爛的麥錫尼文明崩潰的時候（西元前一千兩百年），搞不好是麥錫尼文明崩潰的主因——此後希臘陷入了長達幾個世紀的黑暗時期，沒有文字，也沒有歷史。

這個「古代環境破壞」的觀點，支持的證據有當年的文獻與考古發現。然而幾組有時間順序的照片更有說服力，所有道聽塗說的證據加起來也比不上。要是我們能對同一山丘每隔一千年照一張照片，有了這套照片我們就可以鑑定植物的種屬，測量植被覆蓋的面積，計算從森林演變成山羊無法進入的灌木叢需要的時間。這樣我們就可以衡量環境惡化的程度。

這裡老鼠巢又立了大功。雖然中東沒有北美洲那種負鼠，但是有岩狸（hyraxes）——有兔子那麼大，可是像土撥鼠，令人驚訝的是，牠不是嚙齒類，牠最親近的親戚是象。岩狸也會建造負鼠的那種巢。三位亞利桑那大學的科學家，在約旦先前湮沒的古城佩特拉（Petra，「玫瑰城」）研究岩狸遺留的巢。佩特拉是古代西方文明之謎的典型。讀者要是看過「印第安那．瓊斯」電影系列的第三集《聖戰奇兵》（1989），應該記得史恩康納來（飾演父親）與印第安那．瓊斯（哈里遜．福特飾演），在佩特拉城壯觀的岩墓與神殿裡搜尋聖杯。任何看過佩特拉城那些鏡頭的人，必然會懷疑：這麼一個富裕的城，怎麼可能在那麼荒涼的土地上建立起來？它怎麼生存的？事實上，佩特拉城附近，九千年前就有一個新石器時代的村落，不久農耕與畜牧就出現了。西元前第六世紀，（阿拉伯人）納巴恬部落（Nabataean）建立的王國以佩特拉城為首都，從此佩特拉成為商業中心，控制歐洲、阿拉伯半島、與東方的貿易。這個城在羅馬（AD 100）、拜占庭控制下，成長得更大、更富庶。但是後來這個城給放棄了，完全給世人遺忘了——直到一八一二年才「重新發現」它的廢墟。佩特拉是怎麼衰落的？

佩特拉城中，每個岩狸巢裡都能找到植物標本，有的高達一百種；巢裡發現的花粉比例，與現代棲境中的比較，就能推估岩狸活著的時候，主要的棲境特色。從岩狸巢得到的資料，佩特拉的環境退化過程，可以重建如下：

佩特拉位於乾燥的地中海氣候區，與洛杉磯的疏林山區並無不同。最初的植被是疏林，橡樹與開心果樹是主要樹種。到了羅馬、拜占庭時代，大部分的樹都砍光了，四周環境已經退化成開闊的草原，岩狸巢裡的花粉是見證：百分之十八是樹，其餘的來自低矮的植物。（在現代地中海森林中，樹的花粉占百分之四十到八十五；森林－草原地帶是百分之十八。）到了西元九百年，剩下的樹有三分之二消失了，那時拜占庭不再控制佩特拉一帶的地區，已有幾個世紀。甚至灌木、草本植物都減少了，把環境轉變成今天我們見到的沙漠。現在還健在的樹，較低的枝葉都給山羊吃了，或者散布在羊不會接近的懸崖上，或者在羊不能進入的小樹林裡。

將這些岩狸巢裡找到的資料，與考古發現、文獻資料合併起來，產生了下面的解釋。從新石器時代起到羅馬、拜占庭時代，砍伐森林的目的在：取得農地、開闢羊的牧場、取得柴火、建材。即使新石器時代的房屋，不只需要木材搭建，每間房屋還需要十三噸柴火，製造灰泥塗敷牆壁與地板。國家興起後，人口爆炸，加速了破壞森林、過度啃食牧場的速度。為了應付農地與城市對於水的需求，還精心設計了溝渠、管道與儲水池系統，收集與儲水。

拜占庭政權垮台後，農地給放棄了，人口急速下降，但是仍然居住在當地的人，必須密集放牧才能維生，因此地力繼續退化。永不饜足的山羊，開始侵入所有牠們找得到的植被，灌木叢也好，草地也好。第一次世界大戰之前，鄂圖曼土耳其政府為了建築鐵路，大量毀滅了殘存的疏林帶。我與許多電影迷，看到彩色大銀幕上阿拉伯的勞倫斯（彼得．奧圖飾演）率領游擊隊炸掉鐵路的那一場戲，都非常激動。殊不知：我們目睹的，是摧毀佩特拉森林的最後一擊。

今天，佩特拉荒廢的土地，象徵著西方文明搖籃其他地區的命運。佩特拉當年控制了世界貿易的主要路線，可是它的現代環境，不再能夠供養那麼一個城市；就像當年普賽浦里斯（Persepolis，今伊朗西南部）是超級強權波斯帝國的首都，大流士（521-486 BC 在位）還曾與希臘爭霸，而今安在哉？那些城市的廢墟，以及雅典與羅馬，都可供我們憑弔那些摧毀自己生存憑藉的國家。地中海文明不是唯一搞生態自殺的有文字社會。中美洲的古典馬雅文明、印度河谷中的哈拉班文明，是另外兩個明顯的搞出生態災難——擴張的人口超過環境的負荷——的「候選人」。雖然文明史的發展，往往因為特定的帝王與蠻族入侵事件，走上不同軌道。可是總括來說，砍伐森林與土壤沖蝕也許是塑造人類歷史更重要的力量。

環保人士假定過去有過一個「黃金時代」，以上就是最近的發現，使那個「黃金時代」越發顯得神祕。現在，讓我們回到本章開頭我提出的重大議題。第一、人類自古就會破壞環境的證據，是否與環保人士樂道的現代例子互相衝突？許多還未進入「工業社會」的現代族群，有「進步的」環保意識或環保措施，經常是媒體報導的焦點。當然，並不是所有物種都給消滅了，也不是所有棲境都給破壞了，所以「黃金時代」不見得一團漆黑。

我對這個弔詭的答案如下。沒錯，小規模的平權社會，只要長長久久，往往有機會演化出環保措施，因為他們有時間認識環境，明白自己的利益在哪裡。另一方面，最可能破壞環境的族群，往往是移居新環境的族群（例如最早的毛利人、最初登陸復活節島的波里尼西亞人）；或者一直有「邊疆」開拓的族群——他們有恃無恐，把一個地方搞砸了，就「越界」探索新環境（例如最初進入新大陸的印第安人）。此外，新發明的技術，由於事先對它的潛力難以全盤掌握，也可能在人們覺悟之前導致破壞環境的後果（例如現代的紐幾內亞人，以霰彈槍摧毀了當地的鴿子族群）。在中央集權的國家，財富掌握在少數統治菁英的手中，他們對環境、土地沒有親切的知識，可能會做出破壞環境的決策。而且，有些棲境與物種特別容易受傷害，例如從來沒有見過人類的陸棲鳥（如恐鳥與象鳥），或者乾燥、脆弱、過於敏感的環境，例如地中海文明與美國西南的「古人」文明都在這樣的環境中興起。

第二、我們從這些最近的考古發現，能學到什麼實用的教訓嗎？考古學往往被視為沒有社會價值的蛋頭學科，所以一旦預算吃緊，就成為第一波開刀的對象。事實上，考古學研究是政府計畫官員最好的顧問，物美價廉。走遍全世界，可以發現到處都在進行開發、建設，有的可能對環境造成可挽回的衝擊，過去的社會也那麼幹過，只不過規模較小而已。用實驗的方式，確定哪一種開發方案對環境的衝擊最小，我們負擔不起。雇用考古學家，評估古代社會的方案，以古證今，確保我們不再犯同樣的錯誤，到頭來，也許是最省錢的作法。

我舉一個例子。美國西南有一片疏林帶，美國人砍伐那裡的樹木當柴火。美國森林管理署想要控制那裡的伐木量，讓森林有機會休養生息。但是他們手邊幾乎沒有什麼資料可供準確的評估。然而，「古人」已經實驗過了——可是他們誤算了，結果查科峽谷的林地，過了八百年還沒能復原。雇用考古學家重建「古人」的柴火消耗量，比起重蹈覆轍，毀掉將近兩千六百萬公頃的土地，划算多了。

最後，我們要面對最困難的問題。今天，環保人士認為滅絕生物、毀壞棲境的族群犯的是道德罪過。工業社會詆毀還未進入工業時代的族群，見縫插針、不遺餘力，目的在掩飾殺害他們、謀奪土地的罪行。那麼，有關恐鳥與查科峽谷植被的新發現，會不會只是以科學術語包裝的種族偏見？其實我們真正想說的是：毛利人（紐西蘭土著）與印第安人（美洲土著）不值得我們公平的對待，因為他們都是壞人——環境殺手。是嗎？

我們必須記住：我們很難找到利用環境的「中庸之道」——永續利用生物資源，不造成竭澤而漁的後果。資源數量有意義的下滑，與正常的年度動態變化，究竟如何分辨？可能不容易。更難評估的是：我們生產新資源的速率。等到衰落跡象明確了之後，即使對於應變方案眾議咸同，也可能因為喪失先機，難以回天。因此，還未進入工業時代的族群，無法永續經營自己的生活環境，不能視為道德罪過，而是面對一個非常困難的生態問題，沒有提出適當的解決方案——他們失敗了。那些失敗都是悲劇，因為他們的失敗使他們的生活形態崩潰了——族群的生命喪失了。

明知故犯造成的悲劇性失敗，才是道德罪過。在那一方面，我們美國人與當年的「古人」有兩個重大的不同：科學知識與運用文字的能力。我們知道如何估算資源利用速率、資源恢復速率與人口數量的關係，他們不知道。我們能夠閱讀有關過去的生態災難的報告；「古人」不能。不過，我們這一代繼續捕獵鯨魚，砍伐熱帶雨林，好像沒有人讀過毛利人與「古人」的往事。過去，仍然是「黃金時代」，特色是「無知」；現在，是「鐵器時代」，一廂情願地視而不見。

根據這個觀點，現代社會有更多的人、掌握了力量空前的破壞工具，要是重複過去自殺式的生態經營手段，是完全不能理解的。那就好像人類歷史上從來沒有重複放映過那一個特定的段子，對無可避免的結果，也不知道。

chapter

18 哺乳類大滅絕：新世界的故事

美國用兩個國定假日，「紀念」歐洲（白）人「發現」新世界的「豐功偉業」：哥倫布日（十月第二個星期一）與感恩節（十一月第四個星期四）。可是印第安人早就「發現新世界」了，卻沒有節日紀念。根據考古學的發現，印第安人祖先殖民美洲這檔事，哥倫布或一六二〇年乘五月花號到達（美國東北新英格蘭）普利茅茲的清教徒，怎麼都無法比肩。他們在一片北極冰罩中發現了一條通道，到達今天的美加邊界，然後，也不過一千年，印第安人就已經到達南美洲南端，在兩塊先前空無一人的肥美大地上生養眾多。印第安人「南進」，是人類史上規模空前的殖民探險事業，今後也不可能重演——至少在地球上不可能。

印第安人「南進」過程，另有一個戲劇性的面向。印第安獵人進入新世界之後，發現到處都是大型哺乳動物：類似大象的長毛象與乳齒象，體重達三噸的地樹獺，體重達一噸的「哺乳類甲龍」——與現存南美犰狳有親緣關係，體型似熊的河狸，體型似虎的劍齒巨貓，此外，還有獅、獵豹、駱駝、馬等等。可是牠們都滅絕了。要是那些野獸都還活著，今天遊客到美國黃石國家公園看到的，就不只熊、野牛了，還會有長毛象、獅子。當年獵人與巨獸相逢，究竟發生了什麼？目前考古學家與古生物學家仍在熱烈爭論。我個人覺得最可信的解釋是：那些野獸遭遇了一場人類發動的「閃電戰」，迅速滅絕了——在任何一個地點，也許只需要十年。如果那個看法是正確的，那就是地球生命史上，自一顆天外游星結束了恐龍王朝之後，最大的一次大型動物集體滅絕事件。上一章我們討論過：許多人假定過去有一個「黃金時代」，那時人類與環境維持和諧、純真的關係，我們也舉出許多證據，顯示那個信念不符實情。美洲當年的「閃電戰」，不過是使「黃金時代」蒙塵的第一個，從那時起就是人類的特色。

人類在美洲與許多巨獸對陣，其實是人類發源非洲、殖民全球這首壯烈史詩的終篇——再也沒有大地可供人類征服、占居了。大約近兩百萬年前，我們的祖先從非洲「走出去」，進入歐亞大陸；約五萬年，從亞洲進入澳洲。於是地球上適於人居的土地，只剩下北美洲與南美洲仍舊空無一人。

今天的美洲印第安人，從加拿大到火地島，體質上同質性非常高，其他大洲上的居民完全比不上，表示他們最近才到達美洲，還沒有時間形成、累積遺傳差異。即使在考古學家發現最早的印第安人遺骸之前，我們已經確定他們必然是從亞洲來的，因為現代印第安人與亞洲的蒙古人長相非常相似。最新的遺傳學與人類學證據，也支持這個傳統觀點。在地圖上，很容易看出：從亞洲進入美洲，最方便的路線就是越過白令海峽——在西伯利亞與阿拉斯加之間。白令海峽最後一次出現陸橋的時候，是在兩萬五千年前到一萬年前（期間短暫中斷過）。

不過，到新世界殖民，需要的不只一座陸橋：首先，人得在西伯利亞居住。由於西伯利亞的北極氣候極為嚴酷，人類很晚才到那裡定居。最早的西伯利亞居民，必然是從亞洲或東歐的寒帶地區去的，例如石器時代的烏克蘭（烏拉山西部）獵人，他們的住屋是以整齊堆疊起來的長毛象骨搭建的。但是在西伯利亞（烏拉山以東），兩萬年前已有長毛象獵人活動，到了一萬兩千年前，類似西伯利亞獵人使用的石器，已經出現在阿拉斯加的考古遺址中。

冰河時代的獵人越過西伯利亞與白令海峽之後，並沒有一頭栽入豐饒的獵場，因為他們面對的是一片冰原，從太平洋岸到大西洋岸，橫亙今日的加拿大境內。在冰河時代，沿著洛磯山脈東麓，冰原上偶爾會出現一條南北向的「走廊」，人與動物都可通行。兩萬年前，這條走廊給冰封住了，但是那時阿拉斯加並沒有人，等在走廊北端準備進入美國。不過，一萬兩千年前這條走廊又開啟了，那時獵人必然早已磨礪以須、蓄勢待發，因為不僅走廊南端出口（加拿大亞柏達省艾德蒙頓）附近有他們遺留的石器，冰單南部許多地區都出現了。換言之，獵人與美洲土著大型哺乳類對決的好戲，已經開鑼了。

考古學家將這些美洲先驅拓墾族群的文化遺物（「葉形矛頭文化」），稱為「克拉維斯」（Clovis）人，因為他們的遺址最先在美國新墨西哥州克拉維斯城附近發現。不過，克拉維斯工具以及類似的工具，在美國本土四十八州都發現了——艾德蒙頓以南、墨西哥以北。亞歷桑那大學的考古學家海恩斯（Vance Haynes）強調：克拉維斯工具與東歐、西伯利亞的早期石器非常相似，只有一個顯著的例外——一種扁平的石槍頭，兩面都經過打製，可是每一面都鑿出了一長條縱走溝槽，因此更容易綁緊在木柄上。至於這種槍頭是裝在一根長木柄上，用手拋射？還是以投射座擲出？還是裝在以手握著衝刺的長矛上？目前仍不清楚。可是，在大型哺乳類骨骸上，卻可以發現這種石槍頭鑲嵌在骨頭上，或者穿透骨頭，可見獵人使用這種武器，一點也不手軟。考古家也掘出過長毛象與野牛的骨骸，在牠們的肋骨籠裡（胸腔）找到克拉維斯石槍頭——亞歷桑那州南部出土的一具長毛象，體內有八個石槍頭。在克拉維斯遺址中，最常出現的獵物遺骨是長毛象，但是也有野牛、乳齒象、貘、駱駝、馬，以及熊。

關於克拉維斯人，我們發現的事實中，最令人驚訝的，是他們擴散的速度。在美國，所有克拉維斯遺址——以最先進的碳十四定年法斷代——都是在幾個世紀之內留下的，大約是一萬一千年以前。甚至南美南端的一個遺址，也不過距今一萬零五百年。換言之，從冰原走廊進入美國的獵人，大約在一千年之內，就已經布滿了新世界——從太平洋岸到大西洋岸、從美加邊界到南美南端。

同樣令人驚訝的，是克拉維斯文化的迅速轉化。大約一萬一千年以前，克拉維斯槍頭突然給另一種槍頭代替了。新型槍頭較小、較精緻，考古學家叫做「佛桑槍頭」，因為是在新墨西哥州佛桑（Folsom）附近的遺址首先找到的。出現佛桑槍頭的遺址，經常也有一種今日已經滅絕的野牛遺骨，從來沒有發現過克拉維斯獵人喜好的長毛象。

佛桑獵人把目標從長毛象轉移到野牛，也許理由很單純：長毛象已經沒有了。不僅長毛象，乳齒象、駱駝、馬、巨型地樹獺，還有幾十種大型哺乳類都消失了。整體而言，北美洲的大型哺乳類，以屬（genus）計算的話，滅絕了百分之七十三；南美洲滅絕了百分之八十。這場生物大滅絕，許多古生物學家並不認為克拉維斯獵人必須負責。畢竟，學者沒有找到大屠殺的證據，只不過發現了幾具遭人類支解了的動物遺骸，分布在這兒那兒的。那些古生物學家認為：當時（冰後期）氣候與棲境發生了變化，哺乳類才會大量滅絕；克拉維斯獵人不過碰巧在那時進入美國罷了。那套邏輯讓我覺得困惑，理由不一而足：冰河、冰單退縮後，地面就給草原、森林覆蓋，哺乳類的棲境因此擴張了，而不是縮小了；整個冰河時代（更新世），類似的冰河前進、退縮事件，在美國發生了不下二十二次，那些大型哺乳類沒有因此滅絕；同一時段，歐洲與亞洲發生的生物滅絕事件，規模小多了。

如果氣候變遷是原因，我們也許應該觀察到：偏好溫暖棲境的物種與偏好寒帶氣候的物種，受到不同的影響。可是，大峽谷中的地樹獺與山羊，分別發源自熱帶與寒帶的物種，在一萬一千年前都滅絕了，相距不到一、兩個世紀。地樹獺發源於南美洲，在更新世開始之前侵入北美洲，而且站穩了腳跟，可是在冰後期突然一齊滅絕。牠們的糞球，有足球那麼大，美國西南的山洞中保存了一些，植物學家鑑定出牠們賴以維生的主要植物是：摩門茶（Ephedra，灌木／美國西南沙漠中的土著植物）與紅球錦葵（globe mallow，一年生草本／北美洛磯山以東大平原上的土著植物）。現在這兩種植物在山洞附近仍能找到。大峽谷中兩種飲食無虞的大型哺乳類，恰巧在克拉維斯獵人到達亞歷桑那州的時候滅絕了，未免太巧了罷？美國陪審團依據更微弱的情況證據，都將謀殺嫌疑犯定過罪。如果氣候真是凶手，那些巨獸也許就沒我們想像的那麼笨，因為牠們巧妙地布下了疑陣，齊赴黃泉，構陷剛到達的克拉維斯獵人，連二十世紀的科學家，都著了道兒。

這個「巧合」，比較合理的解釋是：它的確是因／果的組合——獵人是因，滅絕是果。亞歷桑那大學地球科學家馬丁（Paul Martin），以「閃電戰」（按：本意指二次世界大戰初期的德軍攻勢行動）描述「獵人遇上長毛象」的不尋常結果。根據馬丁的看法，第一批通過冰河走廊，從艾德蒙頓進入美國的獵人，很快就生養眾多，四方擴散，因為他們發現了大量的大型哺乳類，馴良又容易獵殺。一個地方的哺乳類殺光了之後，獵人與子女就四散，進入新的地區，反正哺乳類到處都是。他們一路上消滅了所有大型哺乳類的族群。一旦他們到達南美洲的南端，新世界的大型哺乳類，大多數都滅絕了。

馬丁的理論遭到了強烈批評，大部分焦點集中在四個議題上。一、一個百來人的隊群，到達艾德蒙頓後，能繁殖得那麼迅速，在一千年之內就布滿西半球？二、他們能散布得那麼迅速？從艾德蒙頓到巴達哥尼亞（南美洲南端）將近一萬三千公里，一千年就到了？三、克拉維斯獵人真的是第一批進入新世界的族群？四、石器時代的獵人有能力將上億頭哺乳類消滅殆盡？一頭也不剩，也沒留下大屠殺的證據。

先討論生殖率。現代狩獵—採集族群，即使擁有他們最好的獵場，平均人口密度是每二·五九平方公里一人。因此，狩獵—採集族群必須有一千萬個人，才能占居整個西半球，因為在克拉維斯時代，新世界的土地除掉加拿大與其他冰河覆蓋的地區，大約有兩千五百九十萬平方公里。在現代史上，移民到達一塊無人居住過的土地上（例如《叛艦喋血記》中的水手定居辟肯島），人口成長率大約每年百分之三·四。以那個成長率——相當於一對夫婦養活四個孩子，每一世代平均二十年——一百個獵人只要三百四十年就可以繁殖到一千萬人。也就是說，克拉維斯獵人走出艾德蒙頓後，一千年內成為人口一千萬的族群，應很容易。

那麼，他們的後人能在一千年內抵達巴達哥尼亞嗎？從艾德蒙頓到巴達哥尼亞，直線距離大約一萬三千公里，所以克拉維斯獵人以及他們的後裔，每年平均得向南移動十三公里。那有何難？任何一個獵人，只要身體還可以，無論男女一天就可以走上十三公里，然後一年的其他三百六十四天在當地盤桓。克拉維斯獵人製造石器的石材，往往在當地採取，因此我們知道：石器移動的範圍，可達三百二十公里。十九世紀，南非祖魯人（班圖語族）遷徙，五十年之內，移動了近五千公里。

克拉維斯獵人是第一個進入加拿大冰罩以南地區的族群嗎？那倒是個比較困難的問題，考古學家也爭論不休。主張「克拉維斯獵人是最早的美洲人」，不可避免地依賴的是默證：加拿大冰罩以南的新世界，沒有找到公認比克拉維斯獵人更早的人類遺骸與文化遺物。但是我必須提醒諸位，的確有許多人宣布他們找到了更早的美洲人，這樣的報告不下幾十個。但是他們的發現——至少可以說——大部分禁不起嚴格的考驗，例如用來測定碳十四年代的標本受過汙染，因此產生比較古老的年代；或者用來測定碳十四年代的標本，與人類遺留物沒有關聯；或者自然形成的物品，給當作人工製品。其中兩個最有說服力的遺址，一個在美國賓州邁豆克羅（Meadowcroft），年代在一萬六千年前，另一個在智利維德山（Monte Verde），年代至少有一萬三千年。維德山遺址據說出土了許多不同的人工製品，保存狀況良好，但是由於正式報告尚未出版，我們無法評估。至於邁豆克羅遺址的碳十四年代，學者仍在辯論：遺址中的植物與動物，似乎生存在比較晚近的年代，而不是一萬六千年以前。

另一方面，「克拉維斯獵人很早就在美洲生活」的證據，無可否認，美國本部四十八州都發現了，而且考古學者對那些證據都沒有疑問。其他大洲在更早的時候，有更原始的人類定居，鐵案如山、眾議咸同。每一個「克拉維斯遺址」都有一個「克拉維斯文化層」，出土「克拉維斯石器」與許多已經滅絕的大型哺乳類遺骨；這一層之上，有一個比較年輕的文化層壓疊在上面，其中有佛桑石器，以及野牛遺骨，此外什麼大型滅絕動物的遺骨都沒有；「克拉維斯文化層」之下的那一層，代表「克拉維斯獵人」來到之前的那幾千年，反映的是溫和的環境情況，所有大型滅絕動物的遺骨都找得到，但是沒有人類遺物。要是新世界在「克拉維斯獵人」之前已有人活動、居住，他們怎麼可能不留下一丁點證據？例如石器、火塘、居住過的洞穴，甚至骨骸，以及可測定碳十四年代的標本。在那些「克拉維斯遺址」，他們怎麼沒有留下「到此一遊」的跡象，當時的環境情況不是很溫和嗎？要是他們從阿拉斯加到過美國賓州與智利，怎麼能夠不在其間的土地上留下足夠的證據，讓人知道他們光臨過？難不成他們搭直升機空降！為了這些理由，我覺得邁豆克羅與維德山的碳十四年代有問題，搞不好根本錯了，也未可知。「克拉維斯獵人最早到達美洲」是最合理的結論；「克拉維斯獵人到達之前，美洲已有人居住」，我覺得一點都不合理。

馬丁氏「閃電戰」理論引起的另一個熱烈辯論的議題，涉及所謂「過度獵殺」與大型哺乳類滅絕的關係。石器時代的獵人如何獵殺長毛象？我們實在難以想像。更別說把牠們趕盡殺絕了。即使那些獵人有殺戮長毛象的本領，他們為什麼要出手？而且為什麼沒有留下大量殺戮的證據？例如：大量長毛象的骨骼到哪裡去了？

如果你到博物館，站立在一具長毛象骨架下面，想像自己手提長矛，攻擊這頭長鼻獠牙的龐然大物，儘管石槍頭尖銳得看一眼都覺得扎人，心中仍然難免覺得這是自殺之舉。然而，現代非洲人與亞洲人的確能獵象，他們配備著同樣簡單的武器，集體行動，採用伏擊或火攻。但是，有時一個人憑長矛或毒箭，也能幹下大事。不過，這些現代獵象人，只能算業餘玩家，克拉維斯獵人可是靠石器獵具討生活的，幾十萬年不知多少世代累積的經驗，不可小看。博物館藝術家，往往將舊石器時代晚期的獵人，描繪成光著身子的野人——他們冒著生命的危險，朝狂奔而來的長毛象丟石頭，已經有一、兩名同伴，給踩翻在地上。那真荒謬！如果捕獵長毛象的常態行動會讓獵人送命，結算起來，會滅絕的是獵人，不是長毛象。比較符合實情的畫面，應該是身著保暖勁裝的職業獵人，埋伏在狹窄的溪床邊上，長毛象半渡的時候，他們突然現身，以長矛向嚇壞了的長毛象拋擲。

同時，請讀者別忘了：如果克拉維斯獵人真的是「最早的美洲人」，新世界的大型哺乳類遇上他們之前，可能從來沒有見過人。南極洲與加拉巴哥斯群島的經驗，告訴我們：動物在沒有人的情境中演化，遇上了人之後，溫馴而無懼。我到紐幾內亞佛亞山調查過，那是一個與世隔絕的地方，沒有人在那裡居住、活動過，那裡的大型樹袋鼠非常溫馴，我可以接近牠們，距牠們一公尺左右，也不會把牠們嚇跑。也許新世界的大型哺乳類也同樣地天真，沒來得及演化出應付人類的策略，就滅絕了。

即使克拉維斯獵人有獵殺長毛象的本領，他們獵殺的速度，足以使長毛象絕種嗎？讓我們再一次用紙筆算算看。記得嗎？我們前面假定過：平均每二．五九平方公里有一名獵人，根據現代非洲象的資料，長毛象的分布密度也一樣。再假定克拉維斯獵人族群中，約有四分之一是成年男性獵人，每一人每兩個月獵一頭長毛象。於是每一年每十平方公里有六頭長毛象遭到獵殺，也就是說，長毛象每一年至少需生出六頭才足以補充損失。可是現代象繁殖得非常緩慢，要二十年才能成熟，其他大型哺乳類，沒有三年內就成熟的。因此，克拉維斯獵人每到一地，也許不消幾年就能消滅那裡的長毛象，然後再遷居。考古學家今天想要找尋大屠殺的證據，無異大海撈針：克拉維斯獵人在很短的時間內就消滅了長毛象，在長毛象化石史上，那不過是一瞬間——一瞬間發生的事，為什麼會留下較多的證據？難怪考古學家只找到幾頭長毛象屍體，身上帶著凶手使用的凶器（克拉維斯石槍頭）。

為什麼克拉維斯獵人每兩個月就要殺一頭長毛象？一頭長毛象體重可達兩噸，刳剝後可以得到一噸肉，要是一人一天消耗四・五公斤，一家四口吃上兩個月不成問題。一人一天吃掉四・五公斤肉！聽來似乎頗為奢侈，但是這個數字接近十九世紀美國邊疆的肉食消耗量。此外，我們假定克拉維斯獵人把那一噸肉都吃掉了，才算出這個數字。但是肉要保存兩個月的話，就得風乾、烤乾，或費一番工夫才能防腐。可是，老天爺，肉有一噸哪！乾脆出門再獵殺一頭長毛象算了，新鮮的肉，不是更好吃？海恩斯指出過：克拉維斯獵人並沒有充分利用獵到的長毛象——長毛象的屍體並沒有完全肢解，表示他們挑嘴又浪費。獵場豐饒、有恃無恐的獵人，才敢那麼奢侈。他們出獵，有時可能不是為了果腹，而是為了象牙、皮毛，甚至只是顯顯男子氣概罷了。現代人獵殺海豹與鯨魚，也是為了牠們的脂肪或皮毛，至於肉呢，任其腐爛。在紐幾內亞漁村，我偶爾看見大型鯊魚的屍體給棄置一旁，漁民殺牠們，只是為了取鰭做美味的魚翅湯。

現代歐洲獵人發動的「閃電戰」幾乎滅絕了野牛、鯨魚，以及許多其他大型動物，這些故事我們太熟悉了。最近在許多大洋海島上，考古學家發現：不論任何時候，只要人類獵人遇上天真爛漫的動物，就會發生這樣的「閃電戰」結果。既然人類與天真爛漫的大型動物接觸，總是以滅絕收場，克拉維斯獵人到了「純真的」新世界，怎麼會有不同的結果？

不過，到達艾德蒙頓的第一批獵人，幾乎不可能預見這個結果。他們從阿拉斯加來，家鄉人口已嫌過多，獵物已嫌稀少，乍然見到大批馴良的長毛象、駱駝，以及其他野獸——那必然是令人驚疑不置的一刻。出現在眼前的，是一片大平原，綿延無際到天邊。他們一旦開始探查四方，必然很快就發現：那裡先前空無一人，他們是第一批站在這塊肥美土地上的人類（不像哥倫布與五月花號上的移民）。那批到達艾德蒙頓的先民，也有理由紀念他們的「感恩節」。

chapter 19

更大的危機：生態

一直到我們這一代，沒有人有理由為下一代擔憂。我們真的擔憂：他們活得下去嗎？他們能有一個值得生活的行星居住嗎？這些問題涉及我們子女的前途，我們是第一個必須面對這些問題的世代。我們花費了許多心力訓練子女，教他們自立之道，教他們相處之道。逐漸地，我們開始自問：我們那些努力會不會到頭來一場空？

這些憂慮是因為我們頭上的兩朵烏雲而產生的——這兩朵烏雲會造成同樣的結果，但是我們卻以完全不同的觀點看待它們。一是核子毀滅的風險，我們在廣島上空已經見識過那朵毀滅之雲。每個人都同意這個風險是真實的，因為我們已經累積了許多核子武器，而且歷史上政客偶爾會愚蠢地錯估形勢。人人都同意：核子戰爭一旦爆發，對所有人都不好，甚至可能毀滅整個人類。這個風險塑模了現代國際政治和外交。我們唯一沒有共識的地方，是處理這個風險的最佳方式——例如美國應該致力於全面或部分禁核，核子平衡，還是核子優勢？

另一朵烏雲是環境毀滅的風險。世界上大部分物種逐漸滅絕，是常討論的潛在肇因。不過，大家對環境毀滅，危機意識不如核子毀滅，大滅絕的風險是不是真的？果真發生了，會影響我們嗎？我們對這兩個問題全無共識。舉例來說，人類在最近幾個世紀，使世界上的鳥種滅絕了百分之一，這個數字經常有人引用。一方面，許多深思熟慮的人士——特別是經濟學者與工業領袖，但也有一些生物學家與許多外行人認為：百分之一的損失，即使發生了，也不算什麼。事實上，這些人相信百分之一這個數字，其實高估了，況且大多數物種對我們沒什麼用，即使喪失了十倍多的物種，也不會傷害我們。另一方面，其他的深思熟慮人士——特別是保育生物學家與日漸增多的環保人士認為：百分之一這個數字，其實低估了，而且生物大滅絕會摧毀人類生活的品質或基礎。這兩個極端觀點哪一個比較接近實情呢？很明顯，我們現在的信念對子女的未來，會有很大的影響。

核子毀滅的風險與環境毀滅的風險，是兩個十分迫切的問題，今天人類必須面對和籌劃解決方案。與這兩朵烏雲比較起來，我們平時對癌症、愛滋病與減肥著魔似的關切，就未免太小兒科了，因為那些問題不會威脅全人類的生存。要是核子危機與環境危機不發生，我們會有許多餘裕去解決癌症之類的瑣事。要是我們不能防止那兩個危機，癌症有沒有治療的辦法，也不重要了。

人類已經造成多少物種滅絕了？在我們子女那一代中，還會有多少物種可能滅絕？要是更多物種滅絕了，會怎樣？鵪鶉對我們的國家生產總值（GNP）有多少貢獻？所有的物種遲早會滅絕的，不是嗎？生物大滅絕造成的危機，是歇斯底里的妄想？對未來的真正危機？或是已經證實的事實，目前正在進行？

「大滅絕」論戰中涉及的數字，如果我們要得到比較接近實情的估計，必須經過三個步驟。第

一、現代史上（自一六〇〇年起）滅絕的物種有多少？我們必須先算出來。第二、我們必須估計一六〇〇年以前滅絕的物種數目。第三、我們必須預測：多少物種會在我們有生之年滅絕？我們子女的世代呢？我們孫輩的世代呢？最後我們得問：生物大滅絕究竟有什麼大不了的？

就讓我們開始吧，現代史上（自一六〇〇年起）滅絕的物種有多少？這個問題似乎容易回答。只要選一群植物或動物，翻開它的目錄（名冊），計算全部物種的數目，再將一六〇〇年之後滅絕的物種劃掉，然後把滅絕物種加起來。最適合嘗試這個作法的生物群是鳥類，因為鳥類既容易觀察又容易辨識，況且賞鳥人士很多。結果，所有動物中，我們對鳥類知道得最多。

現在世上大約有九千種鳥類。每一年只發現一兩個新種，過去沒有著錄過，所以我們可以說：所有現生鳥類都由學者命名過。國際鳥類保育委員會（ICBP），是最關心世上鳥兒現況的機構，發表過一個數字：一〇八——自一六〇〇年以來，已經有一百零八種鳥兒滅絕了，包括牠們的亞種。這些鳥兒滅絕都是人類造成的——一會我還要談這個問題。一百零八種大約是所有鳥種（九千種）的百分之一。我先前提過「百分之一」那個數字，就是這麼來的。

在我們接受那個數字之前，我們得先了解它是怎麼算出來的。國際鳥類保育委員會判定一種鳥兒滅絕，有兩項要件：一、這種鳥先前在某一地區出現過或可能出現，所以在該地區搜尋這種鳥；二、經過許多年仍然搜尋不到。有許多例子，觀鳥人士目睹了整個族群萎縮的過程，並對最後的幾隻，有完整的追蹤。舉例來說，美國佛羅里達州最近有一種雀鳥的亞種（dusky seaside sparrow）滅絕了。這種雀鳥棲息在一片沼澤地裡，可是由於沼澤地遭到人為破壞，族群逐漸縮小。保育單位在僅剩的幾隻身上綁上了識別標誌，便於追蹤。最後只有六隻還活著，由保育人員撫養，期望存亡續絕。不幸牠們一隻一隻都死了，一九八七年六月十六日，最後一隻死亡。

因此，那個亞種滅絕了，證據確鑿。許多其他亞種，以及那一百零八種鳥滅絕了，也毫無疑問。不過，國際鳥類保育委員會的判準，實在太嚴格了，不符合那些判準的鳥兒，就一定存活著嗎？對於北美洲與歐洲大多數鳥種而言，答案是：「是的。」這兩塊大陸上的鳥迷，成千上萬，密切地監控所有鳥兒的動向。越是稀有鳥種，他們搜尋得越起勁。因此，北美洲與歐洲的鳥兒，若有哪一種滅絕了，絕不可能沒人注意到。目前，北美洲只有一種鳥（Bachman's warbler）還存亡未卜。這種鳴鳥最後一次觀察到的紀錄，是在一九七七年，可是國際鳥類保育委員會因為接獲未經證實的紀錄——還沒放棄希望。因此，北美洲自一六〇〇年以來，滅絕的鳥類至少五種，至多六種。同樣地，歐洲自一六〇〇年以來，滅絕的鳥類只有一種。不錯，只有一種，你沒看錯。

所以，「自一六〇〇年以來，北美洲與歐洲有多少鳥種滅絕？」這個問題我們有精確的、毫不含糊的答案。要是其他的生物群，我們也有這種品質的資訊，那麼評估「大滅絕」論戰的第一步就完成了。不幸得很，關於植物與其他動物，情況可不像北美的鳥兒那樣明確，至於世上其他地區，更別提了——最不清楚的就是熱帶的生物，因為熱帶生態系，是地球最主要的生命系統，絕大多數生物生活在其中。大多數熱帶國家，賞鳥人士很少，甚至沒有，所以別提什麼鳥類年度監視資訊了。許多熱帶地區，自從許多年前有人做過田野生物學調查，就再也沒有偵察過。許多熱帶物種的命運，並不清楚，因為自從世人知道它們存在之後，再也沒有人見過它們，或者特意搜尋過。舉個例子吧。世人知道的布拉斯禿頭鳥（Brass's friarbird），只有十八隻標本代表，是一九三九年三月二十二日到四月二十九日射殺的。沒有科學家再度訪問過採集到那些標本的地方，所以那種鳥現在的情況，我們一無所知。

至少我們知道到哪裡去找布拉斯禿頭鳥。許多其他物種，我們只有十九世紀探險隊採集的標本，關於採集地點，通常只有含糊的記載——例如「南美」。一些稀有鳥種要是只有那麼寬泛的線索，想找到牠們，無異大海撈針。牠們的歌聲、行為與棲境偏好，都沒有紀錄。因此我們不知道到哪裡去找牠們，或者如何辨認出牠們——要是我們有機會瞥見或聽見牠們的話。

因此，許多熱帶物種既不能列入「滅絕」，也不能列入「存活」，只能註記「未知」。除非某一物種（不知何故）引起了某位學者的注意，刻意展開搜尋，我們才會得到比較新鮮的資訊，甚至可能確定它已經滅絕了。舉個例子吧。在熱帶太平洋上，所羅門群島是另一個我喜愛的觀鳥區域。二次世界大戰的美日老兵，對所羅門群島應記憶猶新，因為太平洋戰役中最慘烈的戰事，就發生在所羅門群島。連甘乃迪總統在二次世界大戰中的「英勇傳奇」，也發生在這片海域中。根據國際鳥類保育委員會的報告，所羅門群島上有一種鴿子已經滅絕了。我整理過最近所羅門群島的觀鳥紀錄，算出那裡出現過一百六十四種鳥，可是我注意到其中十二種自一九五三年後，再也沒有人見過。那十二種鳥，其中有些已經滅絕了，毫無疑問，因為先前牠們數量很多、引人注目，或者因為島民告訴我，那些鳥給貓趕盡殺絕了。

一百六十四種鳥之中，十二種滅絕了，也許聽來不值得憂慮。不過，熱帶地區中，所羅門群島大概「原貌」保存得最完整，因為那裡人口少、鳥種也少、沒什麼經濟發展、森林大體維持自然面貌。熱帶地區的現況，馬來西亞比較有代表性，那裡的物種豐富，低地的森林大多砍伐殆盡。根據過去的田野生物學調查，有二百六十六種淡水魚生活在森林河流中。最近，經過四年的追蹤調查，只找到其中的一百二十二種——一半都不到。其他的一百四十四種，或者滅絕了、或族群急遽萎縮了、或者只生存在人跡罕至的角落中。要不是這次調查，根本沒有人注意到牠們的命運。

馬來西亞面臨的「人類壓力」，在熱帶地區有代表性。魚類也可代表鳥類以外的生物——科學界對牠們從來就不熱心。馬來西亞已經喪失了（或幾乎喪失）一半淡水魚種，因此，以這個數字估計熱帶地區主要生物群——植物、無脊椎動物、鳥類以外的脊椎動物——的滅絕比例，大概八九不離十。

西元一六〇〇年以來，多少物種已經滅絕了？回答這個問題，第一個難以克服的障礙就是：許多科學界登錄過的物種，目前的境遇並不清楚。但是，另外還有一個障礙。前面我們討論的，都是「科學界登錄過的物種」，可是，會不會還有些物種，在科學界知道以前就滅絕了？

當然會。因為以抽樣統計的方法，學者估計世上的生物接近三千萬種，但是科學界只登錄了兩百萬種。我可以舉兩個例子，證明許多物種在科學界登錄之前就滅絕了。植物學家簡特利（Alwyn Gentry）到南美厄瓜多爾一個孤絕的山脊調查，他發現當地有四十八種植物，科學界從未登錄過。不久，這個山脊的森林就給砍伐殆盡，那些植物便絕種了。在加勒比海的大刻曼島（Grand Cayman Island，古巴南／牙買加西北／英屬），動物學家湯普森（Fred Thompson）在一個石灰岩山脊上的森林中，發現了兩種土著陸蝸牛。幾年後，那個地方給開發成住宅區，森林全都清理掉了。簡特利與湯普森正巧在那些物種滅絕之前，到那兩個地方調查——純屬意外——所以我們有那些物種的名字。但是大部分熱帶地區在開發過程中，並沒有先請生物學家調查過。因此，不知已有多少物種無聲無息地滅絕了，而科學界一無所知。

總之，現代史上物種的滅絕數目，乍看很容易計算，例如北美洲加上歐洲，有五種或六種鳥類滅絕了。但是仔細想來，已經公布的物種滅絕數字，必然不符實情，而且嚴重低估，理由有二。第一、公布的數字，反映的只是已經登錄過的物種，而事實上地球上大多數生物尚未登錄過（鳥類是例外）。第二、北美與歐洲以外地區，鳥類以外的生物，科學界發現的絕種生物，只反映個別學者的私人興趣，而不是系統調查的結果。熱帶地區過去登錄過的許多生物，由於無人聞問，它們現在的境遇，就無人知曉。它們有許多，可能像馬來西亞一半以上的淡水魚一樣，不是滅絕了就是瀕臨絕種。

評估「大滅絕論戰」必須面對的第二個問題是：如何估計一六〇〇年以前滅絕的物種數量？——一六〇〇年是生物分類科學萌芽的年代。現代史上造成物種滅絕的因素，包括人口成長、人類占居先前無人居住的土地、破壞環境的技術逐漸發明。這些因素是在一六〇〇年突然冒出來的嗎？人類的演化史至少有五百萬年，西元一六〇〇年之前，人類沒有滅絕過生物嗎？

當然不是。五萬年前，人類只生活在非洲以及歐亞大陸的溫暖區域。從那時起，直到西元一六〇〇年，人類經歷了空前的地理擴張：五萬年前，到達紐幾內亞、澳洲；然後，先後進入西伯利亞，和大部分北美洲與南美洲；最後，大約西元前兩千年，進占大多數大洋中的遙遠島嶼。人類的數量擴張也是空前的：五萬年前地球上大約只有幾百萬人，到了西元一六〇〇年，已達五億。五萬年來人類的殺戮本領日益增強，加上一萬年前出現的磨製石器與農業，以及六千年前出現的金屬器，人類毀滅環境與其他生物的能力，水漲船高。

世界上所有人類在最近五萬年占居的地區，只要古生物學家研究過，就會發現人類抵達與大規模史前滅絕事件，有如斯響應的關係，例如馬達加斯加、紐西蘭、波里尼西亞、澳洲、西印度群島、美洲、地中海各島嶼。前兩章我描述過那些發現。自從科學家逐漸察覺到這些生物滅絕浪潮與人類移民有關，他們就在辯論：人類是禍首呢？還是人類抵達時發生的（巧合？）氣候變遷？就波里尼西亞各島而言，波里尼西亞人登陸後直接間接地消滅了土著生物族群，鐵案如山，不容置疑。波里尼西亞人登陸後幾個世紀，「正巧」鳥類滅絕了，當時氣候並沒有什麼變化，而波里尼西亞人的土灶中遺留了幾千隻燒烤恐鳥的骨骸。在馬達加斯加，時間的巧合一樣地令人信服。但是，更早的滅絕事件，特別是發生在澳洲與美洲的，目前學者仍在辯論。

我前一章已經解釋過了，美洲冰河後期發生的生物滅絕，人類扮演了一個角色，在我看來證據確鑿。世界上每個地方，人類一旦進入，生物滅絕的浪潮隨之發生；即使當時的氣候正在變遷，別的地方卻沒有同樣的滅絕浪潮出現，或者同一個地方，先前發生的氣候變遷，並沒有引發滅絕浪潮。

因此我懷疑氣候是元凶。況且，所有訪問過南極洲或加拉巴哥斯群島的人，都知道那裡的動物非常溫馴，直到最近仍不習慣人類。攝影家仍然能夠容易地接近那些動物，就像第一批見到那些動物的獵人一樣。我假定：世上其他地方的第一批獵人，也同樣容易地接近純真的長毛象與恐鳥，而與獵人一起到達的老鼠，很容易接近夏威夷與其他海島上的小鳥。

世上先前沒有人占居的地方，史前人類大概消滅了不少物種，可是，這不是人類毀滅物種的唯一機會。過去兩萬年中，人類長期占居的土地上，也有不少物種滅絕——歐亞大陸上，長毛犀、長毛象與巨型鹿（「愛爾蘭麋鹿」）滅絕了；在非洲，巨型水牛、巨型羚羊、巨型馬滅絕了。這些巨獸也許一直是人類狩獵的對象，但是人類發明了精良的武器後，牠們就遭殃了。歐亞大陸與非洲的大型哺乳類，早已演化出對人類的戒心，但是牠們消失了；美國加州的大灰熊，與英國的熊、狼、河狸，也消失了。理由不外兩個：人與比較精良的武器。

在這些史前滅絕事件中，究竟有多少物種滅絕了？或者，我們能估計嗎？史前人類破壞棲境，使許多植物、無脊椎動物與蜥蜴滅絕，可是沒有人嘗試過估計那些物種的數目。但是所有古生物學家研究過的海島，都發現了最近滅絕的鳥類。以那些島嶼得到的數字，推衍到古生物學家還沒有研究過的海島，學者算出大約有兩千種海島鳥種在史前滅絕了。這個數字大約是幾千年前世上所有鳥種的五分之一。那個數字並不包括在大陸上滅絕的鳥種。以大型哺乳類的「屬」來計算，北美洲、南美洲、澳洲在人類抵達之際（或之後），分別有百分之七十三、百分之八十、百分之八十六滅絕了。

評估「大滅絕論戰」的第三個步驟是：預測未來。滅絕浪潮的高峰已經過去了，還是方興未艾？有好幾個方法可以估計。

一個簡單的方法，是計算現在有多少物種瀕於絕種，因為明天絕種的動物，現在必然已經瀕臨絕種。現生物種中，有多少數量已經大幅縮減、難以為繼？國際鳥類保育委員會估計至少有一千六百六十六種鳥，不是瀕臨絕種就是隨時會滅絕——幾乎是現在世上所有鳥類的五分之一。前面我說明過，國際鳥類保育委員會公布的滅絕鳥種數目，是低估了。為了同樣的理由，我說「至少」有一千六百六十六種，因為「一千六百六十六種」這個數字低估了。兩個數字都是以科學界注意到的鳥種做根據，而不是有系統地評估所有已知鳥種的境遇。

另一個預測方法，是了解我們滅絕物種的機制。人類造成的物種滅絕，也許會繼續加速，直到人類人口與技術的成長，進入高原期（不再進步）——可是現在兩者都沒有「進入高原期」的跡象。我們的人口，從一六〇〇年的五千萬，已經成長到現在的六十億（按：至二〇一一年已有七十億人口），並且每年繼續增加百分之二。我們的技術，每一天都在進步，繼續改變地球與上面的居民。物種因為我們逐漸增長的人口而毀滅，機制有四個：過度獵殺、引入新種、破壞棲境、漣漪效應。讓我們看看它們是否已經「進入高原期」。

過度狩獵——殺戮的速度超過繁殖的速度——是我們消滅大型動物的主要機制，從長毛象，到美國加州的大灰熊（美國加州州旗上有這種動物的圖案）。所有我們可能殺光的大型動物都已經死絕了嗎？當然沒有。儘管鯨魚的數目已經低到引起國際社會的注意，共同約定禁止商業獵鯨，日本卻宣布「為了科學目的」而提高捕鯨量。我們都見過非洲象與犀牛因為象牙與犀角而遭到濫殺的照片。以目前的獵殺速度而論，不只象與犀牛，非洲與東南亞大部分其他的大型哺乳類，在十年或二十年之內就會在野外消失，只有保育公園與動物園還能分別「收藏」幾頭。

第二個機制，是有意或無意間將某地的土著物種引入其他地區。美國人比較熟悉的例子，有褐鼠（家鼠／亞洲土著種）、歐洲椋鳥（European starlings）、棉鈴象鼻蟲（侵害棉木），與侵襲樹木的真菌（例如荷蘭榆樹與栗樹）。歐洲也有外來物種的問題，例如亞洲來的褐鼠。外地來的物種，往往會在客地消滅土著種，或者把土著種當食物，或者致病。受害者由於從來沒有與入侵者「相處」的經驗，所以無法及時演化出因應的對策。美洲栗木（American chestnuts）就是給枯萎病滅絕的，致病的真菌來自亞洲，而亞洲栗木就不怕那種真菌。同樣地，外來山羊與老鼠在海島上，消滅了許多植物與鳥類。

是不是所有可能引起危害的生物，全部都釋放到世界各地了？當然不是：還有許多海島山羊與褐鼠沒光顧過；許多國家以隔離檢疫措施防堵許多昆蟲與疾病入境。美國農業部花費了大量資源，企圖防止巴西殺人蜂與地中海果蠅進入美國，可是失敗了。事實上，最近引入東非維多利亞湖的尼羅河尖吻鱸魚，可能會釀成現代史上最大規模的滅絕事件，因為維多利亞湖有兩百種以上的麗體魚，非常奇特，世間無雙。尼羅河尖吻鱸魚是體型很大的獵食者（體長可達兩公尺），當初將牠們引入維多利亞湖，是為了增加當地人的蛋白質攝取量，哪裡知道牠們是土著麗體魚的掃把星，不僅魚群大量減少，搞不好至少一半魚種要滅絕。

破壞棲境是我們滅絕其他生物的第三個手段。大多數物種生活在特定棲境中：沼澤鳴鳥（warblers）棲息在沼澤中，松鳴鳥棲息在松林中，要是將沼澤的水放乾、地填平，或將松林砍掉，等於將依賴那些棲境的物種置於死地，用獵槍一隻一隻將鳥兒打下，也不過是那個下場。舉個例子好了。菲律賓宿霧島有十種土著鳥種，可是將森林砍伐殆盡後，九種滅絕了。

談到破壞棲境，最糟糕的事還沒有發生，因為我們剛開始認真地破壞熱帶雨林——世上物種最豐富的棲境。雨林中豐富的生命，簡直就像傳奇：例如，在巴拿馬，在一個雨林樹種上生活的甲蟲，就超過一千五百種。雨林面積只占地表百分之六，卻蘊藏著地球生物圈一半物種。每一塊雨林都有大量的土著種。一些生物資源特別豐富的雨林，已經給毀了，例如巴西大西洋岸的森林、馬來西亞的低地森林，幾乎全完了；婆羅洲與菲律賓的雨林，二十年內大部分會給砍盡。到了二十一世紀中葉，可能倖存的大片雨林，只能在中非的札依爾（Zaire）與亞馬遜盆地找到了。

每一物種都依賴別的物種：所依賴之物種或為食物，或為棲境。因此物種與物種相繫，好似不斷分枝出去的骨牌行列。一行骨牌只要推倒一片，就會使其他的一些也倒下；同樣地，滅絕一個物種可能使其他一些物種遭殃，那些物種滅絕後又會導致一些其他物種滅絕。這第四個滅絕機制，可描述為漣漪效應。自然界的物種太多，彼此間又形成複雜的關聯，因此無法預見漣漪效應怎樣發生。

舉例來說，巴拿馬的巴羅科羅拉多島以前有大型獵食動物，例如美洲豹、美洲獅，還有南美洲最凶猛、體型最大的獵鷹。五十年以前，沒有人預見那些大型動物滅絕後，會導致小食蟻鳥滅絕，以及島上森林物種組成的巨大變化。可是事實如此，因為大型獵食動物過去捕食中型獵食動物（例如西貒、猴子、長鼻浣熊），與中型素食動物（例如幾種以種子維生的老鼠）。大型獵食動物滅絕後，中型獵食獸的數量爆炸了，就把小食蟻鳥與鳥卵都吃光了。那些中型素食動物，數量也爆炸了，把掉落地面的大種子都吃了，因此種子大的植物，就無法繁衍，而競爭對手——種子小的植物——便把握機會擴張地盤。森林的樹種組成變化了之後，又使依賴小種子維生的鼠輩族群暴增，以捕食小型鼠維生的動物，如鷹、貓頭鷹、豹貓等，也急速大增。所以，三種不常見的大型獵食動物滅絕後，在整個植物與動物社群中，激起了一系列的「漣漪」，包括許多其他物種滅絕。

到了二十一世紀中葉，這十年來出生的嬰兒已經六十歲了，現生物種大概會有一半滅絕，或者瀕臨絕種，都是這四個機制——過度獵殺、引入新種、破壞棲境、漣漪效應——的傑作。我與今天的許多父母一樣，經常在想：怎樣將我成長、生活的世界描述給我的孩子聽，因為他們見不到那個世界了。到他們長大，可以跟我一起到紐幾內亞——世界的生物寶藏——調查了，那裡東部高地的森林已經砍光了。

要是將我們已經滅絕的物種數量，加上即將滅絕的物種數量，可以看出：目前的滅絕浪潮，已超過那次毀滅恐龍的「隕石撞地球」。哺乳類、植物與許多其他類型的生物，逃過了那一劫，跡近毫髮無傷，可是目前的滅絕浪潮，正衝擊著所有生物，螞蝗、百合、獅子都在劫難逃。因此，一些人高唱的滅絕危機，絕非危言聳聽，也不是未來才必需面對的嚴重風險。事實上，這是個過去五萬年中不斷發展的事件，速度越來越快，在我們的子女有生之年，就會開始進入尾聲。

最後，我們要考慮兩個論證，它們同意滅絕危機是真實的，但是不認為那有什麼意義。第一、生物滅絕不是個自然過程嗎？果真的話，現在發生的滅絕事件有什麼了不得的？

答案是：目前人類導致的生物滅絕率，比自然滅絕率高得太多了。我們估計過，世上三千萬種生物，一半會在下個世紀滅絕，果真的話，現在的物種滅絕率，就是每年十五萬種，或一小時十七種。世上的九千種鳥類，現在每年至少滅絕兩種。但是在自然狀態中，一世紀滅絕不到一種，也就是說，目前的速率比自然速率至少高兩百倍。「生物自然會滅絕」，因此不承認滅絕危機，等於以「人皆有死」做藉口，拒絕譴責滅族行為。

第二個論證很簡單：「你想怎樣？」我們關心自己的子女，而不是甲蟲、以蝸牛維生的魚；要是一千萬種甲蟲滅絕了，誰會關心？這個論證答案也很簡單。與所有生物一樣，在許多方面，我們依賴其他物種才能生存。例如其他物種生產我們呼吸的氧氣、吸收我們呼出的二氧化碳、分解我們的汙水、供應我們食物、維持我們土地的肥沃，以及供應我們木材與紙張。

那麼，我們乾脆只保存那些我們需要的物種，其他的，就任其自生自滅算了，可好？當然不好，因為我們需要的物種，也依賴其他的物種。巴拿馬的食蟻鳥無法逆料牠們需要美洲豹，同樣地，生態骨牌太複雜了，我們無法辨認哪些骨牌我們可以拋棄。舉例來說，誰能回答下列三個問題：世界上大部分紙漿，是以哪十種樹木供應的？那十種樹木，每一種有哪十種鳥為它清理害蟲，哪十種昆蟲為它傳粉，哪十種動物為它散播種子？這十種鳥、昆蟲、動物依賴哪些其他的物種？如果你是一個木材公司的總裁，想知道哪一個樹種就算滅絕了也不會造成公司的損失，你就必須能夠回答那三個不可能的問題。

如果你想評估一個開發計畫，那個計畫要是順利進行，可以賺進一百萬，可是可能會使幾個物種滅絕，確定的收益與不確定的風險，相較之下，不難選擇。然後我們考慮下面的比喻。假定有人給你一百萬，要你讓他在你身上切下六十公克肉來，保證不痛。你想：六十公克不過是體重的千分之一，切下後，身體還有百分之九十九．九，夠多了。要是切下的六十公克，是多餘的身體脂肪，而且操刀的是一位技術優良的外科醫師，你大概不會抱怨。但是，萬一那位外科醫師在你身上，隨便從他方便的部位切下六十公克組織，或者他不知道你的身體哪些部位是重要的，怎麼辦？也許他切下的是你的尿道。如果你想出售身體的大部分，就像我們現在計畫出售大部分地球的自然棲境，你最後一定會喪失你的尿道。

本章一開始，我提到兩朵籠罩在我們前途上的烏雲，現在我要整體地比較那兩朵烏雲，讓讀者對它們的異同，產生完整的印象，作為本章的結論。核子毀滅必然帶來大災難，但是現在尚未發生，將來可能發生，也可能不會發生。環境毀滅同樣會帶來大災難，不過它與核子毀滅不同，因為它是現在進行式──已經上路了。它幾萬年前開始，現在造成的損害比過去大，事實上有加速的趨勢，不能制約的話，在二十一個世紀就會到達高峰。唯一不確定的是：最終的大災難，會打擊我們的子女，還是孫輩？我們現在該做什麼、能做什麼，顯而易見、明明可知，問題是：我們會去做嗎？

跋語
前事不忘，後事之師

現在，我要將本書的幾個主題綜合一番，凸顯它們的有機連繫，為了達到這個目的，回顧人類在過去三百萬年的興盛史，是方便的法門——最近人類歷史發生逆轉的跡象我們也會注意。

我們的祖先在動物界第一次顯得有點卓爾不群，是在兩百五十萬年前，因為那時他們開始製作石器——儘管極為粗糙——學者在非洲已經發現了許多標本。從發現的石器數量看來，當時石器已經是人類日常生活用品，扮演重要的角色。非洲大猿——我們最親近的親戚——中，巴諾布猿與大猩猩不使用工具，黑猩猩偶爾製造一些極為原始的工具，但是從來不依賴那些工具生活。

可是，人類製造的那些粗糙工具，並沒有使人類一步登天，成為動物界的「萬物之靈」。即使人類已經會製作石器，仍然繼續在非洲生活了一百五十萬年。一百萬年前，人類「走出去」，進入歐亞大陸比較溫暖的地帶，成為三種黑猩猩中，分布範圍最廣泛的一種——不過比獅子仍差得遠。人類的工具，進步的速率只能以蝸步形容，從「極為粗糙」演變成「非常粗糙」。到了十萬年前，至少歐洲與西亞的人群——尼安德塔人——常規性地使用火。可是在其他方面，那時的人類仍然不過是一種大型哺乳類罷了。什麼藝術、農業，以及高級技術，影子都沒有。那時人會不會說話？不知道。會不會嗑藥？不知道。現代人類的奇異性象（性習慣與生命循環）已經出現了嗎？不知道。但是尼安德塔人很少活過四十歲，因此女性也許還沒有演化出「停經」。

人類行為的「大躍進」，最明確的證據大約在四萬年前突然出現在歐洲，正巧那時與我們形態完全一樣的現代人也出現了——他們在非洲演化出來，經過中東，進入西歐。從那時起，我們開始展現藝術創作、以特化工具為基礎的技術、地域性的文化差異，以及與時俱進的文化創新。這個「大躍進」無疑是在歐洲以外的地區發展出來的，但是那必然是個快速的過程，因為十萬年前現代人已在南非出現，從他們遺留的洞穴遺址看來，他們仍然是「很有潛力的黑猩猩」罷了。無論肇因是什麼，「大躍進」必然只涉及我們基因組中的一小撮基因，因為我們與黑猩猩的遺傳差異，只有百分之一．六，而且其中很大一部分早就演化出來了。如果硬要我猜測人類行為「大躍進」的肇因，我會認為「語言」扮演了重要的催化劑——我指的是現代人的語言能力。

雖然我們通常認為克羅馬儂人是第一種配得上「萬物之靈」頭銜的人，他們也展現了兩種特徵——自相殘殺與破壞環境——種下人類當前處境的禍根。即使在克羅馬儂人演化出來之前，人類頭骨化石已經可以鑑定出尖器刺穿的痕跡，或打破顱底摘取腦子的跡象——謀殺、食人的證據。克羅馬儂人出現不久，尼安德塔人便突然消失（約三萬年前），意味著「滅族屠殺」當時已經極有效率。我們摧毀自己的生存資源，也有極高的效率，例如五萬年前人類進入澳洲，結果幾乎所有大型動物都滅絕了，而舊世界（非洲與歐亞大陸）一些大型哺乳類也因為人類日益精良的狩獵技術，分別遭到趕盡殺絕的命運。如果在其他的太陽系，自毀的種子與先進文明的興起也有那麼密切的關聯，那麼我們與飛碟的「第三類接觸」至今仍是好萊塢夢工廠的題材，就容易理解了。

大約十萬年前，最後一次冰河期結束了，人類超越其他動物的速率增加了。我們占領了美洲，正巧發生了一場大型哺乳類大滅絕——我們也許是元凶。不久，農業興起了。再過幾千年，第一份書寫文件出現了，人類進入「歷史時期」，於是我們技術發明的步伐，開始有紀錄了。同時，歷史文件也顯示：我們早已習於嗑藥，攻城滅國，殺人盈野成為常態，甚至受到欽羡、歌頌。棲境破壞開始導致許多社會傾頹，最早的波里尼西亞人與馬拉加西人在大洋海島上造成物種大滅絕。自西元一四九二年起，會認字寫作的歐洲人縱橫四海、尋幽探勝，足跡遍布全球，留下了詳盡紀錄，我們得以追溯人類的興亡。

最近幾百年間，我們發明各種技術，將無線電訊號送入太空，也能讓全人類一夜間粉身碎骨。即使我們能夠自制，不按下那「要命的電鈕」，我們攫取地球生產力、消滅物種、破壞環境的速度已經加快，而那種速率不可能維持另一世紀。說到這裡，也許你會抗議，因為環顧四周，的確看不見什麼跡象，顯示人類歷史已經瀕臨「亢龍有悔」。事實上，見微知著，只要你仔細看，跡象就會躍然眼前。飢饉、汙染，與破壞性的技術都增加了；可耕農地、海洋食物資源、其他自然產物、環境消納人類廢棄物的能力，都在下降。更多的人掌握著更強大的技術，競爭越來越少的資源，得有一方讓步。

那麼，會發生什麼？

悲觀的理由不少。即使地球上所有人類現在就消失了，我們對環境已經造成的破壞，會讓環境品質繼續惡化下去，至少幾十年。無數物種瀕臨絕種，因為它們的族群數量已下降到難以恢復的地步。儘管歷史上有許多人類族群自毀的案例，我們可以學習寶貴的教訓，許多人仍然獨持偏見，反對控制人口數量，反對保護環境。其他人加入破壞環境的行列，不是為了私利，就是無知。甚至有更多的人，每天餬口都有困難，保護環境云云，無異天方夜談。這些事實加起來，等於告訴我們：毀滅列車的動能，已達威猛難擋的地步，換言之，我們人類也已瀕臨絕種，雖然一息尚存，與「活死人」無異，我們的前途，與另外兩種黑猩猩一樣黯淡。

這個悲觀的前景，魏企曼（Arthur Wichmann）以一個譏諷的句子，捕捉到了其中的精義——那是一九一二年，不過是在另一個脈絡中。魏企曼是荷蘭探險家、大學教授，他花了十年寫了一部——三巨冊（一千一百九十八頁）——紐幾內亞探險史。他蒐羅了所有關於紐幾內亞的文獻，從早期透過印尼傳出的消息，到十九世紀與二十世紀初期的西方探險紀錄與報告，凡是他找得到的，都仔細爬疏過。他逐漸明白：儘管探險家前仆後繼，可是他們卻一再重複前人的愚蠢錯誤：以誇張不實的成就傲人、拒絕承認釀成災難的疏忽、無視前輩的經驗（以致重蹈覆轍），結果是一連串不必要的折磨與死亡。魏企曼非常失望，於是預測：未來的探險家會繼續重複前人的錯誤。他用以總結全書的最後一句，充滿激憤：什麼都沒學到，什麼都忘掉。

我提到過許多理由，足以讓人對人類前途，抱持同樣嘲諷、激憤的態度，但是我卻認為：我們的處境，並不是毫無希望。我們的問題，全是自己造成的，解鈴還是繫鈴人，因此解決那些問題，在我們的能力範圍之內。儘管我們的語言、藝術、農業並不獨特，我們能從前人（時間）與別人（空間）的經驗學習教訓，這個本領使我們成為動物界獨一無二的物種。讓人心懷希望的跡象中，有許多實際、廣受討論的政策，只要實行就能避免災難，例如：限制人口成長、保育自然資源，以及許多其他的環保措施。許多政府為了解決某些問題，已經依據這些明白可行的政策草擬對策。

舉例來說，對環境問題的意識已經提高與擴散，環保成為政治議題，得到政客背書。開發商不再總是贏家，短視的經濟論證，不再總是贏得支持。許多國家最近幾十年降低了人口成長率。滅族屠殺雖然沒有絕跡，但是通訊技術普及後，至少有消泯傳統仇外心態的潛力，因為此後不易再將異域殊族視為「次人類」。一九四五年，原子彈在廣島、長崎上空爆炸，那時我七歲，因此對於核子毀滅的迫切危機感，記憶猶新。（那種感覺在知識界持續了幾十年。）但是，半個多世紀過去了，核子武器沒再動用過。核子毀滅的風險現在似乎空前的遙遠——自一九四五年八月九日以來。

一九七九年，我開始擔任印尼政府的顧問，負責在印尼屬紐幾內亞依連甲亞省（Irian Jaya）規劃自然保留地系統，我的觀點受到那個經驗制約，殆無疑問。表面看來，印尼似乎不是個有指望的地方，你也許因此會認為：想在那兒保留我們日漸縮減的自然棲境，只好死馬當活馬醫，不過盡人事罷了。熱帶第三世界國家面臨的問題，印尼是個範例，不過情況更嚴重。印尼人口超過一億八千萬，世界排名第五，可是貧窮得很。那裡人口不斷成長；幾乎一半人口年齡在十五歲以下。有些省人口密度特別高，於是向人口少的省——例如依連甲亞省——「輸出」人口。那裡沒有成群的觀鳥人，沒有廣泛串連的地方環保團體。以西方的標準來衡量，印尼政府不是個民主政體，而且處處可見貪汙腐敗的情事。印尼以自然資源賺取外匯，除了石油與天然氣，最大宗的出口物品是原木——從原始熱帶雨林砍伐來的。

為了這些理由，也許你不會期望印尼政府會把「保育自然與生物資源」，認真地當作國家優先施政目標。我第一次到依連甲亞省，十分懷疑能搞出什麼有效的保育計畫。幸運的是，我心中「魏企曼式」的嘲諷證明錯了。多虧了一小群印尼環保信徒的領導能力，依連甲亞省百分之二十面積現在已劃入自然保留地系統。那些自然保留地並不只是紙面上的。我的工作展開後，我很驚訝、也很興奮地發現：有些鋸木廠關門了，因為自然保留地禁止伐木——並有公園管理人員巡視、還草擬了管理辦法。所有這些措施，並不源自理想主義，而是冷血算計——正確地認識印尼的自然利基。如果印尼做得到，其他處境相同的國家就做得到，環保運動發達的富裕國家更做得到。

解決我們的環保問題，不需要新奇的、還未發明的技術。我已經說過，解決方案都是明白不過的，有些政府已經採用了一些，解決某些問題，我們需要的是：更多政府更全面的施行配套方案。許多人認為普通公民無能為力，但是那不是實情。許多造成物種滅絕的因素，近年來公民團體可以縮小它們的危害幅度，例如商業捕鯨、獵殺大型貓科動物（剝皮草）、進口野外抓來的黑猩猩，這只是幾個例子。事實上，這個領域一般公民只要捐獻少量金錢就能造成重大影響，因為所有環保團體目前的預算都不充裕。舉例來說，世界野生動物基金會支持的所有靈長類保育計畫，一年的預算合計不過幾十萬美金。多一千美元，也許就能多支持一個計畫，拯救一種瀕臨絕種的猴、猿或狐猴，不然牠們的命運就給忽略了。

雖然我的確認為我們面臨了嚴重的問題，而且解決方案的效果並不明確，我仍然審慎地樂觀。甚至魏企曼激憤的「最後一句話」也證明錯了。魏企曼的書出版了之後，到紐幾內亞探險的人，都從前人經驗中汲取了教訓，不再重蹈覆轍，重複前人的愚行。對於未來，更適當的一句格言，不是魏企曼的，出自政治家俾斯麥（1815-1898）的回憶錄。他在生命燼火即將熄滅之前，沉思身邊的世界，的確有理由嘲諷、譏刺。俾斯麥智力超卓，身居歐洲政局核心達幾十年，親眼目睹了許多重蹈覆轍的例子，不可原諒的程度，以及無謂的生命財產損失，比起紐幾內亞的早期探險史，只有過之而無不及。但是俾斯麥仍然認為寫作自傳、向歷史學習是值得的，他的獻辭是：

留給我的子女、兒孫，
願他們了解過去，
以備將來。

本此精神，我也將本書獻給我的孩子，和他們的世代。我們要是能從我所追述的人類史學習教訓，我們的未來可能會比另外兩種黑猩猩光明些，也未可知。

NEXT叢書0208

第三種猩猩——人類的身世與未來

The Third Chimpanzee: The Evolution and Future of the Human Animal

作　　者—賈德・戴蒙 Jared Diamond
譯　　者—王道還
主　　編—陳盈華
編　　輯—江蕙馨
美術設計—黃暐鵬
執行企劃—楊齡媛
校　　對—簡淑媛
董 事 長
總 經 理—趙政岷
總 編 輯—余宜芳
副總編輯—丘美珍
出 版 者—時報文化出版企業股份有限公司
10803臺北市和平西路三段二四〇號三樓
發行專線—（〇二）二三〇六六八四二
讀者服務專線—〇八〇〇二三一七〇五・（〇二）二三〇四七一〇三
讀者服務傳真—（〇二）二三〇四六八五八
郵撥—一九三四四七二四時報文化出版公司
信箱—台北郵政七九～九九信箱
時報悅讀網—http://www.readingtimes.com.tw
電子郵件信箱—big@readingtimes.com.tw
法律顧問—理律法律事務所　陳長文律師、李念祖律師
印　　刷—勁達印刷有限公司
二版一刷—二〇一四年五月十六日
定　　價—新台幣四五〇元
⊙行政院新聞局局版北市業字第八〇號

國家圖書館出版品預行編目（CIP）資料

第三種猩猩——人類的身世與未來 / 賈德・戴蒙（Jared Diamond）著；王道還譯.
-- 二版. -- 臺北市：時報文化, 2014.5
　面；　公分（NEXT叢書；208）
譯自：The Third Chimpanzee: The Evolution and Future of the Human Animal
ISBN 978-957-13-5936-6（平裝）

1.人類演化　2.社會演化

391.6　　103004965

ISBN 978-957-13-5936-6
Printed in Taiwan